高等学校规划教材

化工原理课程设计

马烽 陈振 袁芳 主编

HUAGONG

YUANLI

KECHENG

SHEJI

化学工业出版社

·北京·

内 容 简 介

《化工原理课程设计》重点介绍最典型的化工单元及设备的设计原理、设计内容和方法，主要对化工原理传热、精馏、吸收三个典型单元设备进行工艺计算和设备设计，包括绪论、列管式换热器工艺设计、板式精馏塔工艺设计、填料吸收塔工艺设计和化工单元 ASPEN 辅助设计。本书在编写过程中，遵循认知规律，力求做到由浅入深、循序渐进、层次清晰。增加了 Aspen Plus 化工模拟软件在列管式换热器、板式精馏塔设备、填料吸收塔设备中的设计示例。

本书可以作为高等学校化工原理或化工设备课程设计的参考教材，亦可供化工行业从事科研设计与生产管理的工程技术人员参考。

图书在版编目（CIP）数据

化工原理课程设计/马烽，陈振，袁芳主编 . —北京：
化学工业出版社，2021.7（2024.11重印）
高等学校规划教材
ISBN 978-7-122-39323-4

Ⅰ. ①化…　Ⅱ. ①马…　②陈…　③袁…Ⅲ. ①化工
原理-课程设计-高等学校-教材　Ⅳ. ①TQ02-41

中国版本图书馆 CIP 数据核字（2021）第 110578 号

责任编辑：李　琰　宋林青　　　　　　　装帧设计：史利平
责任校对：杜杏然

出版发行：化学工业出版社（北京市东城区青年湖南街 13 号　邮政编码 100011）
印　　装：北京科印技术咨询服务有限公司数码印刷分部
787mm×1092mm　1/16　印张 16½　字数 406 千字　　2024 年 11 月北京第 1 版第 4 次印刷

购书咨询：010-64518888　　　　　　　售后服务：010-64518899
网　　址：http://www.cip.com.cn
凡购买本书，如有缺损质量问题，本社销售中心负责调换。

定　　价：39.80 元

前 言

《化工原理课程设计》是根据齐鲁工业大学化工原理教研室相关授课教师多年的教学实践经验，吸取有关设计院工程设计人员的多年设计经验，并结合我校化工原理课程设计实际情况组织编写而成的。本书除了强调课程设计的设计原理及方法外，还重点编写了典型化工单元设备换热器、板式塔、填料塔的详细设计实例，目的是增强学生的工程观念，加深学生对化工设备设计的理解。

本书由马烽、陈振、袁芳主编。第1章绪论由袁芳（齐鲁工业大学）编写，第2章列管式换热器工艺设计由袁芳、金兴辉（齐鲁工业大学）编写；第3章板式精馏塔工艺设计由陈振（齐鲁工业大学）、李芳（安徽工程大学）编写；第4章填料吸收塔工艺设计由陈振、孟霞（齐鲁工业大学）编写；第5章化工单元ASPEN辅助设计由陈振编写。全书由马烽教授（齐鲁工业大学）统稿、主审。

本教材是2019年齐鲁工业大学教材建设重点立项项目，并得到了化学与化工学院领导、老师们的大力支持，在此表示衷心感谢！山东新华医药化工设计院王冠云高工对本书的编写提供有关资料并提出许多宝贵建议，在此表示衷心感谢！

由于编者水平有限，书中难免存在疏漏与不足之处，恳请读者批评指正。

编者
2021 年 4 月

目 录

第3章 板式精馏塔工艺设计   **73**

第4章　填料吸收塔工艺设计 ─────────── 139

第1章

绪 论

1.1 化工原理课程设计的目的要求

课程设计是化工原理课程教学中综合性和实践性较强的教学环节，是理论联系实际的桥梁，是使学生体察工程实际问题复杂性的初次尝试。通过化工原理课程设计，要求学生能综合运用本课程和前修课程的基本知识，进行融会贯通的独立思考，在规定的时间内完成指定的化工设计任务，从而得到化工工程设计的初步训练。通过课程设计，要求学生了解工程设计的基本内容，掌握化工设计的主要程序和方法，培养学生分析和解决工程实际问题的能力。同时，通过课程设计，还可以使学生树立正确的设计思想，培养实事求是、严肃认真、高度负责的工作作风，在当前大多学生结业工作以论文为主的情况下，通过课程设计培养学生的设计能力和严谨的科学作风就显得更为重要。

课程设计不同于平时的作业，在设计中需要学生自己作出决策，即自己确定方案、选择流程、查取资料、进行过程和设备计算，并要对自己的选择做出论证和核算，经过反复的分析比较，择优选定最理想的方案和合理的设计。所以课程设计是培养、提高学生独立工作能力的有益实践。

通过课程设计，应该训练学生提高如下几个方面的能力：

① 熟悉查阅文献资料、收集有关数据、正确选用公式，当缺乏必要数据时，还需自己通过实验测定或到生产现场进行实际查定。

② 在兼顾技术上先进性、可行性，经济上合理性的前提下，综合分析设计任务要求，确定化工工艺流程，进行设备选型，并提出保证过程正常、安全运行所需要的检测和计量参数，同时还要考虑改善劳动条件和环境保护的有效措施。

③ 准确而迅速地进行过程计算及主要设备的工艺设计计算。

④ 用精练的语言、简洁的文字、清晰的图表来表达自己的设计思想和计算结果。

1.2 化工原理课程设计的主要内容

任何化工过程和装置都是由不同的单元过程设备以一定的序列组合而成的，因而各单元过程及设备设计是整个化工过程和装置设计的核心和基础，并贯穿于设计过程的始终。因此

1

作为化工类及其相关专业的本科生，能够熟练地掌握常用化工过程及设备的设计过程和方法是十分重要的。

化工原理课程设计一般包括如下内容：

① 设计方案简介。根据任务书提供的条件和要求进行生产实际调研和查阅有关技术资料。在此基础上通过分析研究选定事宜的流程方案和设备类型，确定工艺流程。对给定或选定的工艺流程、主要设备的型式进行简要的论述。

② 主要设备的工艺设计计算。依据有关资料进行工艺设计计算，包括物料衡算、热量衡算、工艺参数的选择及优化、设备的工艺尺寸计算及结构设计。

③ 典型辅助设备的选型和计算。包括典型辅助设备的主要工艺尺寸计算和设备型号规格的选定。

④ 工艺流程简图。以单线图的形式绘制标出主体设备和辅助设备的物料流向、物流量、能流量和主要化工参数测量点。

⑤ 主体设备工艺条件图。图上应包括设备的主要工艺尺寸、技术特性表和接管表。

⑥ 主要设备的总装配图。按照国标或行业标准绘制主要设备的总装配图，按现在形势的发展和实际工作的要求，应该采用 CAD 技术绘制图纸。

⑦ 编写设计说明书。作为整个设计工作的书面总结，在以上设计工作完成后，应以简练准确的文字、整洁清晰的图纸及表格编写出设计说明书。

完整的化工原理课程设计报告，由设计说明书和图纸两部分组成，设计说明书中应包括所有论述、原始数据、计算表格等。编排顺序如下：

① 标题页；

② 设计任务书；

③ 目录；

④ 设计方案简介；

⑤ 工艺流程草图及说明；

⑥ 工艺计算及主体设备设计；

⑦ 辅助设备的计算及选型；

⑧ 设计结果概要或设计一览表；

⑨ 对本设计的评述；

⑩ 附图，包括工艺流程简图、主体设备工艺条件图与总装配图；

⑪ 参考文献和主要符号说明。

1.3 化工单元设备设计与选型

1.3.1 设备设计基本要求

① 满足工艺过程对设备的要求，如精馏、吸收等分离设备达到规定的产品纯度和回收率，热交换设备达到要求的温度等。

② 技术上先进可靠，如热交换器有较高的传热系数、较少的金属用量，精馏塔有较高的传质效率、较高的液泛气速等。

③ 经济效益好，如投资省、消耗低、生产费用低。

④ 结构简单，节约材料，易于制造，安装、操作和维修方便。

⑤ 操作范围广，易于调节，控制方便。

⑥ 安全，三废少。

1.3.2 设计方法和步骤

化工单元设备种类很多，每种设备的设计方法不同。主要单元设备的设计方法与步骤如下：

① 明确设计任务与条件。主要包括以下内容：原料和产品的流量、组成、状态（温度、压力、相态等）、物理化学性质、流量波动范围等；设计目的、要求，设备功能；公用工程条件，如冷却水温度、加热蒸汽压力、气温、湿度等。

② 调查待设计设备的国内外现状及发展趋势，有关新技术及专利状况，设计计算方法等。

③ 收集有关物料的物性数据、腐蚀性质等。

④ 确定方案。包括以下内容：确定设备的操作条件，如温度、压力、流量等；确定设备结构形式，评比各类设备结构的优缺点，选择适合本设计的高效、可靠的设备型式；确定单元设备的流程。

⑤ 工艺计算。包括以下内容：全设备物料与热量衡算；设备特性尺寸计算，如精馏吸收设备的理论级数、塔径、塔高，换热设备的传热面积等，可根据有关设备的规范与不同结构设备的流体力学、传热传质动力学计算公式来计算；流体力学计算如流体阻力与操作范围计算。

⑥ 结构设计。在设备形式及主要尺寸已定的基础上，根据各种设备的常用结构，参考有关资料的规范，详细设计设备各零部件的结构尺寸。如填料塔要设计液体分布器、再分布器、填料支承、填料压板等。板式塔要确定塔板布置、溢流管、各种进出口结构、塔板支承、侧线出入口等。

⑦ 各种构件的材料选择，壁厚计算，塔板、塔盘等的机械设计。

⑧ 各种辅助结构如支座、吊架、保温支架等的设计。

⑨ 内件与管口方位设计。

⑩ 全设备总装配图及零件图绘制，编制全设备材料表，编写制造技术要求与规范。

实际设计时并不是简单地按以上设计步骤顺序进行的，有时根据功率计算的结果，往往要求重新进行方案确定，有时则要选择几个方案进行技术经济评比，择优而取。

1.3.3 设备设计常用标准与规范

标准是根据国民经济各部门之间互相协作和配合的要求，以统一简化生产设计和提高工作质量与效率为目的，由主管机关发布在规定范围内具有约束力的一种特定形式的技术文件。标准是各生产设计单位为保证生产技术上必要的协调统一而必须遵守的共同依据。

标准的种类一般可按标准化的对象和标准的适用范围来进行划分。按标准化的对象可把标准分为基础标准、产品标准和方法标准三大类。按照适用范围与制定、修改和发布权限，可把标准分为国家标准、部标准、专业标准、行业标准和厂标准等几个等级。

标准的表示方法，在中国一般由四部分组成。例如 GB 150—1998《钢制压力容器》，其中 GB 为标准代号，表示该标准为国家标准；150 为标准编号；1998 为标准批准颁发的年份；最后部分是该标准的名称。

化工设备设计常用的有关标准代号见表 1-1。

表 1-1　国家常见标准代号

标准代号	标准名称	标准代号	标准名称
GB	国家标准	SY	石油工业部标准
TJ	国家工程标准	YB	冶金部标准
ZB	国家专业标准	KY	中国科学院标准
HG	化学工业部标准	MT	煤炭工业部标准
JB	机械工业部标准	QB	轻工业部标准
JG	建筑工业部标准	HB	航天工业部标准
FJ	纺织工业部标准	JB/TQ	机械部石化通用标准

目前在世界上影响较广泛的权威标准主要有：美国的 ASA 标准，德国的 DIN 标准，英国的 BS 标准及日本的 JIS 标准。我国的国家标准大量地参阅和吸收了上述标准中的先进部分，从事技术工作的工程技术人员熟悉国外相关标准是完全有必要的。

1.4　混合物物性数据估算

物性数据是化工设计不可缺少的基础数据，常用的物性数据，包括密度、黏度、沸点、蒸气压、热容、汽化潜热、热导率、表面张力、溶解度等。物性数据的来源主要有三个途径：①实验测定；②从有关手册和文献专著中查取；③利用经验公式估算。纯组分的物性数据可相对容易地从相关手册中获得。但对于混合物的物性数据，若无实测值，查取困难，更多的是采用经验的方法进行估算。下面介绍混合物常用物性数据的估算方法。

（1）混合物的平均摩尔质量

① 混合气体

$$M_m = \sum y_i M_i$$

式中，M_m 为混合气体的平均摩尔质量，kg/mol；y_i 为组分 i 的摩尔分数；M_i 为组分 i 的摩尔质量，kg/mol。

② 混合溶液

$$M_m = \sum x_i M_i$$

式中，M_m 为混合溶液的平均摩尔质量，kg/mol；x_i 为溶液组分 i 的摩尔分数；M_i 为溶液组分 i 的摩尔质量，kg/mol。

（2）混合物的密度

① 混合气体

$$\rho_m = \sum_{i=1}^{n} y_i \rho_i$$

或

$$\rho_m = \frac{p M_m}{RT}$$

式中，ρ_m 为混合气体的密度，kg/m³；y_i 为组分 i 的摩尔分数（体积分数）；ρ_i 为组

分 i 的密度，kg/m^3；M_m 为混合气体的平均摩尔质量，kg/mol；p 为混合物总压，Pa。

上式仅适用于混合气体、压力不太高的场合，如压力较高或要求更高的计算精度，可用压缩因子法或其他方法进行处理。

② 混合液体

$$\rho_m = \frac{1}{\sum \dfrac{w_i}{\rho_i}}$$

式中，ρ_m 为混合液体的密度，kg/m^3；w_i 为混合液体组分 i 的质量分数；ρ_i 为液体组分 i 的密度，kg/m^3。

上式使用条件为理想溶液。

（3）混合物的黏度

① 混合气体的黏度

常压下气体混合物的黏度可以采用 Herning-Zipperer 法求得：

$$\mu_m^0 = \frac{\sum y_i \mu_i^0 M_i^{0.5}}{\sum y_i M_i^{0.5}}$$

式中，μ_m^0 为常压下混合气体的黏度，$mPa \cdot s$；y_i 为组分 i 的摩尔分数；μ_i^0 为常压下组分 i 的黏度，$mPa \cdot s$；M_i 为组分的相对分子质量，kg/mol。

烃类及工业上多组分混合物的平均误差和最大误差分别为 1.5% 和 5%。但对黏度-温度曲线有极大值的混合体系（如含 H_2 的系统）则例外，H_2 含量高时误差可达 10%。

② 混合液体的黏度

对于互溶非缔合性溶液的混合物的黏度，可用下式计算：

$$\lg \mu_m = \sum_{i=1}^{n} x_i \lg \mu_i$$

式中，μ_m 为混合液体的黏度，$mPa \cdot s$；x_i 为混合液体中组分 i 的摩尔分数；μ_i 为组分 i 的黏度，$mPa \cdot s$。

还可根据 Kendall-Mouroe 混合规则计算：

$$\mu_m^{1/3} = \sum_{i=1}^{n} x_i \mu_i^{1/3}$$

上式适用于非电解质、非缔合性液体的混合物，对摩尔质量及一般性质较接近的各组分的混合物，其准确率较高。

（4）混合物的蒸气压

遵守 Raoult 定律的混合液体，组分 i 的分压计算公式为：

$$p_i = x_i p_i^0$$

式中，p_i 为组分 i 的分压；p_i^0 为组分 i 的饱和蒸气压；x_i 为组分 i 在液相中的摩尔分数。

遵守 Raoult 气体分压定律的混合蒸气的总压计算公式为：

$$p = \sum p_i$$

（5）混合物的热容

混合液体或混合气体的平均热容可用叠加法计算：

$$C_m = \sum_{i=1}^{n} x_i C_i$$

式中，C_m 为混合液体或混合气体的平均摩尔热容，kJ/(mol·K)；x_i 为组分 i 的摩尔分数；C_i 为组分 i 的摩尔热容，kJ/(mol·K)。

（6）混合物的热导率

① 混合气体的热导率

非极性气体混合物，由 Broraw 法计算：

$$\left. \begin{array}{l} \lambda_m = 0.5(\lambda_{sm} + \lambda_{rm}) \\ \lambda_{sm} = \sum y_i \lambda_i \\ \lambda_{rm} = 1 / \sum (y_i / \lambda_i) \end{array} \right\}$$

常压下一般气体混合物，由下式计算：

$$\lambda_m = \frac{\sum y_i \lambda_i M_i^{1/3}}{\sum y_i M_i^{1/3}}$$

式中，λ_m 为常压及系统温度下气体混合物的热导率，W/(m·K)；λ_i 为常压及系统温度下组分 i 的热导率，W/(m·K)；y_i 为混合气体中组分 i 的摩尔分数；M_i 为组分 i 的摩尔质量，kg/mol。

② 混合液体的热导率

有机液体混合物的热导率：

$$\lambda_m = \sum w_i \lambda_i$$

有机液体水溶液的热导率

$$\lambda_m = 0.9 \sum w_i \lambda_i$$

胶体分散液与乳液的热导率

$$\lambda_m = 0.9 \lambda_c$$

电解质水溶液的热导率

$$\lambda_m = \lambda_w \frac{C_p}{C_{pw}} \left(\frac{\rho}{\rho_w} \right)^{4/3} \left(\frac{M_w}{M} \right)^{1/3}$$

式中，w_i 为混合液体组分 i 的质量分数；λ_c 为连续相组分的热导率，W/(m·K)；C_p、ρ、M 分别为电解质水溶液的比热容、密度及相对摩尔质量；λ_w、C_{pw}、ρ_w、M_w 分别为水的热导率、比热容、密度及相对摩尔质量。

（7）混合物的汽化潜热

混合液体汽化潜热可按组分叠加法计算：

$$\Delta H_{vm} = \sum_{i=0}^{n} x_i \Delta H_{vi}$$

式中，ΔH_{vm} 为混合液体的汽化潜热，kJ/mol；x_i 为组分 i 的摩尔分数；ΔH_{vi} 为组分 i 的汽化潜热，kJ/mol。

（8）混合物的表面张力

① 常压液体混合物

当系统压力小于或等于大气压时，液体混合物的表面张力可由下式求得：

$$\sigma_m = \sum x_i \sigma_i$$

② 非水溶液混合物

对非水溶液混合物，可按 Macleod-Sugden 法或快速估算法计算。

Macleod-Sugden 法

$$\sigma_m^{1/4} = \sum [P_i](\rho_{Lm} x_i - \rho_{Gm} y_i)$$

式中，σ_m 为混合液的表面张力，mN/m；$[P_i]$ 为组分的等张比容，$mN \cdot cm^3/(mol \cdot m)$；$y_i$、$x_i$ 为液相、气相的摩尔分数；ρ_{Lm}、ρ_{Gm} 分别为混合物液相、气相的摩尔密度。

本法的误差对非极性混合物一般为 5%～10%，对极限混合物为 5%～15%。

快速估算法

$$\sigma_m^\gamma = \sum x_i \sigma_i^\gamma$$

对于大多数混合物，$\gamma = 1$，若为了更好地符合实际，γ 可在 -3～$+1$ 之间选择。

③ 含水溶液

有机物分子中羟基是疏水性的，有机物在表面的浓度高于主体部分的浓度，因而当少量的有机物溶于水时，足以影响水的表面张力。在有机物溶质浓度不超过 1% 时，可用下式求取溶液的表面张力 σ。

$$\frac{\sigma}{\sigma_w} = 1 - 0.411 \lg\left(1 + \frac{x}{\alpha}\right)$$

式中，σ_w 为纯水的表面张力，mN/m；x 为有机物溶质的摩尔分数；α 为特性常数，见表 1-2。

表 1-2 常用溶液的表面张力 σ

有机物	$\sigma \times 10^4$	有机物	$\sigma \times 10^4$	有机物	$\sigma \times 10^4$	有机物	$\sigma \times 10^4$	有机物	$\sigma \times 10^4$
丙酸	26	甲乙酮	19	甲酸丙酯	8.5	醋酸丙酯	3.1	丙酸丁酯	1.0
正丙酸	26	正丁酸	7	醋酸乙酯	8.5	正戊酸	1.7	正己酸	0.75
异丙酸	26	异丁酸	7	丙酸甲酯	8.5	异戊酸	1.7	正庚酸	0.17
醋酸甲酯	26	正丁醇	7	二乙酮	8.5	正戊醇	1.7	正辛酸	0.034
正丙胺	19	异丁醇	7	丙酸乙酯	3.1	异戊醇	1.7	正癸酸	0.025

二元有机物水溶液的表面张力在宽浓度范围内可用下式求取。

$$\sigma_m^{1/4} = \varphi_{sw} \sigma_w^{1/4} + \varphi_{so} \sigma_o^{1/4}$$

式中，$\varphi_{sw} = x_{sw} V_w / V_{sw}$；$\varphi_{so} = x_{so} V_o / V_{so}$

并以下列各关联式求出 φ_{sw}、φ_{so}。

$$\varphi_o = x_o V_o / (x_w V_w + x_o V_o)$$

$$\varphi_w = x_w V_w / (x_w V_w + x_o V_o)$$

$$B = \lg(\varphi_w^q / \varphi_o)$$

$$Q = 0.441(q/T)\left(\frac{\sigma_o V_o^{2/3}}{q} - \sigma_w V_w^{2/3}\right)$$

$$A = B + Q$$

$$A = \lg(\varphi_{sw}^q / \varphi_{so})$$

$$\varphi_{sw} + \varphi_{so} = 1$$

式中，下标 W、O、S 分别为水有机物及表面部分；x_w、x_o 为主体部分的摩尔分数；V_w、V_o 为主体部分的摩尔体积；σ_w、σ_o 为纯水及有机物的表面张力；T 的单位为 K；q 值取决于有机物的形式与分子的大小，见表 1-3。

表 1-3　一些物质的 q 值

物质	q	举例
脂肪酸、醇	碳原子数	乙酸 $q=2$
酮类	碳原子数-1	丙酮 $q=2$
脂肪酸的卤代衍生物	碳原子数乘以卤代衍生物 与原脂肪酸摩尔体积比	氯代乙酸 $q=2\dfrac{V_s(氯代乙酸)}{V_s(乙酸)}$

若用于非水溶液，q 为溶质的摩尔体积与溶剂的摩尔体积为比。本法对 14 个水系统，2 个醇-醇系统，当 q 值小于 5 时，误差小于 10%，当 q 值大于 5 时，误差小于 20%。

1.5　化工流程模拟软件简介

化工流程模拟软件是 20 世纪 50 年代末，随着计算机在化工中的应用而逐渐发展起来的。目前应用广泛的化工流程模拟软件有 Aspen Plus、PRO/Ⅱ、ChemCAD 等。这些软件各有特色，侧重于不同的应用领域。

（1）Aspen Plus

Aspen Plus 是基于稳态化工模拟进行过程优化、灵敏度分析和经济评价的大型化工流程模拟软件。软件经过多年的不断改进、扩充和提高，现已成为公认的标准大型流程模拟软件，2020 年推出 AspenOne V11。

Aspen Plus 自身拥有两个通用的数据库 Aspen CD（Aspen 公司自主开发的数据库）和 DIPPR（美国化工协会物性数据设计院数据库），还有多个专用的数据库。这些专用的数据库包括将近 6000 种纯组分的物性数据的纯组分数据库、约 900 种离子和分子溶质估算电解质物性所需的参数的电解质水溶液数据库、包括水溶液中 61 种化合物的 Henry 常数参数的 Henry 常数库、包括 Ridlich-Kwong Soave、Peng Robinson、Lee Kesler Plocker、BWR Lee Starling 以及 Hayden O'Connell 状态方程的 40000 多个二元交互作用参数的二元交互作用参数库，涉及 5000 种双元混合物等。

Aspen Plus 拥有混合器/分割器、分离器、换热器、塔器、反应器、压力改变器、调节器、固体及用户模块等 50 多种单元操作模块，通过这些模块和模型的组合，可以模拟用户所需要的流程。Aspen Plus 将贯序模块和联立方程两种算法同时包含在一个模拟工具中，贯序模块算法提供了流程收敛计算的初值，采用联立方程算法大大提高了大型流程计算的收敛速度，同时让以往收敛困难的流程计算成为可能，节约了计算时间。同时还提供了多种模型分析工具，如灵敏度分析和工况分析模块。利用灵敏度分析模块，用户可以设置某一变量作为灵敏度分析变量，通过改变此变量的值，模拟操作结果的变化情况。采用工况分析模块，用户可以对同一流程的几种操作工况进行运行分析。

Aspen Plus 可以用于多种化工过程的模拟，其主要功能包括对工艺过程进行严格的质量和能量平衡计算，预测物流的流率、组成以及性质，预测操作条件、设备尺寸，减少设备的设计时间并进行装置各种设计方案的比较。

（2）PRO/Ⅱ

PRO/Ⅱ是通用性的化工稳态流程模拟软件，从油气分离到反应蒸馏，提供了最全面、最有效、最易于使用的解决方案。PRO/Ⅱ拥有完善的物性数据库、强大的热力学物性计算系统以及 40 多种单元操作模块，可用于流程的稳态模拟、物性计算、设备设计、费用估算/经济评价、环保评测等。现已可以模拟整个生产厂从包括管道、阀门到复杂的反应与分离过程在内的几乎所有装置和流程，广泛用于油气加工、炼油、化工、聚合物、精细化工等行业。

（3）ChemCAD

ChemCAD 主要用于化工生产方面的工艺开发、优化设计和技术改造。由于 ChemCAD 内置的专家系统数据库集成了多个方面且非常详尽的数据，使得 ChemCAD 可以应用于化工生产的诸多领域，而且随着公司的深入开发，ChemCAD 的应用领域还将不断扩展。ChemCAD 内置了功能强大的标准物性数据库，它以 AIChE 的 DIPPR 数据库为基础，加上电解质共有 2000 余种纯物质，并允许用户添加多达 2000 个组分于数据库中，可以定义烃类虚拟组分用于炼油计算，也可以通过中立文件嵌入物性数据。其提供的 200 余种原油的评价数据库，是工程技术人员用来对连续操作单元进行物料平衡和能量平衡核算的有力工具。ChemCAD 可以在计算机上建立和现场装置吻合的数据模型，并通过运算模拟装置的稳态和动态运行，为工业开发工程设计以及优化操作提供理论指导。

1.6　计算机绘图软件简介

随着计算机图形技术的发展，计算机辅助绘图已经取代了传统的图板。目前最为广泛使用的制图软件是 AutoCAD。目前最新版本为 AutoCAD2020。该软件具有强大的图形编辑功能和良好的用户界面，采用多种形式的菜单和先进的交互技术，帮助用户迅速方便使用软件。

AutoCAD 最基本的功能就是绘制图形，它提供了许多绘图工具和绘图命令，用这些工具和命令可以绘制直线、构造线、多段线、圆、矩形、多边形、椭圆等基本图形。可以将平面图形通过拉伸、设置标高和厚度等方法转化为三维图形。此外，还可以绘制各种平面图形和复杂的三维图形。AutoCAD 的标注菜单包含了一套完整的尺寸标注和编辑命令，用这些命令可以在各个方向上为各类对象创建标注，也可以方便地创建符合制图国家标准和行业标准的标注。在 AutoCAD 中运用几何图形光源和材质，通过渲染使模型具有更加逼真的效果，图形绘制好后，利用强大的布局功能，用户可以很方便地配置各种打印输出样式。

化工设计中需要绘制很多图纸，如工艺流程图、设备布置图、设备零部件图等。借助 AutoCAD 可以方便、准确、快捷地完成相关设计和绘图工作。为了符合我国的工程制图要求，国家颁布了 CAD 工程制度规则的相关标准（GB/T 18229—2000），可以供制图时参考。用 AutoCAD 进行化工制图时，会涉及大量形式多样的图形，如化工设备、零部件、仪表符号等，这些图形需要设计者通过 AutoCAD 的绘图功能进行绘制。由于这些图形常常重复使用，AutoCAD 为用户提供了自建图库功能，可将绘制好的图形定义为块存入图块库，以便使用时调用。设计人员也可对已有的图块进行拆解组合，构建新的图块存入图库库，从而提高设计工作的效率。

第2章

列管式换热器工艺设计

在工业生产中，要实现热量的传递，如加热、冷却与冷凝，必须采用一定的设备，这种传递热量的设备，称为换热器或热交换器。

换热器是许多工业部门广泛应用的通用工艺设备，对于迅速发展的化工和石油化工来说尤为重要，通常在化工厂的建设中，换热器约占总投资的 11%；在现代石油冶炼厂中，换热器约占全部工艺设备投资的 40% 左右；在轻工业中，它也得到了广泛的应用，例如一般轻化工的原料、中间产品及产品的加热或冷却用的换热器，发酵工业的酒精蒸馏或冷凝用的蒸馏釜、重沸釜或冷凝器。食品工业的牛奶、蔬菜及水果的榨汁，蒸发浓缩用的蒸发设备；造纸工业中回收工艺系统的余热并加以利用所使用的设备等，都是不同形式的换热器。近年来随着炼油化工、石油化工的迅速发展，以及对节能设备的开发，各种形式的换热器新结构不断出现。

由于使用条件不同，换热器可以有各种各样的形式和结构，在生产中，换热器有时是一个单独的化工设备，有时则是一个工艺设备的组成部分，因而它的先进性、合理性和运转可靠性将直接影响产品的质量、数量和成本。完善的换热设备，除需满足化工工艺要求外，尚需考虑下列因素：①换热效率高；②流体流动的阻力小及压力降小；③结构可靠、制造成本低；④便于安装检修。

要完全满足上述要求是困难的，任何换热器都不可能十全十美，例如板式换热器传热效率高，金属消耗量低，但流体阻力大，强度和刚度差，制造检修困难。而列管式换热器在传热效率、紧凑性、金属消耗量等方面均不如板式换热器，但其结构坚固、可靠性高，适用性强，材料范围广，因而目前仍是化工、炼油、轻工、食品生产中，尤其是高温、高压和大型换热器的主要结构形式。

2.1 换热器的分类与标准

2.1.1 换热器的分类

换热器是进行热量传递的通用工艺设备，它在炼油、化工及其他相关工业中得到了广泛的应用。按其功能可分为：加热器、再沸器、冷凝器、蒸发器等；按冷热物料间的接触方式又可以分为直接式换热器、蓄热式换热器、间壁式换热器等。前两类在换热过程中，高温流体和低温流体相互混合或部分混合，使其在应用上受到限制。工业上以间壁式换热器为主。列管式换热器是间壁式换热器中的一种，是目前生产上应用最广泛的一种传热设备，通过不断地改进，其结构较完善，技术资料和数据也比较完善。

列管式换热器的种类很多，目前广泛使用的，按照有无热补偿或补偿方法的不同来分，主要有以下几种。

（1）固定管板式换热器

固定管板式换热器（GB/T 28712.2—2012）的结构简单紧凑，造价便宜，但管外不能清洗。这种换热器管束连接在管板上，管板分别焊在外壳两端，并在其上连接有顶盖，顶盖和壳体装有流体进出口接管。常在管外装置一系列垂直于管束的挡板，以增大管外流体的流速，改善换热效果，同时管子、管板和外壳的连接都是刚性的，而管内管外是两种不同温度的流体，因此当管壁与壳壁温度相差较大时，由于两者的热膨胀不同，产生了很大的温差应力，以致管子扭弯或使管子从管板上松脱，基本上损坏了整个换热器。为了克服温差应力，必须有温度补偿装置，一般在管壁与侧壁温差相差 50℃ 以上时，为安全起见，换热器应有温差补偿装置。图 2-1 为具有补偿圈或称膨胀节的固定管板式换热器。依靠膨胀节的弹性变形，可以减小温差应力，但这种装置只能用在壳壁和管壁的温差低于 60～70℃、壳程流体压力不高的情况。一般壳程压力超过 6atm 时，由于补偿圈过厚难以伸缩，失去温差补偿的作用，就应考虑其他的结构。

固定管板式换热器适用于壳程介质清洁、不易结垢、管程需清洗以及温差不大或温差虽大但壳程压力不高的场合。

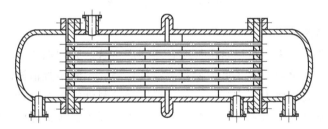

图 2-1　固定管板式换热器

（2）浮头式换热器

浮头式换热器（GB/T 28712.1—2012）将换热器的一块管板与外壳焊接，另一块管板不与外壳连接，以便管子受热或受冷时可以自由伸缩，但在这块板上连接一个顶盖，彼此不相连的管板与其顶盖一起称为浮头，所以这种换热器叫做浮头式换热器，如图 2-2 所示。这种形式的优点是管束可以拉出，以便清洗；管束的膨胀不受壳体的约束，因而当两种传热介质的温差大时，不会因管束与壳体的热膨胀不同而产生温差应力，其缺点是结构复杂、造价高。在浮头处如发生内漏，则无法检查。管束与壳体间较大的环隙易引起流体短路，影响传热。

浮头式换热器适用于管壳壁温差较大和介质易结构需清洗的场合。

（3）U 形管式换热器

U 形管式换热器（GB/T 28712.3—2012）与其他可抽出管束的换热器相比，它的结构最简单，只有一块管板，需密封的连接最少。管子被弯曲成 U 形，其两端连接在管板上，

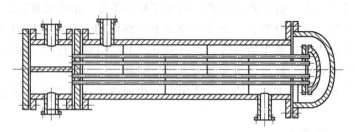

图 2-2　浮头式换热器

管束可以自由伸缩，不会使壳体因与管子有壁温差而产生温差应力。这种结构必须为双管程或偶数程，如图 2-3 所示。管束可以抽出来清洗，其缺点是管内清洗困难，管子更换困难，管板上排列的管子数少，结构不紧凑，管外流体易短路而影响传热效率，其价格高于固定管板式换热器。

U 形管式换热器适用于管、壳壁温差较大的场合，尤其是管内走清洁不易结垢的高温、高压、腐蚀性大的介质。

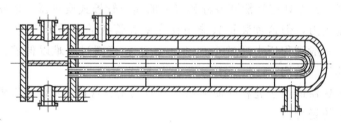

图 2-3　U 形管式换热器

（4）填料函式换热器

填料函式换热器的管束也可以自由伸缩，不会产生管、壳间温差应力。结构较浮头式简单，加工制造方便，造价较浮头式低，检修、清洗容易，填料函处泄漏时能及时发现，但壳程有外漏的可能，故壳程压力不宜过高，使用温度受填料性能限制，如图 2-4 所示。它不易处理，易挥发，易燃易爆，有毒及贵重介质。生产中往往不是为清除温差应力，而是为便于清洗壳程才采用这种换热器的。

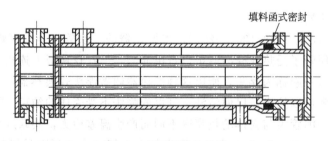

填料函式密封

图 2-4　填料函式换热器

（5）釜式换热器

釜式换热器由一个带有气液分离空间的壳体和一个可抽出的管束组成。管束末端设有溢流堰，以保证管束能有效地浸没在液体中，溢流堰外侧空间作为出料液体的缓冲区，如图 2-5 所示。在废气内液体的装填系数，对于不易起泡沫的物系为 80%，对于易起泡沫的物系则不超过 65%。釜式换热器的优点是对流体力学参数不敏感，可靠性高，可在高真空下操作，维护与清洁方便。缺点是传热系数小，壳体容积大，占地面积大，造价高，塔底液在加热段停留时间长，易结垢。

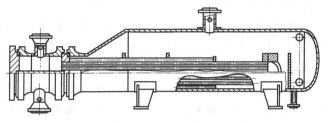

图 2-5　釜式换热器

各种列管式换热器的特点比较见表 2-1。

表 2-1　各种列管式换热器的特点比较

型式	结构特点	优缺点
固定管板式	列管固定在与壳体连接的管板上	优点：结构比较简单，造价低，应用广泛。 缺点：管外清洗困难，不适用于两相流体、温差大和易生污垢的流体，若应用在温差大的两流体换热，必须在外壳设置膨胀节
浮头式	列管一端固定在与外壳固定的管板上，另一端固定在可自由移动的管板上	优点：管束可取出清洗或更换，因为管束可以自由移动，所以适用于两流体温差大的换热情况。 缺点：结构复杂，造价高
填料函式	管束一端可以自由膨胀	优点：结构比浮头式简单，造价也比浮头式低。 缺点：壳内流体有外漏的可能，所以壳体内不适宜流过易挥发、易燃易爆和有毒介质，只适用于低压流体
U 形管式	把 U 形管束的两端同固定在一块固定管板上	优点：管束可自由膨胀，且可以抽出清洗。 缺点：管子内部清洗困难，更换内侧的 U 形管困难，管板上排列的管子数少
釜式换热器	由一个带有气液分离空间的壳体和一个可抽出的管束组成，管束末端设有溢流堰	优点：对流体力学参数不敏感，可靠性高，可在高真空下操作，维护与清洁方便。 缺点：传热系数小，壳体容积大，占地面积大，造价高，易结垢

2.1.2　列管式换热器标准

国际上有关换热器的标准化机构、科研机构很多，从换热器的设计、制造、结构改进，到传热机理的实验研究一直都在进行。其中列管式换热器的设计始于 20 世纪初叶，它的标准比较多。世界上广泛采用的列管式换热器标准有 TEMA（美国换热器制造商协会），它根据一般工业、化学工业和石油工业的不同特点和要求，将换热器分为 C、B、R 三类，有特殊要求的产品，另有推荐实行（RGP）规定。1980 年还出版了 TEMA 标准例题集，列举各种计算公式的用法和算例。美国化学工程师学会制定了 AIChE 换热器、冷凝器试验方法标准。

列管式换热器的设计、制造、检验与验收必须遵循中华人民共和国国家标准"钢制管壳式（即列管式）换热器"（GB/T 151—2014）执行，常见的管壳式换热器有 AES、BEM、BES、AEP、CFU、AKT 和 AJW 等。按该标准，对换热器的参数做如下规定：

① 公称直径 DN：卷制圆筒，以圆筒内径作为换热器的公称直径，mm；钢管制圆筒，以钢管外径作为换热器的公称直径，mm。

② 换热器的换热面积 A：计算换热面积，是以换热管外径为基准，扣除伸入管板内的换热管长度后，计算所得到的管束外表面积的总和（m^2）；公称换热面积，指经圆整后的计算换热面积。

③ 换热器的公称长度 LN：以换热管长度（m）作为换热器的公称长度。换热管为直管时，取直管长度；换热管为 U 形管时，取 U 形管的直管段长度。

该标准还将列管式换热器的主要组合部件分为前端管箱、壳体和后端结构（包括管束）三部分，其结构型式及分类代号如表 2-2 所示。该标准将换热器分为 Ⅰ、Ⅱ 两级，Ⅰ级管束采用较高级、高级冷拔换热管，适用于无相变传热和易产生振动的场合。Ⅱ级管束采用普通冷拔换热管，适用于再沸、冷凝传热和无振动的一般场合。

表 2-2 管壳式换热器前端管箱、壳体、后端结构型式及分类代号

前端管箱		壳体		后端结构	
A	平盖管箱	E	单程壳体	L	固定管板 与A相似的结构
B	封头管箱	F	带纵向隔板的双程壳体	M	固定管板 与B相似的结构
		G	分流壳体	N	固定管板 与N相似的结构
		H	双分流壳体	P	外填料函式浮头
C	可拆管束与管板制成一体的管箱	J	无隔板分流壳体	S	钩圈式浮头
				T	可抽式浮头
N	与固定管板制成一体的管箱	K	釜式重沸器壳体	U	U形管束

续表

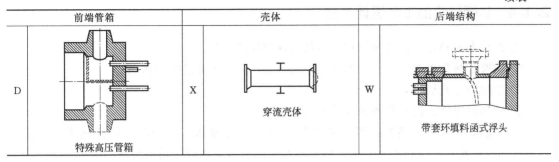

前端管箱		壳体		后端结构	
D	特殊高压管箱	X	穿流壳体	W	带套环填料函式浮头

2.1.3　列管式换热器的型号

列管式换热器的型号表示如下：

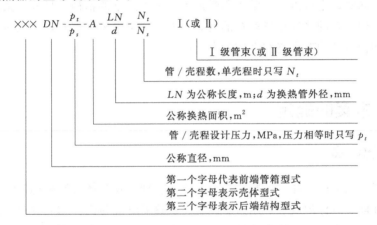

① 固定管板式热交换器

可拆平盖管箱，公称直径 700mm，管程设计压力 2.5MPa，壳程设计压力 1.6MPa，公称换热面积 $200m^2$，公称长度 9m，换热管外径 25mm，4 管程，单壳程的固定管板式热交换器，碳素钢换热管符合 NB/T 47019—2011 的规定，其型号为

$$\text{BEM700-}\frac{2.5}{1.6}\text{-200-}\frac{9}{25}\text{-4 I}$$

② 浮头式热交换器

可拆平盖管箱，公称直径 500mm，管程和壳程设计压力均为 1.6MPa，公称传热面积 $54m^2$，换热管外径为 25mm，管长 6m，4 管程，单壳程的钩圈式浮头换热器，碳素钢换热管符合 NB/T 47019—2011 的规定，其型号可表示为：

$$\text{AES500-1.6-54-}\frac{6}{25}\text{-4 I}$$

③ 釜式重沸器

可拆平盖管箱，管箱内径 600mm，壳程圆筒内径 1200mm，管程设计压力 2.5MPa，壳程设计压力 1.0MPa，公称换热面积 $90m^2$，公称长度 6m，换热管外径 25mm，2 管程，单壳程的可抽式浮头釜式重沸器，碳素钢换热管符合 GB/T 9948—2013 高级的规定，其型号为：

$$\text{AKT}\frac{600}{1200}\frac{2.5}{1.0}\text{-90-}\frac{6}{25}\text{-2 II}$$

2.1.4 非标换热器工艺设计步骤

① 设计方案确定，包括换热器类型的选择与流程安排。

② 初选传热系数 K，由传热基本方程 $Q=KA\Delta t_m$ 计算换热面积 A。

③ 换热器工艺结构尺寸设计。

④ 换热器附件、辅助设备的计算与选型。

⑤ 换热器核算，包括换热面积的核算、换热器内流体压降的核算；换热面积应留有 15%～25% 的裕度；压降不大于规定值，否则必须调整管程数，重新计算。

⑥ 撰写设计说明书。

从上述可知，非标换热器工艺设计是一个反复试差计算的过程。试差计算是多数单元操作过程常用的计算方法，试差计算过程是不断臻于真值的过程，借此培养学生的抗挫折能力以及工匠精神，同时，也可以培养学生不断追求、勇于探索的精神。另外，试差计算过程也是精益求精、一丝不苟的严谨作风教育的良好素材，让学生坚定信心，坚定意志，相信自己不屈的意志，相信自己的努力终究会成就自己的人生。

2.2 设计方案的确定

2.2.1 换热器型式

对于列管式换热器的选择，一般从换热流体的腐蚀性及流体特性来选择结构与材料，根据材料的加工性能、流体的流量、压力、温度、换热器管程与壳程的温度差，换热器的热负荷、维修清洗方便程度以及经济合理性等因素，合理选用换热器类型。

各种不同形式的列管式换热器一般均有立式、卧式之分。对于冷凝器来说，卧式的传热系数比立式的要高，除非立式的管束很短或卧式的每列管束中管数太多。进一步利用冷凝液的显热时（使冷凝液继续冷却），采用立式方便。

2.2.2 流体流动空间

在列管式换热器中，两种流体介质中哪一种走管程，哪一种走壳程是关系到设备使用的合理性问题，一般可以从以下几个因素考虑。

① 不清洁或易结垢的物料应当流经易于清洗的一侧。对于垂直管束，上述物料一般通过管内，但当管束可以拆除清洗时，也可以走管外。例如冷却水一般通入管内，因为冷却水常常用江河水或井水，其硬度也比较高，受热后容易结垢，在管内便于清洗。此外，管内流体易于维持高速，可避免悬浮颗粒的沉积。但对于 U 形列管换热器，由于管内不能进行机械清洗，故污浊的流体应通入壳程。

② 有腐蚀性的流体应在管内流过，这样只有管子、管板需要应用耐腐蚀的材料，壳体及管外空间的其他零件都可以用比较便宜的材料。

③ 流量小的流体，为提高流速，增大对流传热系数，宜在管内流动，采用多管程以增大流速。

④ 压力高的流体需流经管内，因为管子直径小，承受高压能力好，同时还可避免采用高压的外壳和高压密封。

⑤ 流量大的气体宜通过管外，这样可降低流速，减小压力损失，节约动力消耗。

⑥ 生产中的最终产品一般通过管内。

⑦ 价格较昂贵的冷却剂如氨、氟利昂一般走管内。

⑧ 为提高传热系数，对流传热系数小的流体应流过管内。

⑨ 黏度大的流体一般在管外空间流过，应在设有挡板的壳程中流动时，流道的截面积和流向都在不断变化，在低雷诺数下（$Re \geqslant 100$）即可达到湍流，有利于提高管外流体的对流传热系数。

⑩ 换热两流体温差较大时，会在管束与壳体间产生热应力，损坏设备，为此，宜将其中对流给热系数较大的流体流过管外，如此可达到降低壳体和管束间温差、减小热应力的目的。

⑪ 为了利用外壳向周围散热，常使被冷却流体无腐蚀性地在管外流动，以增加其冷却效果。

⑫ 饱和蒸汽作为加热剂时，一般应使其流经管外，这样不至于冷凝液排出困难而影响传热效果，但有时视需要也可流经管内。

上述原则也不是绝对的，有时可能是相互矛盾的，例如强腐蚀性热流体冷却时，从散热角度考虑宜流过管外，从腐蚀性角度考虑宜流过管内，但从生产和经济等方面权衡，以腐蚀危害影响生产最严重，应使其走管内，这样可避免管束和壳体同时遭受腐蚀，以保证正常生产。例如用循环水冷却油的换热体系，考虑到循环冷却水较易结垢，为便于水垢清洗，应使循环水走管程，油品走壳程。总之，确定流体的流道，应根据生产的具体情况来考虑。

2.2.3 流体流速

流体流速的选择，对换热器的设计和提高传热效果都具有重要意义。流体换热时，一般希望采用高的流速，因为流速高可增大对流给热系数，进而提高传热系数 K，同时，流速高可使壁面结垢减少，减小热阻而有利于传热。因此当传递的热量一定时，所需要的传热面积就可减少，使换热器具有较小的外形尺寸，节约材料和制造费用。但流体流速过高，又会使通过换热器的阻力损失增大，使输送流体的动力消耗增加，从而提高操作费用。反之，若所选的流体流速过低，操作费用虽可减少，但传热面积要增大，从而增大了设备费用。因此要选取比较适宜的流速，需经过全面的分析比较才能确定。实际工作中要做到全面的比较并不容易，通常可从下列几个方面考虑，并参照在实际工业生产中所积累的换热器流速数据来选取。常用的流速值范围列于表 2-3～表 2-6 中。

表 2-3　流体的流速范围

流体	流速范围/(m/s)	流体	流速范围/(m/s)
一般气体(常压)	8～25	液体自然对流	0.1～0.5
气体自然对流	2.0～4.0	水和有机载体热	2.0～5.0
烟道气管内	3.0～4.0	黏度和水相似的液体	1.5～3.0
过热蒸气	50～70	黏性液体	0.5～1.0
饱和水蒸气	20～30	冷凝水	0.3～0.5

表 2-4　列管式换热器内常用的流速范围

介质	循环水	新鲜水	一般液体	易结垢液体	低黏度油	高黏度油	气体
管程流速/m·s⁻¹	1.0～2.0	0.8～1.5	0.5～3	≥1.0	0.8～1.8	0.5～1.5	5～30
壳程流速/m·s⁻¹	0.5～1.5	0.5～1.5	0.2～1.5	≥0.5	0.4～1.0	0.3～0.8	2～15

表 2-5　不同黏度流体的最大流速

液体黏度 μ/Pa·s	最大流速/(m/s)	液体黏度 μ/Pa·s	最大流速/(m/s)
>1500	0.6	100～35	1.5
1500～500	0.75	35～1	1.8
500～100	1.1	<1	2.4

表 2-6　易燃易爆液体和气体允许的安全流速

流体名称	乙醚、二硫化碳、苯	甲醇、乙醇、汽油	丙酮	氢气
安全流速/(m/s)	<1	<2～3	<10	≤8

换热器中流体流速的选择原则可归纳为以下几个方面。

① 所选择的流速要尽量使流体呈稳定的湍流状态，即雷诺数 $Re \geqslant 10000$。或使流体呈不稳定的过渡流状态，$Re \geqslant 2300$。这样可使传热在较大的传热系数下进行，以利于传热。就是在垂直管中流动，一般也希望流速大于过渡流时的流速。除非流体黏度很高，为避免阻力损失太大，才不得不选取呈层流或过渡流状态的流速。

② 所选流速应不超过允许的流体阻力损失。对流体，一般换热器的阻力损失不大于1atm；对气体，不大于 0.1atm。

③ 所选流速应不使其造成水力冲击，使管子振动，因为如果发生此种情况，会缩短换热器使用寿命。

④ 所选流速应不使管长或管程数增加。因为管长是有限制的，一般取 6m 以内，管子太长，不但会因冷凝液的积聚而降低传热效果，且不便于拆换和清除管内污垢，而管程数增加则使设备结构复杂，且平均温差减小，降低传热效果。

⑤ 所选流速要使换热器有适宜的外形结构尺寸（如长径比）。

要选取最适宜的流速，在技术经济上需全面地进行比较，一般所选取的流速往往低于最适宜的流速，在实际工作中通常根据经验数据选取适宜流速。表 2-3～表 2-6 中所列的流速数据，可供实际操作和设计选取时参考，但是在流体中含有异相物质时，如液体中含有气泡或固体颗粒或气体中含有液滴或悬浮颗粒时，容易引起设备磨损，应注意不要采用过高的流速。

2.2.4　加热剂、冷却剂

用换热器解决物料的加热、冷却时，还要考虑加热剂（热源）和冷却剂（冷源）的选用问题。可以用作加热剂和冷却剂的物料有很多，列管式换热器常用的加热剂有饱和水蒸气、烟道气和热水等，常用的冷却剂有水、空气和氨等。在选择加热剂和冷却剂的时候，主要考虑来源方便、有足够温差、价格低廉、使用安全等因素。

（1）常用的加热剂

① 饱和水蒸气　饱和水蒸气是一种应用最广的加热剂，由于饱和水蒸气冷凝时对流传热系数很高，可以改变蒸气压以准确地调节加热温度，而且常用低廉的蒸汽机及涡轮机排放废气。但饱和水蒸气温度超过 180℃时，必须用很高的压强，但温度升高不大，而且设备强

度也相应增高，故一般只用于加热温度在 180℃ 以下的情况。

②烟道气　燃料燃烧所得到的烟道气具有很高温度，可达 700～1000℃，适用于需要达到高温度加热的场合。用烟道气加热的缺点是比热容低、控制困难及对流传热系数低。

除了以上两种常用的加热剂外，还可以结合工厂的具体情况，采用热空气等气体作为加热剂，或用热水作为加热剂。加热方法比较见表 2-7。

表 2-7　加热方法比较表

类别	载热体名称	温度范围/℃	α 的范围 /$[kcal/(m^2 \cdot h \cdot ℃)]$	优点	缺点
加热剂	热水	40～100	250～1500	可利用工业废水或冷用水作为废热回收	只能用于低温传热，效果也不好，本身易冷却，温度不易调节
	饱和水蒸气	100～180	膜状冷凝 5000～15000 滴状冷凝 10^4～$25×10^4$	温度易调节，冷凝潜热大，热利用率高	一般 ≤180℃，因 180℃，相当于 10atm。温度高时压力也高，设备有困难
	过热水	100～360		温度高，比热大，加热均匀	加压设备困难
	矿物油（如压缩机油，气缸油）	180～250	50～150	不需要高压加热，加热温度加高	黏度大时传热系数小，热稳定性差，超过 250℃ 易分解易着火，调节温度困难
高温载热体	联苯混合物（俗称道生油） $C_6H_5—C_6H_5$ 26.5% $C_6H_5—O—C_6H_5$ 73.5%	液体 15～255（沸点）饱和蒸汽 255～380	1200～1500	加热均匀，热稳定性好，温度范围广，易于调节，能达到高温，而蒸气压很低。气化潜热虽小，但蒸气密度大，故热熔值与水蒸气差不多，对普通金属材料均不腐蚀	价格昂贵，易渗透软性石棉填料，蒸气漏出易燃烧，但不爆炸，会刺激人的黏膜，但只要正常通风，不会对人体有显著影响
	甘油	220～250		无毒，不爆炸，价格低廉，来源方便，加热均匀	极易吸水，吸水后沸点急剧下降
	四氯联苯	100～300		在 340℃ 以下有很好的热稳定性，蒸气压很低，对不锈钢、青铜等均不腐蚀	蒸气可使人体肝脏发生疾病，因此设备必须密封
	熔盐 KNO_3 53% $NaNO_2$ 4% $NaNO_3$ 7%	142～530（熔点）		常压下温度高	比热小
	水银蒸气	400～800		稳定性强，沸点高，加热温度范围大，蒸气压低，饱和蒸汽温度为 358℃	剧毒，设备操作困难，易局部过热
	液体金属铅铋锑合金	450～800（铅熔点 327）		可保持一定的加热温度	
	烟道气	≥1000	α 较小	温度高	传热差，比热小，易局部过热
	电热法	可达 3000		温度调节范围大，可得到特别高的温度，易调节	成本高

（2）常用的冷却剂

水和空气是最常用的冷却剂，它们可以直接取自大自然，不必特别加工。与空气相比较，水的比热容高，对流传热系数也很高，但空气的获取和使用比水方便，应因地制宜加以选用。水和空气作为冷却剂受到当地气温的限制，一般冷却温度为 10～25℃，如果要冷却到较低的温度，则需应用低温冷却剂，常用的低温冷却剂有冷冻盐水（$CaCl_2$、$NaCl$ 及其溶液）。各种冷却方法比较见表 2-8。

表 2-8   各种冷却方法比较表

冷却剂	温度范围，℃	特点
水（自来水，河水，井水，冰水，热水）	0～80	广泛应用于冷却过程，价格低廉，来源方便
空气	＞30	价格低廉，取之不竭，在缺水地区尤为适宜
冷冻盐水	-30～15	常用载体有氯化钙或氯化钠的水溶液，用于低温冷却，有一定腐蚀性
氨、丙烷、氟氯烷等	＜-40（单级） ＜-100（多级）	用于直接气化制冷、冷冻工业中
液氮、液化天然气	＜-100	直接制冷，用于深冷分离等特殊场合
二元醇、水等	＜-35	能在-35℃不结冰，保证发动机低温正常运转
冷冻混合物和固体二氧化碳等低温冷却剂	＜-15	

2.2.5 流体进出口温度

冷热流体的两端温度可接生产工艺条件规定，也可根据传热任务由设计者加以规定，而通常在设计时被处理物料的进出口温度一般是指定的，作为工作介质的另一种载热体的进出口温度一般由设计者自行确定。此温度的决定将影响流体的用量和流速，因而它必须在物料衡算之前确定，若在设计中选择冷水作为热物料的冷却剂，则此时选取较低的出口水温度，传热过程可获得较大的平均温度差。理论研究得出，在一般参数的换热器中，冷却水的消耗费用及冷却设备的投资费用之和为最小时的温度为最适宜的出口温度。此温度可接近于热流体的出口，但应注意冷端的温度差不小于 5℃，一般热端的温度差不小于 20℃，对最适宜出口温度的确定是通过分析比较的方法进行的，但也有用微分法或图示法进行计算得到的。冷水的进口温度可根据地理环境、水源丰富与否和季节加以确定。

2.2.6 材料的选用

列管式换热器的材料应根据操作压力、温度及流体的腐蚀性等来选用。在高温下一般材料的机械性能及耐腐蚀性能都要下降。同时，具有耐热性、高强度及耐腐蚀性的材料是很少的，目前常用的金属材料有碳钢、不锈钢、低合金钢、铜和铝等，非金属材料有石墨、聚四氟乙烯和玻璃等。不锈钢和有色金属虽然抗腐蚀性能好，但价格高且较稀缺，应尽量少用。

① 碳钢 价格低，强度较高，对碱性介质的化学腐蚀比较稳定，很容易被酸腐蚀，在无普适性要求的环境中应用是合理的，如一般换热器用的普通无缝钢管，其常用的材料为 10 号和 20 号碳钢。

② 不锈钢 奥氏体不锈钢以 1Cr18Ni9 为代表，它是标准的 18-8 奥氏体不锈钢，有稳定的奥氏体结构，具有良好的耐腐蚀性和冷加工性能。

列管式换热器各部件的常用材料可参考表 2-9。

表 2-9 列管式换热器各部件的常用材料

表 2-9 列管式换热器各部件的常用材料

部件或零件名称	材料牌号	
	碳素钢	不锈钢
壳体、法兰	A3F、A3R、16MnR	16Mn＋0Cr18Ni9Ti
法兰、法兰盖	16Mn、A3	1Cr18Ni9Ti
管板	A4	1Cr18Ni9Ti
膨胀节	A3R、16MnR	1Cr18Ni9Ti
挡板、支承板	A3F	1Cr18Ni9Ti
螺栓	16Mn、40Mn、40MnB	
换热管	10	
螺母	A3、40Mn	1Cr18Ni9Ti
垫片	石棉橡胶板	
支座	A3F	

2.3 列管式换热器工艺计算

换热器的工艺计算包括物料衡算、热量衡算、传热系数的计算、传热面积的计算以及设备尺寸的确定等，这些计算方法在化工原理课程中已介绍过，在此简单地提出计算步骤，重点列出一些计算的数据、图表，以供设计参考之用。换热面积是换热器最重要的工艺参数，首先根据生产经验或文献报道，估算传热系数 K。从 K 值及平均温度差可初步计算出换热面积的大小。为了安全起见，根据不同情况，考虑热损失，应将此传热面积增大 5％～10％。在初算传热面积确定后，可参考我国有关部门的列管式换热器标准（GB/T 151—2014）初步确定管子直径、管长、管数、管距、壳体直径、管程数、折流板型式及数目等以得出列管式换热器的大致轮廓，从而计算出在此换热管内及管外空间流体的流速。根据换热器大致轮廓尺寸可算出传热系数 K，按此 K 值再计算所需的传热面积，如与前述初步计算的传热面积相近即认为估算过程前后相符，否则需另设 K 值重新试算或做某些调整。

2.3.1 热负荷

热负荷 Q 是指传热过程中热流体减少的热量或冷流体获得的热量，它可根据流体在传热过程中有无相变化等情况，分别采用下述方法进行计算。

① 流体无相变时热负荷的计算

$$Q＝WC_p(t_2－t_1)$$

式中 W——流体的质量，kg/h；

C_p——流量流体的平均定压比热，kJ/(kg·℃)；

t_1，t_2——流体的进口温度和出口温度，℃。

其中 C_p 视为不属于温度变化的常数，如不可视为常数时，应取流体进出口温度下的平均值。

② 流体有相变时热负荷的计算

$$Q＝W_r$$

式中 W_r——汽化潜热，或冷凝潜热。

③ 工程上常采用的计算热负荷的方法

由于流体的比热常随温度改变而变化很大，使用时会有较大的误差，为此在工程计算上常采用热焓来计算，这时就无需考虑流体有无相变，也不涉及比热和潜热，因此它是计算热负荷的简便方法及计算式为：

$$Q = W(I_1 - I_2)$$

式中　I_1，I_2——流体进出口温度下的热焓，kJ/h。

在实际传热过程中，由于温度不太高，一般热量损失都很小，如果在 3%～5% 以内，可忽略不计。因而可以认为热流体放出的热量等于冷流体得到的热量，所以热负荷用热流体放出的热量或冷流体得到的热量来表示均可，当有实测数据时可取其算术平均值。

然而，在实际设计热负荷时，除按生产情况取一定安全系数外，对冷却器、冷凝器，多用热流体来计算传热过程的热负荷；对加热器、预热器、蒸发器等，多采用冷流体来计算传热过程的热负荷，即取最大的热负荷进行设计。

2.3.2　平均温度差

在换热器内，冷热流体的温度 t 和 T 都在不断变化，因此温差 Δt 也是一个变量，而平均温度差 Δt_m 是指在整个传热面上的温差平均值，它与两相流体的流动方式密切相关。下面分别讨论。

① 逆流或并流

在单纯的逆流或并流热交换器中，流体的温度变化如图 2-6 所示。

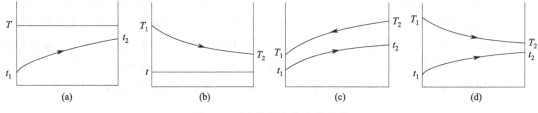

图 2-6　两流体温度变化趋势线

（a）只有冷流体变温，如用饱和蒸汽加热。

（b）只有热流体变温，如用烟道气蒸发液体。

（c）两流体均无相变化，并流。

（d）两流体均无相变化，逆流。

对于以上 4 种情况，平均温度差可由其对数平均值取得。

$$\Delta t_m = \frac{\Delta t_1 - \Delta t_2}{\ln \dfrac{\Delta t_1}{\Delta t_2}}$$

当 $\dfrac{\Delta t_1}{\Delta t_2} \leqslant 2$ 时，可用算术平均值代替对数平均值，误差在 4% 以内，是工程计算可以接受的。

② 其他情况

为了提高流体在换热器内的流速，壳内一般设有挡板，管束也常常分为多程，使管内流体经过两次或多次折流后再流出换热器，这都是换热器内的流动，偏离纯粹的逆流或并流，因而使平均温差的计算更为复杂，在复杂流动情况下，平均温差 Δt_m 的计算，通常是先按逆流计算，再乘以修正系数。

$$\Delta t_m = \varphi_{\Delta t} \Delta t'_m$$

式中　$\Delta t'_m$——按逆流计算的对数平均温度差；

　　　$\varphi_{\Delta t}$——温度差校正系数，无因次。

温度调整系数根据换热器的形式，按辅助参数 P 和 R 的值由图 2-7 查取。

$$P = \frac{t_2 - t_1}{T_1 - t_1} = \frac{冷流体的温升}{两流体的初始温度差}$$

$$R = \frac{T_2 - T_1}{t_2 - t_1} = \frac{热流体的温降}{冷流体的温升}$$

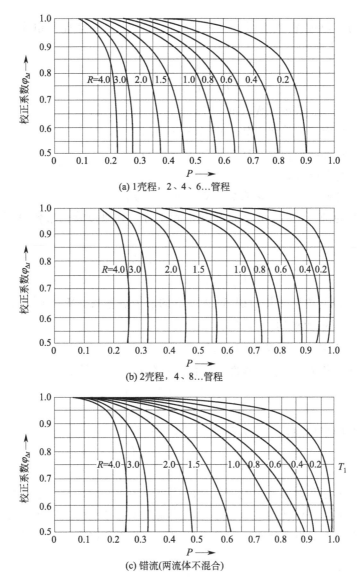

(a) 1壳程，2、4、6...管程

(b) 2壳程，4、8...管程

(c) 错流(两流体不混合)

图 2-7　温度差校正系数

当校正系数 $\varphi_{\Delta t} < 0.8$ 时，可能出现温度交叉或温度逼近，因而推荐 $\varphi_{\Delta t}$ 的最低值为0.8。也可用下述方法确定极限条件。

当热流体走壳程时，$T_2 \geqslant \dfrac{t_1 + t_2}{2}$。

当冷流体走壳程时，$t_2 \leqslant \dfrac{T_1 + T_2}{2}$，如条件接近此极限，就应考虑采用多壳程或几台换热器串联。

2.3.3 总传热系数

2.3.3.1 计算法

（1）对稳定的传热过程，当传热面为平壁或薄壁管时，传热面积相等或近于相等，总传热系数 K 可用下式计算。

$$\frac{1}{K} = \frac{1}{\alpha_i} + \frac{\delta}{\lambda} + \frac{1}{\alpha_o}$$

式中　K——总传热系数，$W/(m^2 \cdot \text{℃})$；

　　　α_i——管内的分传热系数，$W/(m^2 \cdot \text{℃})$；

　　　α_o——管外的分传热系数，$W/(m^2 \cdot \text{℃})$；

　　　δ——管壁厚度，m；

　　　λ——管壁材料的导热系数，$W/(m^2 \cdot \text{℃})$。

（2）当传热面为圆筒壁时，两侧的传热面积不等，如果以管内壁传热面 A_i 为基准，则由下式计算。

$$\frac{1}{K_i} = \frac{1}{\alpha_i} + \frac{\delta A_i}{\lambda A_m} + \frac{A_i}{\alpha_o A_o}$$

式中　K_i——以管内壁传热面积 A_i 为基准的总传热系数，$W/(m^2 \cdot \text{℃})$；

　　　A_i——管壁的平均传热面积，m^2；

　　　A_o——管外壁的传热面积，m^2。

如果以管外壁传热面积 A_o 为基准，则传热系数用下式计算。

$$\frac{1}{K_o} = \frac{A_o}{\alpha_i A_i} + \frac{\delta A_o}{\lambda A_i} + \frac{1}{\alpha_o}$$

如果以内外壁的平均面积 A_m 为基准，用下式计算。

$$\frac{1}{K_m} = \frac{A_m}{\alpha_i A_i} + \frac{\delta}{\lambda} + \frac{A_m}{\alpha_o A_o}$$

计算中应注意的是传热系数要与所选取的传热面积相对应，至于以壁哪一侧的面积为基准才合理，可以参照以对流传热系数较小一侧壁面面积为基准的原则加以决定。

一般金属管壁，其管壁都很薄，导热系数很大，所以可以简化为下式：

$$\frac{1}{K} = \frac{1}{\alpha_i} + \frac{1}{\alpha_o}$$

在换热器系列化标准中，传热面积即管子外表面面积，因此传热系数也应以外表面为准，在选用换热器形式计算中，常用 K_o 的公式。

（3）对流传热系数 α 的计算

在利用传热系数 K 的计算式求取传热系数 K 值时，除了知道污垢系数、管壁厚度和由管壁材质查出其热导率外，还需知道流体的对流传热系数，流体的对流传热系数与流体的流动状况种类、性质和传热壁面形状等许多因素有关。

① 无相变流体在圆形直管中做强制湍流时

$$\alpha = 0.023 \frac{\lambda}{d_i}\left(\frac{d_i u \rho}{\mu}\right)^{0.8}\left(\frac{C_p \mu}{\lambda}\right)^n = 0.023 \frac{\lambda}{d_i} Re^{0.8} Pr^n$$

式中　d_i——管内径；

　　　Re——雷诺准数，$Re = \dfrac{d_i u \rho}{\mu}$；

　　　Pr——普兰特准数，$Pr = \dfrac{C_p \mu}{\lambda}$。

说明：a. 式中定性尺寸为管子的内径；

　　　b. 定性温度即确定流体物性参数的温度，取流体进出口温度的算术平均值；

　　　c. 当流体被加热时，$n = 0.4$；当流体被冷却时，$n = 0.3$。

适用范围：a. $Re > 10^4$，$Pr = 0.7 \sim 160$；

　　　　　b. 管长与管径之比 $L/D \geqslant 50$，若 $L/D = 30 \sim 40$ 时，需乘以校正系数 $1.07 \sim 1.02$；

　　　　　c. 气体和低黏度的液体（不大于水黏度两倍的液体）。

对黏度大的液体，采用下式进行计算：

$$Nu = 0.027 Re^{0.8} Pr^{1/3}\left(\frac{\mu}{\mu_w}\right)^{0.14}$$

式中　Nu——努塞尔准数，$Nu = \dfrac{\alpha d}{\lambda}$；

　　　μ_w——除取壁温下的流体黏度外，其他应用条件均同上。

如果采用的不是圆形直管，而是弯管，则公式的右端需要乘以校正系数 ε_R

$$\varepsilon_R = 1 + 1.77\frac{d_i}{R} = 1 + 3.54\frac{d_i}{D}$$

式中　R——弯管曲率半径，m；

　　　D——弯管曲率直径，m。

如果流体在圆形直管内呈过渡流，则公式的右端需要乘以校正系数 f：

$$f = 1 - \frac{6 \times 10^5}{Re^{1.8}}$$

② 无相变流体在管外做强制对流时

列管式换热器的管件无折流板，管外流体可按平行管束流动考虑，仍可应用管内强制对流时的公式计算，但需将式中的内径 d_i 改为管间当量直径。

若管外有 25% 圆缺挡板，当 $Re = 2000 \sim 10^6$ 时，可用下式计算：

$$\frac{\alpha d_e}{\lambda} = 0.36\left(\frac{d_e u \rho}{\mu}\right)^{0.55}\left(\frac{c_p \mu}{\lambda}\right)^{1/3}\left(\frac{\mu}{\mu_w}\right)^{0.14}$$

式中各符号同前，其中当量直径

$$d_e = \frac{4S}{\Pi} = 4 \cdot 水力半径$$

式中　S——流体通道截面积（即横剖面的面积），m^2；

　　　Π——流体湿润的周边长（即剖面的周长），m。

d_e 由管子的排列情况决定：

正方形排列时

$$d_e = \frac{4\left(t^2 - \frac{\pi}{4}d_o^2\right)}{\pi d_o}$$

正三角形排列时

$$d_e = \frac{4\left(\frac{\sqrt{3}}{2}t^2 - \frac{\pi}{4}d_o^2\right)}{\pi d_o}$$

管外流速可以根据流体流过的最大截面积 S 来计算。

$$S = hD\left(1 - \frac{d_o}{t}\right)$$

式中　h——两折流板之间的距离，m；

　　　D——换热器壳体内径，m；

　　　d_o——管外径。

在设计时，管外流速也可以根据经验数据选取并计算后进行验算和调整。

已经研究出适用于不同情况流体的对流传热系数计算式，详情可见表 2-10。

表 2-10　流体无相变对流传热系数

流动状态		关联式	使用条件
管内强制对流	圆直管内湍流	$Nu = 0.023Re^{0.8}Pr^n$ $\alpha_i = 0.023\frac{\lambda}{d_i}\left(\frac{d_i u\rho}{\mu}\right)^{0.8}\left(\frac{C_p\mu}{\lambda}\right)^n$	低黏度液体；流体加热 $n=0.4$，冷却 $n=0.3$ $Re>10000$，$0.7<Pr<120$，$L/d_i>60$ 特性尺寸：d_i 定性温度：流体进出口温度的算术平均值
		$Nu = 0.027Re^{0.8}Pr^{1/3}\left(\frac{\mu}{\mu_w}\right)^{0.14}$ $\alpha_i = 0.027\frac{\lambda}{d_i}\left(\frac{d_i u\rho}{\mu}\right)^{0.8}\left(\frac{C_p\mu}{\lambda}\right)^{1/3}\left(\frac{\mu}{\mu_w}\right)^{0.14}$	高黏度液体 $Re>10000$，$0.7<Pr<16700$，$L/d_i>60$ 特性尺寸：d_i 定性温度：流体进出口温度的算术平均值（μ_w 取壁温）
	圆直管内滞流	$Nu = 1.86Re^{1/3}Pr^{1/3}\left(\frac{d_i}{L}\right)^{1/3}\left(\frac{\mu}{\mu_w}\right)^{0.14}$ $\alpha_i = 1.86\frac{\lambda}{d_i}\left(\frac{d_i u\rho}{\mu}\right)^{1/3}\left(\frac{C_p\mu}{\lambda}\right)^{1/3}\left(\frac{d_i}{L}\right)^{1/3}\left(\frac{\mu}{\mu_w}\right)^{0.14}$	管径较小，流体与壁面温度差较小，μ/ρ 值较大 $Re<2300$，$0.6<Pr<6700$，$L/d_i>100$ 特性尺寸：d_i 定性温度：流体进出口温度的算术平均值（μ_w 取壁温）
管外强制对流	管束外垂直	$Nu = 0.33Re^{0.6}Pr^{0.33}$ $\alpha_i = 0.33\frac{\lambda}{d_i}\left(\frac{d_i u\rho}{\mu}\right)^{0.6}\left(\frac{C_p\mu}{\lambda}\right)^{0.33}$	错列管束，管束排数=10，$Re>3000$ 特征尺寸：管外径 d_o 流速取通道最狭窄处
		$Nu = 0.26Re^{0.6}Pr^{0.33}$ $\alpha_i = 0.33\frac{\lambda}{d_i}\left(\frac{d_i u\rho}{\mu}\right)^{0.6}\left(\frac{C_p\mu}{\lambda}\right)^{0.33}$	直列管束，管束排数=10，$Re>3000$ 特征尺寸：管外径 d_o 流速取通道最狭窄处
	管间流动	$Nu = 0.36Re^{0.55}Pr^{1/3}\left(\frac{\mu}{\mu_w}\right)^{0.14}$ $\alpha_i = 0.36\frac{\lambda}{d_i}\left(\frac{d_i u\rho}{\mu}\right)^{0.55}\left(\frac{C_p\mu}{\lambda}\right)^{1/3}\left(\frac{\mu}{\mu_w}\right)^{0.14}$	壳方流体圆缺挡板(25%)，$Re=2\times10^3\sim1\times10^6$ 特征尺寸：当量直径 d_e 定性温度：流体进出口温度的算术平均值（μ_w 取壁温）

流动状态	关联式	使用条件
	流体相变对流传热系数	
管外 蒸汽 冷凝	层流时 $Re<1800$ $\alpha_i=1.13\left(\dfrac{r\rho^2 g\lambda^3}{\mu L\Delta t}\right)^{1/4}$ 湍流时 $Re>1800$ $\alpha_i=0.0077\left(\dfrac{\rho^2 g\lambda^3}{\mu^2}\right)^{1/3}\left(\dfrac{4L\alpha\Delta t}{r\mu}\right)^{0.44}$	垂直管外膜滞流 特性尺寸：垂直管的高度 定性温度：$t_m=(t_w+t_s)/2$
	$\alpha_i=0.725\left(\dfrac{r\rho^2 g\lambda^3}{n^{2/3}\mu d_o\Delta t}\right)^{1/4}$	水平管束外冷凝(层流 $Re<2100$) n 为水平管束在垂直列上的管数，膜滞流 特性尺寸：管外径 d_o

（4）污垢热阻

换热器在实际操作中，传热表面上常有污垢积存，对传热产生附加热阻，使总传热系数降低，在估算 K 值时，一般不能忽略污垢热阻。由于污垢层的厚度及其热导率难以准确地估计，因此通常选用污垢热阻的经验值作为计算 K 值的依据。若管壁内外侧面上的污垢热阻分别用 R_{si} 及 R_{so} 表示，则总传热系数的计算式为

$$\frac{1}{K_o}=\frac{d_o}{\alpha_i d_i}+R_{si}\frac{d_o}{d_i}+\frac{\delta d_o}{\lambda d_i}+R_{so}+\frac{1}{\alpha_o}$$

某些常见流体的污垢系数的经验值见表 2-11 和表 2-12。

表 2-11　流体的污垢热阻（一）　　　　单位：$m^2\cdot℃/W$

加热流体温度/℃		<115		115~205	
水的温度/℃		<25		>25	
水的速度/(m/s)		<1.0	>1.0	<1.0	>1.0
流体的污垢热阻	海水	0.8598×10^{-4}		1.7197×10^{-4}	
	自来水,井水,锅炉软水	1.7197×10^{-4}		3.4394×10^{-4}	
	蒸馏水	0.8598×10^{-4}		0.8598×10^{-4}	
	硬水	5.1590×10^{-4}		8.5980×10^{-4}	
	河水	5.1590×10^{-4}	3.4394×10^{-4}	6.8788×10^{-4}	5.1590×10^{-4}

表 2-12　流体的污垢热阻（二）　　　　单位：$m^2\cdot℃/W$

流体名称	污垢热阻	流体名称	污垢热阻	流体名称	污垢热阻
有机化合物蒸气	0.8598×10^{-4}	有机化合物	1.7197×10^{-4}	石脑油	1.7197×10^{-4}
溶剂蒸气	1.7197×10^{-4}	盐水	1.7197×10^{-4}	煤油	1.7197×10^{-4}
天然气	1.7197×10^{-4}	熔盐	0.8598×10^{-4}	汽油	1.7197×10^{-4}
焦炉气	1.7197×10^{-4}	植物油	5.1590×10^{-4}	重油	8.5980×10^{-4}
水蒸气	0.8598×10^{-4}	原油	$(3.4394\sim12.098)\times10^{-4}$	沥青油	1.7197×10^{-4}
空气	3.4394×10^{-4}	柴油	$(3.4394\sim5.1590)\times10^{-4}$		

（5）管壁热阻

管壁热阻取决于传热壁厚和材料，其计算式为 $R=b/\lambda$。常用金属材料的热导率 λ 见表 2-13。

表 2-13　常用金属材料的热导率　　　　单位：$W/(m^2\cdot℃)$

金属材料	温度/℃				
	0	100	200	300	400
铝	227.95	227.95	227.95	227.95	227.95
铜	383.79	379.14	372.16	367.15	362.86
铅	35.12	33.38	31.40	29.77	—

续表

金属材料	温度/℃				
	0	100	200	300	400
镍	93.04	82.57	73.27	63.97	59.31
银	414.04	409.38	373.32	361.69	359.37
碳钢	52.34	48.85	44.19	41.87	34.89
不锈钢	16.28	17.45	17.45	18.49	—

但是计算得到的 K 值往往与实际相差较大，主要是由于计算 α 的关联式有一定的误差及污垢热阻也不易估计准确等原因，因而常用以下方法确定 K 值。

2.3.3.2 选取经验传热系数 K 值的方法

K 值在基本条件（设备结构形式、雷诺数、流体物性）相同时可直接采用经验数据，所谓经验数据是指从生产实践或实际现场测定得到的传热系数 K 值和文献中的 K 值。

在实际选取经验传热系数 K 时，一般要注意两流体的流速，对冷凝传热要注意有无惰性气体存在，同时还要注意到污垢的污垢热阻大小，因为这些因素都对传热系数 K 值有很大影响，文献中所记载的经验传热系数 K 值范围很大。

所选取 K 值的大小与换热器的最终设计密切相关，因为 K 值与流体速度及换热器结构密切相关，低的流速可以得到低的 K 值，高的流速可以得到高的 K 值，如果最初假定的 K 值很小，就会使换热器庞大，流速很低，因此通常首先假定一个比较高的 K 值，再进行校核流速，看其是否在前述流速范围内。

各种换热条件下的经验传热系数 K 值，可以从化工和传热方面的手册或专业书籍中查到。表 2-14 列出的部分传热系数 K 值，可供实际选用时参考。

表 2-14 部分传热系数 K 值

管内（管程）	管间（壳程）	传热系数 $K/[W/(m^2 \cdot K)]$
水(0.9~1.5m/s)	净水(0.3~0.6m/s)	582~698
水	水(流速较高时)	814~1163
冷水	轻有机物($\mu<0.5\times10^{-3}Pa\cdot s$)	467~814
冷水	中有机物[$\mu=(0.5\sim1)\times10^{-3}Pa\cdot s$]	290~698
冷水	重有机物($\mu>1\times10^{-3}Pa\cdot s$)	116~467
盐水	轻有机物($\mu<0.5\times10^{-3}Pa\cdot s$)	233~582
有机溶剂	有机溶剂(0.3~0.55m/s)	198~233
轻有机物($\mu<0.5\times10^{-3}Pa\cdot s$)	轻有机物($\mu<0.5\times10^{-3}Pa\cdot s$)	233~465
中有机物[$\mu=(0.5\sim1)\times10^{-3}Pa\cdot s$]	中有机物[$\mu=(0.5\sim1)\times10^{-3}Pa\cdot s$]	116~349
重有机物($\mu>1\times10^{-3}Pa\cdot s$)	重有机物($\mu>1\times10^{-3}Pa\cdot s$)	58~233
水(1m/s)	水蒸气(有压力)冷凝	2326~4652
水	水蒸气(常压或负压)冷凝	1745~3489
水溶物($\mu<2.0\times10^{-3}Pa\cdot s$)	水蒸气冷凝	1163~4071
轻有机物($\mu>2.0\times10^{-3}Pa\cdot s$)	水蒸气冷凝	582~2908
轻有机物($\mu<0.5\times10^{-3}Pa\cdot s$)	水蒸气冷凝	582~1193
中有机物[$\mu=(0.5\sim1)\times10^{-3}Pa\cdot s$]	水蒸气冷凝	291~582
重有机物($\mu>1\times10^{-3}Pa\cdot s$)	水蒸气冷凝	116~349
水	有机物蒸气及水蒸气冷凝	582~1163
水	重有机物蒸气(常压)冷凝	116~349
水	重有机物蒸气(负压)冷凝	58~174
水	饱和有机溶剂蒸气(常压)冷凝	582~1163
水	含饱和水蒸气和氯气(20~50℃)	174~349
水	SO_2(冷凝)	814~1163
水	NH_3(冷凝)	698~930
水	氟利昂(冷凝)	756

2.3.4 初算传热面积

根据传热基本方程式 $A = \dfrac{Q}{K\Delta t_m}$，在 Q、K、Δt_m 经计算得出后，求出传热面积 A，考虑到安全因素，常用公式求得的传热面积乘上安全系数 $1.15 \sim 2.25$，即 $A_0 = (1.15 - 1.25) A$，以保证换热器的正常使用。确定传热面积之后，要进行换热器的结构设计和校核。

2.4 换热器结构设计

管壳式换热器的结构可分为管程结构和壳程结构两大部分，主要由壳体、换热管束、管板、管箱、隔板、折流板、定距杆、导流筒、防冲板、滑道等部分组成。

2.4.1 管程结构

管程主要由换热管束、管板、封头、盖板、分程隔板和管箱等部分组成。

2.4.1.1 换热管的选用

由于管长及管程数的确定均和管径和管内流速有关，故应首先确定管径及管内流速。若选择较小的管径，管内表面传热系数可以提高，而且对于同样的传热面积来说可以减小壳体直径。若管径小，管内流动阻力就大，机械清洗也困难，故设计时需根据具体情况选用适宜的管径。

（1）管径

换热器的管子构成换热器的传热面，管子的尺寸和形状对传热有很大的影响，我国列管式换热器标准中常见的无缝钢管规格为 $\Phi 19\text{mm} \times 2\text{mm}$，$\Phi 25\text{mm} \times 2\text{mm}$（1Cr18Ni9Ti），$\Phi 25\text{mm} \times 2.5\text{mm}$（10 号碳钢），$\Phi 38\text{mm} \times 2.5\text{mm}$，$\Phi 57\text{mm} \times 2.5\text{mm}$，耐酸不锈钢管规格为 $\Phi 25\text{mm} \times 2\text{mm}$，$\Phi 38\text{mm} \times 2.5\text{mm}$，管长规格为 1000mm，1500mm，2000mm，2500mm，3000mm，4000mm，6000mm。常用换热管的规格见表 2-15。

表 2-15　常用换热管的规格

材料	钢管标准	外径×厚度/ （mm×mm）	Ⅰ 级换热器		Ⅱ 级换热器	
			外径偏差/mm	壁厚偏差	外径偏差/mm	壁厚偏差
碳素钢	GB/T 8163—2018	10×1.5	±0.15		±0.20	
		14×2	±0.20	+12% −10%	±0.40	+15% −10%
		19×2				
		25×2				
		25×2.5				
		32×3	±0.30		±0.45	
		38×3				
		45×3				
		57×3.5	±0.8%	±10%	±1%	+12% −10%

续表

材料	钢管标准	外径×厚度/ (mm×mm)	Ⅰ级换热器		Ⅱ级换热器	
			外径偏差/mm	壁厚偏差	外径偏差/mm	壁厚偏差
不锈钢	GB/T 2270—2002	10×1.5	±0.15	+12% −10%	±0.20	±15%
		14×2	±0.20		±0.40	
		19×2				
		25×2				
		32×2	±0.30		±0.45	
		38×2.5				
		45×2.5				
		57×3.5	±0.8%		±1%	

通常，大管径的管子用于黏性大或污浊的流体，以便于清洗或减少流体阻力，小管径的管子用于清洁的流体或压力较大的场合。在传热面、流速和其他条件相同的情况下，随管径的减小，传热效果趋好，结构紧凑，造价下降。当管径减小至 15～25mm 时，管径影响已不大，故一般选用管径为 19mm、25mm 的为多。

换热器中管子一般都用光管，因为它的结构简单，制造容易，目前应用普遍，但它强化传热的性能不足，特别是当流体的对流传热系数很低时，采用光管作为列管，换热器的传热系数将会很低，为了强化传热，出现了多种结构形式的管子，如图 2-8 所示。

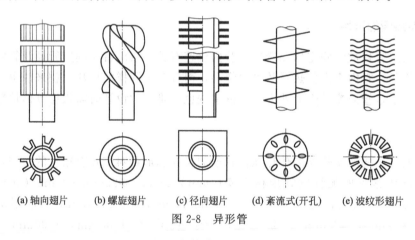

(a) 轴向翅片　(b) 螺旋翅片　(c) 径向翅片　(d) 紊流式(开孔)　(e) 波纹形翅片

图 2-8　异形管

异形管的截面形状和大小都不断发生变化，因此流体也不断地改变流动的状态，减小边界层的厚度，强化传热效果。翅片管多用于气体的加热和冷却，增大传热面积和气体的湍流程度，提高对流传热系数。螺旋管多用于油的冷却，效果很好，管外的螺纹增大了管外的传热面积，同时增加了管外流体的湍流程度，提高传热效率，同时实践证明管外更不易结垢，但制造困难，阻力增大。

（2）管子的数目

单程列管换热器，其中参与换热的流体是在全部管束内一次通过的，对于这种换热器，若设计的传热管的根数很少，则达不到工艺要求，若设计的管子数目太多，又会对传热产生以下两种不利情况。

①由于管子根数增多，流体在管内的流动速度必然减小，从而导致传热效果降低。

②管子根数增多，换热器的外壳直径必然增大，壳体内流体流速就要减小，这也会使传热效果降低。

根据设计传热的面积和工艺条件来估算管子根数是必须的，满足传热要求时以设计传热

面积 A_o 为准计算，$n = A_o/(\pi d_o L)$，同时还要满足工艺要求，以流体流量 V 为准计算 $n = 4V/(\pi d_i^2 u)$。从中选取大的值为估算管子数目，N 必须为整数。

$$n = \frac{4V}{\pi d_i^2 u}$$

式中，A_o 为设计传热面积，m^2；d_o 为换热管外径，m；d_i 为换热管内径，m；L 为换热管长度，m；V 为流体的体积流量，m^3/s；u 为流体的流速，m/s。

注意：传热学理论中计算传热面积时，用管子的平均直径，在此简化。最终管子数取决于排列。

（3）管长

换热管的长度决定换热器的换热面积，换热管的管长按下式计算：

$$L = \frac{A}{n\pi d_o}$$

换热管越长，单位面积材料消耗量越低，但管子过长，清洗和安装均不方便，因此一般取 6m 及以下，且应尽量采取标准管长或其等分。工程上一般用管长与壳径之比来判断管长的合理性。对于卧式设备，其比值应取 6～10，立式设备则应取 4～6，超过此范围应考虑采用多管程，管程数 $N = L/l$，其中 N 为管程数，l 为所选取的标准管长，取 6m 者居多。

2.4.1.2　换热管与管板的连接

管子在管板上的固定是列管式换热器制造中的关键之一，管子与管板的连接处必须保证充分的密封性能和足够的紧固强度，主要的连接形式有三种：强度胀接、强度焊接、胀焊结合。

（1）强度胀接

强度胀接是指保证换热管与管板连接的密封性能及抗拉脱强度的胀接。它是利用胀管器的滚辗，使伸到管板孔中的管子端部直接扩大，产生塑性变形，而管板只达到弹性变形，因而胀管后管板与管子之间就产生一定的挤压力，紧紧贴在一起，达到密封紧固连接的目的。图 2-9 为胀管前（a）和胀管后（b）管径的增大和受力情况。

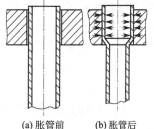

(a) 胀管前　　(b) 胀管后

图 2-9　胀管前后示意图

常用的胀接有非均匀胀接（机械滚珠胀接）和均匀胀接（液压胀接、液袋胀接、橡胶胀接和爆炸胀接等）两大类。强度胀接的结构型式和尺寸见图 2-10、表 2-16 和表 2-17。

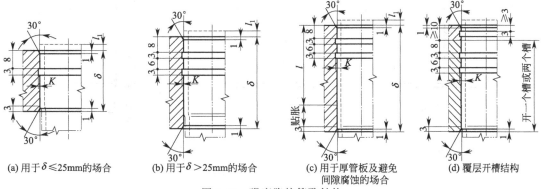

(a) 用于 $\delta \leqslant 25mm$ 的场合　　(b) 用于 $\delta > 25mm$ 的场合　　(c) 用于厚管板及避免间隙腐蚀的场合　　(d) 覆层开槽结构

图 2-10　强度胀接管孔结构

表 2-16　强度胀接结构尺寸

项目	换热管外径 d_o/mm						
	14	19	25	32	38	45	57
伸出长度 l_1/mm	3^{+1}			4^{+1}		5^{+1}	
槽深 K/mm	不开槽	0.5		0.6		0.8	

表 2-17　强度胀接时管板最小厚度　　　　　　单位：mm

应用范围	换热管外径 d_o							
	10	14	19	25	32	38	45	57
	管板厚度 δ							
用于炼油工业及易燃易爆有毒介质等场合		20		25	32	38	45	57
用于无害介质的一般场合	10	15		20	24	26	32	36

　　机械滚珠胀接为最早的胀接方法，目前仍在大量使用。将胀管器伸入管板孔中的管子的端部，旋转胀管器使管子直径增大并产生塑性变形，而管板只产生弹性变形。取出胀管器后，管板弹性恢复，使管板与管子间产生一定的挤压力而贴合在一起，从而达到紧固与密封的目的。当管板与换热管胀接时，管板的硬度应大于换热管的硬度以保证管子发生塑性变形时管板仅发生弹性变形。

　　随着温度的升高，接头间的残余应力会逐渐消失，使管端失去密封和紧固能力，所以使用胀接结构对温度和压力有一定的限制。强度胀接一般用在换热管为碳素钢，管板为碳素钢或低合金钢的场合，其主要适用于设计压力≤4.0MPa、设计温度≤300℃、操作中无剧烈振动、无过大温度波动及无明显应力腐蚀等场合。为了保证胀接质量，管板硬度应比管子硬度高，这样可免除在胀接时管板孔产生塑性变形，影响胀接的紧密性，当达不到这个要求时，可将管端进行退火处理，降低硬度后再进行胀接。

　　（2）强度焊接

　　强度焊接是指保证换热管与管板连接的密封性能及抗拉脱强度的一种焊接形式。强度焊接的结构型式及尺寸见图 2-11 和表 2-18。

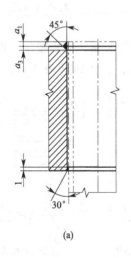　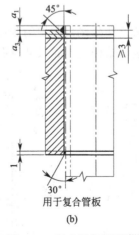　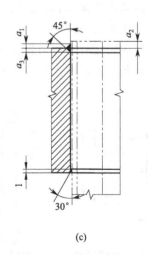

（a）　　　　　　　　　（b）　　　　　　　　　（c）
用于复合管板

图 2-11　强度焊接管孔结构

表 2-18　强度焊接的结构尺寸

换热管规格外径×壁厚		10×1.0	12×1.0	14×1.5	16×1.5	19×2	25×2	32×2.5	38×3	45×3	57×3.5
换热管最小伸出长度	a_1	0.5		1.0		1.5		2.0	2.5		3.0
	a_2	1.5		2.0		2.5		3.0	3.5		4.0
最小坡口深度 a_3		1.0			2.0			2.5			

几种常见的焊接结构见图 2-12。图（a）由于在管板孔端开 60°坡口，焊接结构较好，使用最多。图（b）中管子头部不突出管板，因此在立式设备中，停工后管板上可不积留液体，但焊接质量不易保证。图（c）在孔的四周又开了沟槽，因而有效地减少了焊接应力，适用于在薄管壁和管板在焊接后不允许产生较大变形的情况。图（d）管板孔上不开坡口，连接强度差，适用于压力不高和管壁较薄处。

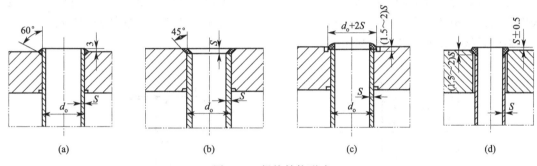

图 2-12　焊接结构形式

焊接法的应用日趋广泛，即使是压力不太高时也被采用，但焊接法管子与管板间存在的间隙往往能产生间隙腐蚀，而且焊接应力也会引起应力腐蚀，因此在高温高压下操作的换热器及要求较高的换热器，它们的管子与管板不能单独采用焊接，往往焊接后加贴胀，贴胀的目的是消除间隙，防止间隙腐蚀。换热器的管板与管子采用焊接时，焊接接头的结构很重要，它应根据管子直径与厚度，管板厚度与材料、操作条件等因素来决定。

焊接法的主要适用场合有下列几种：

① 当管间距太小，以致无法胀接时。

② 当热循环剧烈和温度很高时，一般碳钢或普碳钢温度在 300℃ 以上都采用焊接，压力超过 40atm 时也多用焊接。

③ 在有特殊要求和很强的腐蚀危险的地方，例如在原子工业和某些特殊化工过程中，因为胀接是不连续的，管子和管孔间的间隙会变成腐蚀的起点，宜采用内孔焊和全深焊。

④ 在维修受限制的地方。

⑤ 要求接头严密不露的地方。

⑥ 薄管板结构等。

焊接法比胀接法有下列几个优点。

① 焊接比胀接省工时，手工焊时还可节省工艺设备，生产简便，效率高。

② 由于管子与管板式熔接或钎接，连接强度高，可用于高温或深冷操作的换热器，连接可靠，泄漏少。

③ 在压力不太高，管子与管板连接处应力不太大时，还可以使用较薄的管板。

（3）胀焊结合

虽然在高温下采用焊接连接较胀接更为可靠，但管子与管板之间往往因存在间隙而产生间隙腐蚀，而且焊接应力也引起应力腐蚀，尤其是在高温高压下，连接接头在反复的热冲击、热变形、热腐蚀及介质压力作用下，工作环境极其苛刻，容易发生破坏，无论采用胀接或焊接均难以满足要求，目前较为广泛采用胀焊并用的方法，能提高连接处的抗疲劳性能，消除应力腐蚀和间隙腐蚀，提高使用寿命。

然而究竟是在胀焊结合的连接中先采用胀接还是焊接，没有统一的标准主张，主张先焊后胀的学者认为在高温高压换热器中，大多采用厚壁管，由于胀接时使用润滑油，当润滑油进入接头缝隙中时，就会在焊接时生成气体，使焊缝产生气孔，严重恶化焊缝质量，所以只要胀管过程控制得当，先焊后胀就无此弊病。主张先胀后焊的学者则认为胀接使管壁紧贴于管板孔壁，可防止产生焊接裂纹，这时焊接性能差的材料尤为严重，但关键是使用不需润滑油的胀接方法。

先胀后焊与先焊后胀，在结构上只有一点区别：先焊后胀的管板第一道胀管沟槽离管板表面距离大，距离管板表面 10mm 范围内是不进行胀接的，否则容易损坏密封焊缝。

强度焊接加贴胀管孔结构如图 2-13 所示。

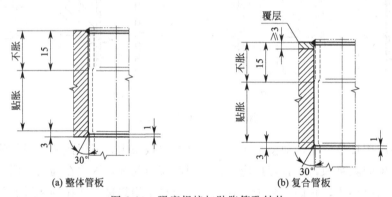

(a) 整体管板   (b) 复合管板

图 2-13　强度焊接加贴胀管孔结构

2.4.1.3　管板结构

（1）管子在管板上的排列方式

管子应在整个换热器的截面上均匀地分布，要考虑排列紧凑、流体的性质、结构设计以及制造等方面的问题，所以对于单程换热器是比较容易做到的，但对于多程换热器就要困难得多，管子在管板上的排列方法，实际使用较多的是正三角形和正方形排列。详见图 2-14。

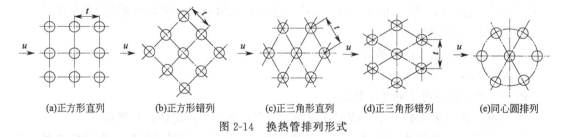

(a)正方形直列　　　(b)正方形错列　　　(c)正三角形直列　　　(d)正三角形错列　　　(e)同心圆排列

图 2-14　换热管排列形式

当壳体流体是不污性介质时，采用正三角形排列法。其优点是在同一管板面积上可以排列较多的管子，且由于管子间的距离都相等，在管板加工时便于划线钻孔，同时流体在管子内流动时，对于管壁冲刷剧烈，不易走短路，所以传热分系数较高，但管外不易清洗。当壳程流体需要用机械清洗时，采用正方形排列法，因为正方形排布的管子其管间距较大，清洗较方便，但在同一管板面积上排列的管子数最少，该排列方法在浮头式和填料函式换热器中用得较多。

在制氧设备中常采用同心圆排列法，这种排列方式比较紧凑，在靠近壳体的地方分布均匀，在小直径的换热器中排列管比正三角形排列的还多，但在排列圈数超过 6 圈时就比正三角形小，而且排管划线比正三角形排列麻烦，因此除特殊情况之外较少采用。

除了上述三种排列方法外，也可采用组合排列方法，例如在多程的换热器中，每一程中都采用正三角形排列法，而在各层之间为了便于安排隔板，则采用正方形排列法，见图 2-15。

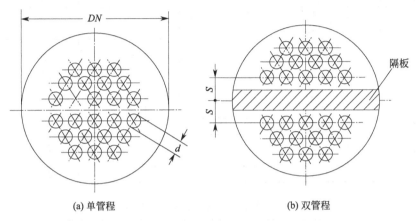

(a) 单管程　　　　　　　　　　　　(b) 双管程

图 2-15　排列组合法

当采用正三角形排列时，传热管排列是一个正六边形，排在正六边形内的传热管数为：

$$N_T = 3a(a+1)+1$$

设 b 为正六边形对角线上传热管数目，则 b 为：

$$b = 2a+1$$

式中，N_T 为排列的传热管数目；a 为正六边形的个数；b 为正六边形对角线上传热管数目。

当管子总数超过 127 根（相当于层数大于 6）时，正三角形排列的最外层管子和壳体之间的弓形部分较大，应配置上附加的管子。这样不但可增加排列管数，增大传热面积，而且消除了管外空间部分不利于传热的地方。管子的配置方法可参考表 2-19 和表 2-20。对于多管程换热器，分程的纵向隔板占据了管板上一部分面积，实际排管数比表中所示的要少，设计时必须用作图法确定。在排好管之后，可知实际管子数目，求出实际管内流体流速 $u_0 = \dfrac{4V_s}{\pi d^2 n_{实}}$。

表 2-19　正三角形排列时管板上排管根数

六角形的层数	对角线上的管子根数	不计弓形部分时管子根数	弓形部分管数				换热器内管子总根数
			弓形内第一排	弓形内第二排	弓形内第三排	弓形内管子总根数	
1	3	7					7
2	5	19					19
3	7	37					37
4	9	61					61
5	11	91					91

六角形的层数	对角线上的管子根数	不计弓形部分时管子根数	弓形部分管数			弓形内管子总根数	换热器内管子总根数
			弓形内第一排	弓形内第二排	弓形内第三排		
6	13	127					127
7	15	169	3			18	187
8	17	217	4			24	241
9	19	271	5			30	301
10	21	331	6			36	367
11	23	397	7			42	439
12	25	469	8			48	517
13	27	547	9	2		66	613
14	29	631	10	5		90	721
15	31	721	11	6		102	823
16	33	817	12	7		114	931
17	35	919	13	8		126	1045
18	37	1027	14	9		138	1165
19	39	1141	15	12		162	1303
20	41	1261	16	13	4	198	1459
21	43	1387	17	14	7	228	1615
22	45	1519	18	15	8	246	1765
23	47	1657	19	16	9	264	1921

表 2-20 按同心圆形排列在管板上排管根数

同心圆数目	外圆周上的管数	换热器内管子总根数	同心圆数目	外圆周上的管数	换热器内管子总根数
1	6	7	13	81	566
2	12	19	14	87	653
3	18	37	15	94	747
4	25	62	16	100	847
5	31	93	17	106	953
6	37	130	18	113	1066
7	43	173	19	119	1185
8	50	223	20	125	1310
9	56	279	21	131	1441
10	62	341	22	138	1579
11	69	410	23	144	1723
12	75	485			

（2）管间距

管板上两管子中心的距离称为管间距。管间距对结构紧凑性、传热效果、管板强度和清洗难易等都有影响。它与管子在管板上的固定方法有关，当管子采用焊接方法固定时，相邻两根管的焊缝太近，就会相互受到影响，使焊接质量不易保证，而采用胀接法固定时，过小的管间距会造成管板在胀接时由于挤压力的作用而发生变形，失去了管子与管板之间的连接力，因此管间距必须有一定的数值范围。根据生产实践经验，一般情况下，胀接法时管间距 $t_{min} \geq （1.3 \sim 1.5）d_o$，焊接法时管间距 $t_{min} \geq 1.25 d_o$。但管间距最小不能小于 $d_o + 6mm$，对于直径小的管子，t/d_o 的数值应大些。最外层列管外表面距壳体内壁表面的距离不应小于 $\frac{1}{2} d_o + 10mm$。对应于不同的管径，常用的管间距可由

表 2-21 查得。

对于多程列管式换热器，管程分程隔板两侧第 1 排管子中心之间的距离 C，可根据表 2-21 查取，由此表查得的 C 值，可以满足管板上分程隔板的密封及管子的连接要求。也可由隔板中心离最近第 1 排管子中心之间的距离 S 求得，其中 $S = \dfrac{t}{2} + 6$，则 $C = 2S$。

表 2-21　常用换热管中心距　　　　单位：mm

换热管外径 d_o	12	14	16	19	25	32	38	45	50	57
换热管中心距	16	19	22	25	32	40	48	57	64	72
分程隔板槽两侧相邻管中心距 C	30	32	35	38	44	52	60	68	76	80

管板、折流板（支承板）管孔直径及中心距允许偏差已有标准规定，列表于 2-22。

表 2-22　管孔直径及中心距允许偏差　　　　单位：mm

管子外径	管板孔		相邻孔中心距	管孔中心距允许偏差		折流板（支承板）孔	
	孔直径	允许偏差		相邻孔	任意孔	孔直径	允许偏差
14	14.4	+0.15	19	±0.3	±1.0	14.6	±0.4
19	19.4	+0.2	25	±0.3	±1.0	19.6	±0.4
25	25.4	+0.2	32	±0.3	±1.0	25.6	±0.4
32	32.5	+0.3	40	±0.3	±1.0	32.7	±0.45
38	38.5	+0.3	48	±0.3	±1.0	38.7	±0.45
57	57.7	+0.4	70	±0.5	±1.2	57.9	±0.5

（3）管板尺寸

① 管板受力及厚度

列管式换热器管板一般采用平管板，在原平板上开孔装设管束。管板又与壳体相连，管板所受载荷除管程与壳程压力外，还承受管壁与壳壁的温差引起的变形不协调作用。固定式管板受力情况较复杂，影响管板应力大小的因素如下：

a. 与圆平板类似，管板直径、厚度、压力大小、材料强度、使用温度等对管板应力有显著的影响。

b. 管束的支承作用。管板与许多换热管刚性地固定在一起，因此管束起着支承的作用，阻碍着管板的变形，在进行受力分析时，常把管板看成放在弹性基础上的平板，列管就起着弹性基础的作用，其中固定式换热器管板的这种支承作用最为明显。

c. 管孔对管板强度和刚度的影响。由于管孔的存在削弱了管板的强度和刚度，同时在管孔边缘产生峰值应力，当管子连接在管板之后，管板孔内的管子又能增加管板的强度和刚度，而且也抵消了一部分峰值应力，通常采用管板的强度与刚度削弱系数来估计它的影响。

d. 管板外边缘的固定形式，类似于圆平板，管板边界条件不同，管板应力状态也是不一样的，管板外边缘有不同的固定形式，如夹持、简支、半夹持等，通常以介于简支与夹持之间为多，这些不同的固定结构对管板应力产生不同程度的影响，在计算中，管板边缘的固定形式是以固结系数来反映的。

e. 管壁和壳壁的温度差可引起热应力。由于管壁与壳壁温度不同，产生变形量的差异，不仅使管子与壳体的应力有明显增加，而且使管板的应力有很大的增加，在设备启动和停车过程中特别容易发生这种情况，如采用非刚性结构换热器，这种影响得到减少或消除，因此在不同结构形式换热器中分别考虑这项因素的影响。

f. 当管板又兼做法兰时，拧紧法兰螺栓，在管板上又会产生附加弯矩。

g. 其他因素。如当管板厚度较大，管板上下两平面存在温差，则产生附加热应力，当管子太长而无折流板支承时，管子会弯曲，造成管板附加应力。当管板在胀接或焊接管子时，也会产生一些附加应力。

目前计算管板厚度的方法很多，由于处理问题的出发点不同，考虑的因素及周密程度不同，结果往往相差很大，管板的最小厚度可按表 2-23 选取。填料函式换热器和浮头式换热器的浮动管板受力不大，其厚度只要根据密封性选取即可。

表 2-23　管板最小厚度　　　　　　　　　　　　单位：mm

换热管外径 d_o	≤25	32	38	57
管板厚度 b	$\frac{3}{4}d_o$	22	25	32

管板最小厚度的确定：当管子与管板采用胀接时，应考虑胀管时对管板的刚度要求，其管板的最小厚度（不包括腐蚀裕量）按表 2-23 规定，但包括厚度附加量在内的管板厚度建议不小于 20mm。采用焊接时，管板最小厚度的确定，应考虑焊接工艺及管板焊接变形等的要求。

② 管板结构尺寸

固定管板式换热器的管板结构尺寸，见图 2-16 和表 2-24，其应与对应的标准设备法兰有关尺寸相一致。

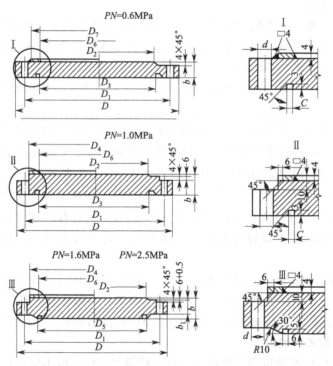

图 2-16　固定管板式换热器管板结构尺寸图

表 2-24　固定管板式换热器管板结构尺寸

公称直径 DN	管板尺寸/mm											螺栓孔数 n/个	重量/kg			
	D	D_1	D_2	D_3	D_4	$D_5=D_6$	D_7	b	b_1	c	d		单管程	双管程	四管程	再沸器
$PN=0.6\text{MPa}$																
800	930	890	790	798	—	800	850	32	—	10	23	32	102	103	107	91.5
1000	1130	1090	990	998	—	1000	1050	36	—	12	23	36	133	142	145	139
1200	1330	1290	1190	1198	—	1200	1250	40	—	12	23	44	—	—	—	219
1400	1530	1490	1390	1398	—	1400	1450	40	—	12	23	52	—	—	—	278
1600	1730	1690	1590	1598	—	1600	1650	44	—	12	23	60	—	—	—	388
1800	1960	1910	1790	1798	—	1800	1850	50	—	14	27	64	—	—	—	597
$PN=1.0\text{MPa}$																
400	515	480	390	398	438	400	—	30	—	10	18	20	—	—	—	31.4
600	730	690	590	598	643	600	—	36	—	10	23	28	75	77	79	72.4
800	930	890	790	798	843	800	—	40	—	10	23	36	123	130	136	129
1000	1130	1090	990	998	1043	1000	—	44	—	12	23	44	200	205	209	193
1200	1330	1290	1190	1198	1252	1200	—	48	—	12	27	44	—	—	—	310
1400	1530	1490	1390	1398	1452	1400	—	50	—	12	27	52	—	—	—	409
1600	1730	1690	1590	1598	1652	1600	—	56	—	14	27	60	—	—	—	526
1800	1960	1910	1790	1798	1852	1800	—	60	—	14	27	68	—	—	—	702
$PN=1.6\text{MPa}$																
400	530	490	390	—	443	400	—	40	33	—	23	20	42.7	43.0	45.2	43.5
500	630	590	490	—	543	500	—	40	33	—	23	28	58.5	59.6	61.5	—
600	730	690	590	—	643	600	—	46	38	—	23	28	98.0	100	103	87
800	960	915	790	—	853	800	—	50	42	—	27	36	164	165	173	—
1000	1160	1115	990	—	1053	1000	—	56	47	—	27	44	265	265	267	—
$PN^{①}=1.6\text{MPa}$																
800	930	890	790	—	843	800	—	50	42	—	23	36	—	—	—	167
1000	1130	1090	990	—	1043	1000	—	56	47	—	23	44	—	—	—	252
1200	1330	1290	1190	—	1252	1200	—	60	51	—	27	44	—	—	—	364
1400	1530	1490	1390	—	1452	1400	—	65	55	—	27	52	—	—	—	486
1600	1730	1690	1590	—	1652	1600	—	68	58	—	27	60	—	—	—	668
1800	1960	1910	1790	—	1852	1800	—	72	61	—	27	68	—	—	—	830
$PN=2.5\text{MPa}$																
159	270	228	135	—	186	147	—	28	—	11	22	12	12.8	—	—	—
273	400	352	245	—	306	257	—	32	—	14	26	12	25.1	26.0	—	—
400	540	500	390	—	453	400	—	44	36	—	23	2	49.0	49.5	52.0	—
500	660	615	490	—	553	500	—	44	36	—	27	24	71.6	72.5	74.1	—
600	760	715	590	—	653	600	—	50	41	—	27	28	106	107	110	—
800	960	915	790	—	853	800	—	60	51	—	27	40	196	199	208	—
1000	1185	1140	990	—	1053	1000	—	56	56	—	30	44	331	338	340	—

注：① 此压力下管板连接尺寸时采用 $PN=1.0\text{MPa}$ 的连接尺寸。

（4）管束的分程及管板与隔板的连接

① 管束的分程

换热器的换热面积较大，而管子又不能很长时，就得排列较多的管子，为了提高流体在管内的流速，增大传热系数，就必须将管束分程，分程可采用不同的组合方法，但每程中的管束应该大致相同，分程隔板的形状应简单密封，长度应短。

目前广泛采用的分程方法有平行和 T 形两种，见图 2-17。图中 4 程、6 程中的左侧和 2 程为平行布置法。4 程、6 程中的右侧为 T 形布置法。两种方法各有特点，在工艺安装采用换热器叠加时，为了接管方便，选用平行分程法较为合适，同时平行分程法亦可使管箱残液放尽，T 形分程法的最大特点是制造上可与双程管板共用一块模板，且较平行分程法可以多排些管子。

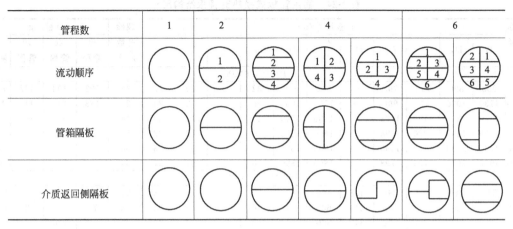

管程数	1	2	4			6	
流动顺序							
管箱隔板							
介质返回侧隔板							

图 2-17　隔板形式及介质流通顺序

② 程数 m 的确定

程数 m 可按式 $m = u/u_0$ 确定，其中 u 为保证合理操作时的流速，u_0 为实际流速，$u_0 < u$，程数 m 的计算结果圆整为整数。

③ 管板与隔板的连接

分层隔板有单层和双层两种。单层隔板与管板的密封结构如图 2-18（a）所示。隔板的密封面宽度为（$S+2$）mm，隔板材料应与封头材料相同。双层隔板的结构见图 2-18（b），双层隔板具有隔热空间，可防止热流短路，即不时已冷却或加热了的流体被刚进入的热或冷流体经隔板而再次加热或冷却。

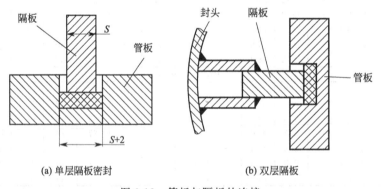

(a) 单层隔板密封　　　　　　(b) 双层隔板

图 2-18　管板与隔板的连接

（5）管板与壳体的连接

管板与壳体的连接方式与换热器的形式有关，基本上有两大类：一是不可拆式，如固定管板换热器，常采用两端管板与壳体之间焊接的方法连接；二是可拆式，如 U 形管式、浮头式及填料函式换热器，管板本身不直接与壳体焊接，而是通过壳体上的法兰和管箱法兰夹持固定。不可拆连接在刚性换热器中常采用，对壳体与管板采用焊接形式连接的结构，应根据设备直径的大小、压力的高低以及换热介质的毒性或易燃性等，考虑采用不同的焊接方式及焊接结构，实际使用中可按照表 2-25 选取。浮头式、填料函式、U 形管式换热器的管束要从壳体中抽出，以便进行清洗，故需将固定管板做成可拆连接，其管板夹于壳体、法兰和顶盖法兰之间，卸下顶盖就可把管板连同管束从壳体中抽出。

表 2-25 中图 a、b、c、d 的结构都是管板延伸至壳体圆周外兼作法兰的情况。结构 a 管板上开环槽,壳体嵌入槽内后施焊,壳体对中性好。适用于壳体壁厚≤12mm;壳体设计压力≤1MPa;壳程介质非易燃、非易挥发及有毒的场合。结构 b、c 焊缝坡口形式优于结构 a,焊透性好,焊缝强度极高,使用压力相应提高,适用于设备直径较大、管板较厚的场合。结构 d 管板上带有凸肩,焊接形式由角接变成对接,改善了焊缝的受力,适合于压力更高的场合。

表 2-25 中图 e、f、g、h 的结构都是管板不兼作法兰的情况,把管板直接焊于壳体内,适用于高温、高压,对密封性要求高的换热器。实践表明,管板兼作法兰的结构应用较多,因为这时卸下顶盖即可对胀口进行检查和维修,清洗管子也较为方便。

以上介绍的管板结构虽是较通用的,但是随着操作压力和温度的不断提高,往往越来越厚,因此国内外都在探求降低管板厚度的新结构。有椭圆形管板,相当于椭圆顶盖代替平板顶盖,由于椭圆顶盖受力较平板好,因此椭圆管板可以做得较薄;还有一种薄壁绕性管板,由于管板与壳体间有一个圆弧的过渡连接并且很薄,具有弹性,能够较好地补偿壳体与管束间的热膨胀,大大减小热应力对管板的作用,而流体压力对管板的作用则由拉撑管束承担,因此管板也较薄。

表 2-25　壳体与管板常见焊接结构

管板兼作法兰		管板不兼作法兰	
结构型式	使用场合	结构型式	使用场合
 a	壳体壁厚小于等于 12mm;壳体设计压力不大于 1MPa;壳程介质非易燃、非易挥发、无毒	 e	设计压力不大于 4MPa
 b	壳程设计压力在 1~4MPa 范围	 f	壳程压力不大于 6.4MPa,管箱为多层结构
 c	壳程设计压力在 1~4MPa 范围	 g	设计压力大于等于 6.4MPa

续表

管板兼作法兰		管板不兼作法兰	
结构型式	使用场合	结构型式	使用场合
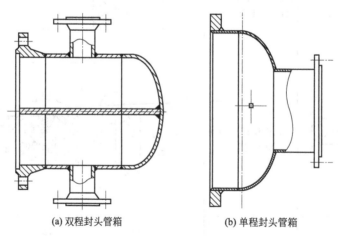	壳程设计压力大于 4MPa		设计压力大于 4MPa

2.4.1.4 管箱结构

（1）管箱结构

换热器管内流体进出口的空间称为管箱或流道室。管箱的结构应便于装拆，因为清洗检修管子时需要拆下管箱。壳体直径较大的换热器大多采用管箱结构。管箱位于管壳式换热器的两端，管箱上设有一段短节，保证管箱有必要的深度以安装接管和改变流体流向。椭圆形封头比平盖受力好得多，所以以椭圆形封头是用得最多的一种结构形式，可用于单程或多程管箱，图 2-19（a）为双程封头管箱，图 2-19（b）为轴向开管口的单程封头管箱。封头管箱的优点是结构简单，便于制造，适用于高压、清洁介质；缺点是检查管子和清洗管程时必须拆下连接管道和管箱。

(a) 双程封头管箱　　　　(b) 单程封头管箱

图 2-19　管箱形式

（2）管箱尺寸

管箱结构尺寸主要包括管箱直径、管箱长度、分层隔板位置尺寸等。其中管箱直径由壳体圆筒直径确定，管箱长度 L_g 尺寸要介于最小长度 L_{min} 和最大长度 L_{max} 之间，以保证流体分布均匀，流速合理，以强度因素限定其最小长度 L_{min}，以制造安装方便限制其最大长度 L_{max}，多管层管箱分层隔板的位置由排管图确定。

管箱最小长度 L_{min} 确定原则如下：

① 单程管箱采用轴向接管时，沿接管中心线的管箱最小长度应不小于接管内径的 1/3。

② 多层管上的最小长度应保证两管层之间的最小流通面积，不小于每层换热管流通面积的 1.3 倍。当操作允许时，也可等于每层换热管的流通面积。

③ 管箱上每相邻焊缝间的距离必须大于等于 4δ，且应大于等于 50mm，δ 为管箱壳体厚度。

管箱的最小长度，分别按介质流通面积计算和管箱上相邻焊缝间距离计算，取两者中较大者。管箱长度还应考虑管箱中内件的焊接和清理，因此对带有分层隔板的多管程管箱应限制其最大长度 L_{max}。根据施焊的方便性，由可焊角度和最小允许焊条长度的施焊空间，确定管箱最大长度。

在设计中，如果管箱的长度不能同时满足对最小长度和最大长度的要求，则应按满足最小长度的要求来确定管箱长度。

2.4.1.5　封头的选择

封头按其形状可分为三类：凸形封头、锥形封头和平板型封头。其中凸形封头包括半球形封头、椭圆形封头、碟形封头和球罐封头四种。锥形封头包括无折边锥形封头和带折边锥形封头两种。常见封头如图 2-20 所示。

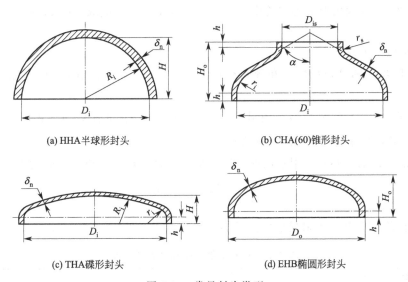

(a) HHA半球形封头　　　　　　　　　　(b) CHA(60)锥形封头

(c) THA碟形封头　　　　　　　　　　(d) EHB椭圆形封头

图 2-20　常见封头类型

在直径、厚度和计算压力相同的条件下，半球形封头的应力最小，二向薄膜应力相等而且沿经线的分布均匀。如果与壁厚相同的圆筒形连接，边缘附近的最大应力与薄膜应力并无明显不同。椭圆形封头的应力不如半球形封头均匀，但与碟形封头相比较好。由应力分析可知，椭圆形封头沿经线各点的应力是变化的，顶点处应力最大，在赤道上可能出现环向压应力。标准椭圆形封头与壁厚相等的圆筒体相连接时，可以达到与圆筒体等强度。碟形封头在力学上的最大缺点是其具有较小的折边半径，这一折边的存在使得经线不连续，从而使该处产生较大的弯曲应力和环向应力，其并不适用于压力容器，因此考虑到加工及力学性能等因素，碟形封头在列管换热器的设计中不常采用。

列管式换热器的封头大多采用椭圆形封头。椭圆形封头由半椭球和具有高度为 h_0 的短圆筒（称之为直边）两部分组成。直边的作用是避免筒体与封头间的环向焊缝受边缘应力。加工封头一般是用整块钢板冲压，大多数椭圆形封头壁厚或是与筒体厚度相同，或是比筒体稍厚。封头的直边高度可按表 2-26 确定。我国现行的 GB/T 25198—2010 "压力容器封头"给出了球形封头、椭圆形封头和碟形封头的基本尺寸参数，供设计时选用。

表 2-26　标准椭圆形封头的直边高度

封头材料	碳素钢、低碳钢,复合钢板			不锈钢、耐酸钢		
封头壁厚	4～8	10～18	≥20	3～9	10～18	≥20
直边高度	25	40	50	25	40	50

2.4.2　壳程结构

2.4.2.1　壳体直径

壳体的内径应等于或稍大于（在浮头换热器中）管板的直径，所以从管板直径计算可以确定壳体壳径。通常按下式确定壳径。

$$D=t(b-1)+2e$$

式中，D 为壳体内径，mm；t 为管间距，mm；b 为最外层六角形对角线（或同心圆直径）上的管数；e 为六角形最外层管中心到壳体内壁距离。一般取 $e=(1\sim1.5)d_0$，d_0 为换热管外径。

b 值可由以下方法决定。

① 用作图法。即已知管数 n 和管间距 t 后，从中心开始排出 n 根画六角形，再统计对角线上的管数。

② 用计算法。已知圈数 a，由式 $b=2a+1$ 计算已知管数 n，再用三角形排列，$b=1.1\sqrt{n}$；正方形排列，$b=1.19\sqrt{n}$ 进行计算。

式中，n 为包括中心管一根在内的 a 层六角形的总管数。它与 a 之间的关系式为

$$a=\frac{\sqrt{12n-3}-3}{6}$$

壳径的计算值应圆整到最接近的部颁标准尺寸（表 2-27）。

表 2-27　列管式换热器壳体直径计算

换热器类型	经验公式	备注
单管程换热器	$D=t(b-1)+2e$	三角形排列 $b=1.1\sqrt{n}$
		正方形排列 $b=1.19\sqrt{n}$
多管程换热器	$D=1.05\sqrt{n/\eta}$ η 为管板利用率	三角形排列 2 管程 $\eta=0.7\sim0.85$
		正方形排列 2 管程 $\eta=0.55\sim0.7$

2.4.2.2　折流板

在对流传热的换热器中，为了加强壳程内流体的流速和湍动程度，并使壳程流体垂直冲刷管束，增大壳程流体传热系数，以提高传热效率，在壳程内装置折流板。在卧式换热器中，折流板还起支承换热管的作用，由于冷凝给热系数与蒸气在设备中的流动状态无关，因此在冷凝器中无须装折流板。

（1）折流板结构

折流板的结构设计要根据工艺过程及要求来确定，常用的折流板按其形状可分为弓形（或称圆缺形）、圆盘-圆环形和带扇形切口三种。其中弓形折流板有单弓形、双弓形和三弓形三种。常用折流板形式如图 2-21 所示。其中弓形折流板比较常用，是目前最流行而且占绝对主导地位的一种折流板，在这种折流板中，流体只经折流板切除的圆缺部分而垂直流过管束，流动中死区较少，所以较为优越，结构也简单，在有关标准中只推荐采用这一种。而圆盘-圆环形折流板，由于它的结构复杂，不便清洗，一般只用在压力比较高和物料清洁的场合。

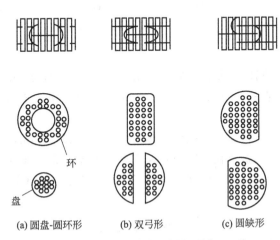

(a) 圆盘-圆环形　　(b) 双弓形　　(c) 圆缺形

图 2-21　常用折流板形式

单弓形折流板上的圆缺切口大小和板间距的大小是影响传热和压降的两个重要因素，弓形折流板缺口高度应使流体通过缺口时与横向流过管束时的流速相近，以减少流通截面变化引起的压降。弓形折流板圆缺高度一般为 $10\%D\sim40\%D$ 内，常用为 $20\%D\sim25\%D$。壳程中的弓形折流板在卧式换热器中可以水平或垂直安装，其排列分别为圆缺上下方向和圆缺左右方向。水平折流板上下方向排列可使流体横过管束流动，造成液体的剧烈扰动，增大了传热系数，这种结构最为常用。纵向折流板使管间的流体平行流过管束，也可较好地提高传热效率，但缺点是纵向折流板与壳体壁处的密封不易保证，容易造成短路。如图 2-22 所示。

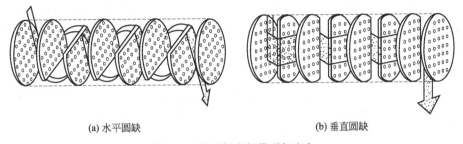

(a) 水平圆缺　　　　　　　　　　　　　　(b) 垂直圆缺

图 2-22　弓形折流板排列与流向

水平弓形折流板下部开有小缺口，是为了检修时能完全排出卧式换热器内的剩余液体。立式换热器则不必开此缺口。水平缺口形式最普遍，一般用于纯液相且流体是清洁的，否则沉淀物会在每一块折流板底部聚集，使下部传热面积失效，如图 2-23（a）、(d) 所示。垂直缺口形式一般用于带悬浮物或结垢严重的流体。壳程中的不凝蒸气和惰性气体沿壳内顶部流动或溢出，避免了蒸气或不凝性气体在壳体上部聚集或停滞，如图 2-23（b）、（c）所示。

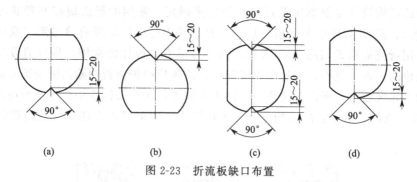

图 2-23　折流板缺口布置

（2）折流板间距

由于换热器的功用不同以及壳程介质的流量、黏度等不同，折流板间距（表 2-28）也不同，其系列可按下列数据考虑：100mm、150mm、200mm、300mm、450mm、600mm、800mm、1000mm。

最小间距：允许的最小折流板间距为壳体内径的 20％或 50mm，取其中的较大值。

最大间距：允许的最大折流板间距与管径和壳体直径有关。当换热器内无相变时，其间距不得大于壳体内径，否则流体流向就会与管子平行而不是垂直于管子，从而使换热器效率降低。

表 2-28　折流板间距

公称直径 DN/mm	管长/mm	折流板间距/mm					
≤500	≤3000	100	200	300	450	600	
	4500～6000	—	200	300	450	600	
600～800	1500～6000	150	200	300	450	600	—
900～1300	≤6000		200	300	450	600	—
	7500～9000			300	450	600	750
1400～1600	6000	—	—	300	450	600	750
	7500～9000			—	450	600	750
1700～1800	6000～9000				450	600	750
1900～2400	6000～12000				450	600	750

折流板外径与壳体之间的间隙越小，壳体流体介质由此泄露的情况越少，亦即减少流体短路使传热效率提高，但间隙过小，给制造安装带来困难，增加设备成本，故此间隙要求适宜，具体数据可参见表 2-29。

表 2-29　折流板和支承板的外径　　　　　　　　　　　　　　单位：mm

公称直径 DN	<400	400～500	500～900	900～1300	1300～1700	1700～2000	2000～2300	2300～2600
折流板名义外径	DN−2.5	DN−3.5	DN−4.5	DN−6	DN−8	DN−10	DN−12	DN−14
允许误差	0 −0.5		0 −0.8		0 −1.2		0 −1.4	0 −1.6

注：DN≤400mm 管材作圆筒时，折流板的名义外径为管材实测最小内径减 2mm。

（3）折流板的厚度

折流板的厚度与壳体直径及折流板间距有关，并取决于它所支承的质量。板厚增大，管束不易激发振动，其最小厚度可按表 2-30 选取。

表 2-30　折流板或支承板的最小厚度

公称直径 DN/mm	相邻两折流板间距/mm					
	≤300	>300~600	>600~900	>900~1200	>1200~1500	>1500
<400	3	4	5	8	10	10
400~700	4	5	6	10	10	12
>700~900	5	6	8	10	12	16
>900~1500	6	8	10	12	16	16
>1500~2000		10	12	16	20	20
>2000~2600		12	14	18	20	22
>2600~3200		14	18	22	24	26
>3200~4000			20	24	26	28

（4）折流板的管孔

折流板的管孔按照 GB/T 151—2014 规定，当为 Ⅱ 级换热器时，管孔直径及允许偏差按表 2-31 选取。

表 2-31　折流板管孔直径与允许误差

管子外径 d_o	14	16	19	25	32	38	45	57
管孔直径 d	14.6	16.6	19.6	25.8	32.8	38.8	45.8	58.0
允许误差	+0.4 / 0				+0.45 / 0		+0.5 / 0	

2.4.2.3　支承板

一般卧式换热器都有折流板，既起折流作用又起支承作用，但当工艺上不需要设置折流板（如冷凝器），而管子比较细长时，为了增加换热管的刚度，防止产生过大的挠度或引起管子振动，当换热器无支承跨距超过了标准中的规定值时，必须设置一定数量的支承板，其形状与尺寸均按折流板规定来处理。支承板则可放宽其制造要求，因为这时介质短路可以认为不影响传热效率，支承板做成半圆形的较好，支承板厚度一般不应小于表 2-32 中所列的数据。

表 2-32　支承板厚度

壳体直径	<400	400~800	900~1200
支承板厚度	6	10	10

允许的最大无支承间距 L 可参见表 2-33 所列的数据。

表 2-33　换热管最大无支承间距

换热管外直径		10	12	14	16	19	25	32	38	45	50~57
最大无支承间距 L	钢管	900	1000	1100	1300	1500	1850	2200	2500	2750	3150
	有色金属管	750	850	950	1100	1300	1600	1900	2200	2400	2750

注：1. 在温度较低时，表中数据可适当增加。在温度大于 400℃时，L 值应随 $\sqrt{E_t/E}$ 成正比缩减，E 为常温时材料的弹性模数，E_t 为温度 t 时材料的弹性模数。

2. 不同的换热管外径的最大无支承间距值，可用内插法求得。

2.4.2.4 拉杆与定距管

折流板与支承板的安装固定一般是通过拉杆和定距杆来实现的，拉杆和管板的连接如图 2-24（a）所示，拉杆是一根两端皆带有螺纹的长杆，一端用螺纹拧入管板，折流板就会穿在拉杆上，每两块折流板之间用套在拉杆上的定距管来保持板间距，最后一块折流板可用双螺母拧在拉杆上予以紧固。对不锈钢，可把折流板焊接在拉杆上。螺纹连接结构一般适用于换热管外径大于或等于 19mm 的管束。当换热管外径小于或等于 14mm 时，采用折流板与拉杆点焊在一起而不用定距管的结构形式固定折流板，如图 2-24（b）所示。

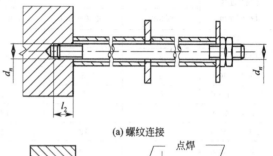

(a) 螺纹连接

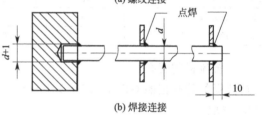

(b) 焊接连接

图 2-24 拉杆连接结构

拉杆直径、拉杆数量、拉杆尺寸在 GB/T 151—2014 已有规定，具体如表 2-34～表 2-36 所示。拉杆应尽量均匀地布置在管束的外边缘，且占据换热管的位置，任何折流板不应少于 3 个拉杆支承点。拉杆的尺寸（图 2-25）按需要而定。

表 2-34 拉杆直径　　单位：mm

换热管外径	10	14	19	25	32	38	45	57
拉杆直径	10	12	12	16	16	16	16	16

表 2-35 最少拉杆数量

拉杆直径/mm	DN<400	400≤DN<700	700≤DN<900	900≤DN<1300	1300≤DN<1500	1500≤DN<1800	1800≤DN<2000	2000≤DN<2300	2300≤DN<2600	2600≤DN<2800
10	4	6	10	12	16	18	24	32	40	48
12	4	4	8	10	12	14	18	24	28	32
16	4	4	6	6	8	10	12	14	16	20

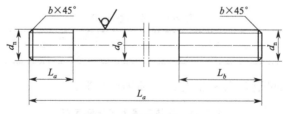

图 2-25 螺纹拉杆尺寸

表 2-36 拉杆尺寸　　单位：mm

拉杆直径 d	拉杆螺纹公称直径 d_n	L_a	L_b	b	管板上拉杆孔深
10	10	13	≥40	1.5	16
12	12	15	≥50	2.0	18
16	16	20	≥60	2.0	20

定距管需要确定的尺寸包括定距管的规格和长度。定距管的规格同换热管的规格尺寸，定距管的长度由折流板之间的距离确定，其长度的上偏差为 0.0，下偏差为 −1.0mm。

2.4.2.5 　旁路挡板

在浮头式换热器的壳程和管程中，由于安装浮头法兰位置的需要，都有一圈没有排列管子的较大间隙，换热时一部分壳程流体不与管子接触，而由此间隙短路流过，显著降低了换热器的传热效率，为此增设旁路挡板以增加阻力，迫使绝大部分壳程流体通过管束进行热交换，其结构如图 2-26 所示，U 形管与滑动管板换热器均可适当装设旁路挡板。

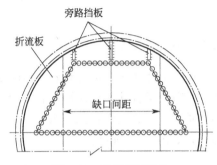

图 2-26 　旁路挡板结构

增设旁路挡板每侧不宜多于 2～4 块，一般推荐每侧 2 块挡板，可用 6mm 厚的钢板或扁钢制成，材质和加工要求同折流板，采用对称布置。挡板加工成规则长条形状，长度等于折流板或支承板的板间距，两端焊在折流板或支承板上。

旁路挡板嵌入折流板槽内，并与折流板焊接。通常当壳体公称直径 $DN \leqslant 500mm$ 时，增设一对旁路挡板；$500mm \leqslant DN \leqslant 1000mm$ 时，增设二对挡板；$DN \geqslant 1000mm$ 时，增设三对旁路挡板。

分程隔板槽背面的管束中间可设置挡管，挡管为两端或一端堵死的盲管，也可用带定距管的拉杆兼作挡管。两折流板缺口间每隔 4～6 个管心距设置 1 根挡管，如图 2-27 所示。挡管伸出第一块及最后一块折流板或支承板的长度不宜大于 50mm。挡管应与任意一块折流板焊接固定。

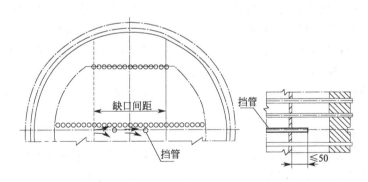

图 2-27 　挡管布置

分程隔板槽背面的管束中间短路宽度较大时应设置中间挡板，如图 2-28（a）所示，也可按图 2-28（b）将最里面一排的 U 形弯管倾斜布置，必要时还应设置挡板（或挡管）。中间挡板应每隔 4～6 个管心距设置一个，但不应设置在折流板缺口区，中间挡板应与折流板焊接固定。

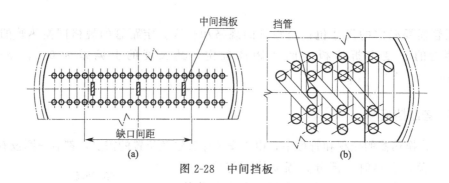

图 2-28　中间挡板

2.4.2.6　防冲板

壳体流体进出口的设计直接影响换热器的传热效率和换热器的寿命，为了防止壳程进口处加热蒸汽或高速流体对换热管表面的直接冲刷，引起侵蚀及振动，需将壳程接管主入口处加以扩大，即将接管做成喇叭型，这样起缓冲作用，或者在换热设备进口处设置导流筒或防冲板，如图 2-29 所示。

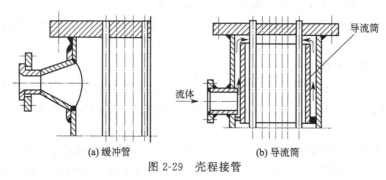

图 2-29　壳程接管

当壳程进出口管嘴距管板较远、流体流动死区扩大时，在换热设备进口处设置导流筒。导流筒设置应符合下列要求：

① 内导流筒外表面到壳层圆筒内壁的距离不宜小于管嘴内径的 1/3。确定导流筒端部至管板的距离时，应使该处的流通面积不小于外导流筒的外侧流通面积。

② 外导流的内衬筒外壁面到外导流筒体的内壁面间距为：管嘴内径≤200mm 时，间距不宜小于 50mm，管嘴内径＞200mm 时，间距不宜小于 75mm。

③ 外导流换热器的导流筒内，凡不能通过管嘴放气或排液者，应在最高或最低点设置放气或排液口。

防冲板设置条件如下：

① 对有腐蚀性或有磨蚀性的气体、蒸气及气液混合物料，应设置防冲板。

② 对于液体物料，当其管程进口管流体的 ρv^2 值为下列数值时，应设置防冲板或导流筒：非腐蚀、非磨蚀性的单相流体，$\rho v^2 ＞2230 \mathrm{kg}/(\mathrm{m} \cdot \mathrm{s}^2)$；其他各种液体包括沸点下的液体，$\rho v^2 ＞740 \mathrm{kg}/(\mathrm{m} \cdot \mathrm{s}^2)$。

通常采用的防冲板有圆形和方形两种，图 2-30（a）为圆形挡板，为了减少流体阻力，挡板与换热器壳壁的距离 a 不应太小，至少应保证此处流通截面积不小于流体进口接管的截面积，且距离 a 不小于 30mm。如果距离太大也妨碍管子的排列，且减少了传热面积，当需加大流体通道时，可在挡板上开些圆孔，以加大流体通过的截面积。图 2-30（b）是一种方形挡板，上面开了小孔以增加流体通过截面。

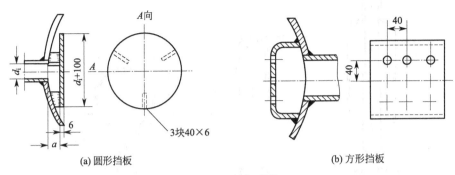

(a) 圆形挡板　　　　　　　　　　　　(b) 方形挡板

图 2-30　挡板形状

防冲板一般焊在拉杆或定距管上，也可同时焊在靠近管板的第一块折流板上，这种形式常用于壳体内径大于 700mm 的上、下缺口折流板的换热器上。而壳体内径大于 325mm 时的折流板左、右缺口和壳体内径小于 600mm 时的折流板上、下缺口的换热器，其防冲板常直接焊在壳体上。防冲板在壳体内的位置，应使防冲板周边与壳体内壁形成的流通面积为壳程进口接管截面积的 1～1.25 倍，当接管管径确定后，即要满足防冲板外表面与壳体内壁的间距 H_1 大于 1/4 接管外径。防冲板的直径或边长 W、L 应大于接管外径 50mm。

2.4.2.7　膨胀节

（1）膨胀节的判定

膨胀节是装在固定式换热器壳体上的挠性元件，对管子与壳体的热膨胀变形差进行补偿，以此来消除不利的温差应力，在此首先要判定所设计的换热器是否需要膨胀节，对这个问题比较粗略和简易的判定原则是以管壁与壳壁温度差是否超过 50℃ 作为界限，当温差大于 50℃ 时就需设置，否则不必设置。应指出的是，这个判定原则只适用于壳体与管子为同一材料的换热器，而在其他情况下往往是不合适的。

对于膨胀节的设置与否，精确判定应该考虑管子与壳体的壁温差，介质压力，管子与管板、壳体与管板之间的刚性差的综合作用下，使管子或壳体中由此而引起的轴向应力（拉伸或压缩）是否超过材料的使用应力（设计温度下），具体判定条件可参阅其他资料。

（2）膨胀节的结构和形式

膨胀节是一种能自由伸缩的弹性补偿元件，能有效地起到补偿轴向变形的作用。在壳体上设置膨胀节可以降低由于管束和壳体间热膨胀差所引起的管板应力、换热管与壳体上的轴向应力以及管板与换热管间的拉脱力。

在换热器中膨胀节的结构形式较多，一般有 U 形（波形）膨胀节、Ω 形膨胀节、平板膨胀节等。在实际工程应用中，U 形膨胀节应用得最为广泛（图 2-31），膨胀节的最多波数 $N \leqslant 6$，壁厚不宜大于 6mm，一般适用于设计压力 $P \leqslant 1.6$MPa、需要补偿量较大的场合。平板膨胀节结构简单，便于制造，但只适用于常压和低压的场合。Ω 形膨胀节可用于压力较高的场合。

为了减小膨胀节的流体阻力，设计时在立式容器上方或卧式容器流体方向焊一块起导流作用的衬板，波形膨胀节的基本参数和尺寸可参阅 GB/T 16749—2018《压力容器波形膨胀节》。

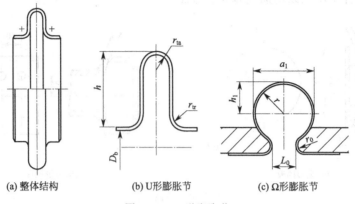

(a) 整体结构   (b) U形膨胀节   (c) Ω形膨胀节

图 2-31   U 形膨胀节

2.4.3 其他部件

2.4.3.1 接管

接管的一般要求如下：

① 接管应与壳体内表面平齐，焊后要打磨平滑，以免妨碍管束的拆装。

② 接管应尽量沿径向或轴向布置，以方便配管与检修。

③ 设计温度高于或等于300℃时，不得使用平焊法兰，必须采用长颈对焊法兰。

④ 对于不能利用接管进行放气或排液的换热器，应在管程和壳程的最高点设置放气口，最低点设置排液口，其最小公称直径为20mm。

⑤ 操作允许时，一般是在高温、高压或不允许介质泄漏的场合，接管与外部管线的连接也可采用焊接。

⑥ 必要时可设置温度计压力表及液面计接口。

（1）接管直径

管径的选择取决于适宜的流速、处理量、结构协调及强度要求，选取时应综合考虑如下因素。

使接管内的流速为相应管、壳程流速的1.2～1.4倍。

在压降允许的条件下，使接管内的流速为以下值：管程接管，$\rho u^2 > 3300 kg/(m \cdot s^2)$；壳程接管，$\rho u^2 > 2200 kg/(m \cdot s^2)$。

管、壳程接管内的流速可参考表2-37及表2-38。

表 2-37   管程接管流速

	水			空气		煤气	水蒸气	
	长距离	中距离	短距离	低压管	高压管		饱和蒸气管	过热
流速/(m/s)	0.5～0.7	～1.0	0.5～2.0	10～15	20～25	2～6	12～10	20～80

表 2-38   壳程接管最大允许流速

介质	液体						气体
黏度/10^{-3}Pa·s	<1	1～35	35～100	100～500	500～1000	>1500	壳程气体最大允许流速1.2～1.4倍
最大允许流速/(m/s)	2.5	2.0	1.5	0.75	0.7	0.6	

换热器各接管的管径的确定方法如下，根据流体的物性（气体，液体，蒸气冷凝液等）和流向（管程、壳程）选择适宜的流速，由此流速和流体体积流量计算的管径，再圆整为标准值。计算式：

$$d = \sqrt{\frac{4V_s}{\pi u}}$$

式中　V_s——流体体积流量，m^3/s。

　　　　u——接管中流体的流速，m/s。流速 u 的经验值为：对液体 $u = 1.5 \sim 2m/s$，对蒸气 $u = 20 \sim 50m/s$，对气体 $u = (15 \sim 20)p/\rho$；p 为压力，atm；ρ 为气体密度，kg/m^3。

如上述步骤按合理的速度选取管径后，同时应考虑外形结构的匀称合理协调以及强度要求，管径限制在 $d_o = (1/3 \sim 1/4)D_i$。

（2）接管伸出长度

换热器上的接管，是用来连接设备与换热流体的输送管道，装置测量仪表及排气排液等。接管主要有焊接接管和螺纹接管。接管伸出壳体外壁的长度主要考虑法兰形式、焊接操作条件、螺栓拆装、有无保温及保温层厚度等因素。常见接管伸出长度为 150mm、200mm、250mm、300mm。焊接接管长度可参照表 2-39 确定。螺纹接管主要用来连接温度计或排气排液用，根据需要可制成阳螺纹和阴螺纹。

表 2-39　焊接接管长度

公称直径 DN/mm	不保温接管长	保温设备接管长	适用公称压力/MPa
≤15	80	130	≤4.0
20～50	100	150	≤1.6
70～350	150	200	≤1.6
70～500			≤1.0

（3）接管安装位置

壳程接管安装位置最小尺寸见图 2-32，按下式估算：

带补强圈　　　　　　　　$L_1 \geq B/2 + (b-4) + C$

无补强圈　　　　　　　　$L_1 \geq d_o/2 + (b-4) + C$

管箱接管安装位置最小尺寸见图 2-33，按下式估算：

带补强圈　　　　　　　　$L_2 \geq B/2 + h_f + C$

无补强圈　　　　　　　　$L_2 \geq d_o/2 + h_f + C$

为考虑焊缝影响，一般取 ≥ 三倍 C，壳体壁厚且不小于 50～100mm，有时壳间较大且折流板间距也很大，则 L_1 值还应考虑第一块直流板与管板间的距离，以使流体分布均匀。

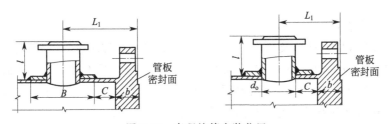

图 2-32　壳程接管安装位置

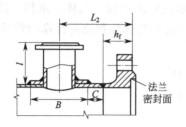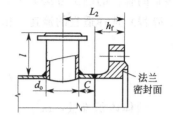

图 2-33 管箱接管安装位置

2.4.3.2 开孔与补强

为了使换热器能够进行正常操作，在壳体和封头需要开若干孔，在壳体和封头上开孔以后，将引起器壁开孔边缘处的应力增加，这种现象叫应力集中，开孔边缘处的最大应力叫峰值应力，因峰值应力比平均应力高出数倍，很多破坏都是从开孔边缘开始的，为了降低开孔边缘处的峰值应力，需要做补强设计。

① 补强方法

开孔补强方法有两种，即局部补强与整体补强。

a. 局部补强 因为峰值应力是由承受应力的筒壁金属截面被挖掉一块所引起的，所以可以用在开孔边缘附近再另外附加一块金属截面的办法来分担这里的高应力，考虑到焊接方便，比较广泛采用的是把补偿圈放在外边的单面补强。补强圈的材料一般与器壁的材料相同，其厚度一般也与器壁厚度相等。补强圈与被补强的器壁之间要很好地焊接，使其与器壁能同时受力，否则起不了补强作用。补强圈尺寸见表 2-40。

表 2-40 补强圈尺寸   单位：mm

接管公称直径	70	80	100	125	150	175	200	225	250	300	350	400	450	500
接管外径	76	89	108	133	159	194	219	245	273	325	377	426	480	530
补强圈内径	80	93	112	137	163	198	223	249	277	329	381	430	484	534
补强圈外径	140	160	200	250	300	360	400	440	480	550	620	680	760	840

另一种补强结构是采用加强管补强，即在开孔处焊上一个特意加厚的短管，用它承压，多余出来的壁厚作为补偿，由于所有用来补偿的金属都直接处于峰值应力区域，因而补偿效果更好，对于现在广泛推荐采用的低合金高强度钢，由于它对应力集中的灵敏感较低碳钢强一些，所以采用壁厚的厚壁管补强更好一些。

b. 整体补强 所谓整体补强，就是用增加整个筒壁或封头壁厚的办法来降低峰值应力，使之达到工程上许可的程度，当筒身上开设排孔或封头上开孔较多时，可以采用整体补强法。

② 允许的开孔范围

当采用局部补强时，筒体及封头上开孔的最大直径不允许超过以下数值。

a. 筒体内径时 $D_i \leqslant 1500\text{mm}$，开孔最大直径 $d = D_i/2$，且不得大于 500mm。

b. 筒体内径时 $D_i > 1500\text{mm}$，开孔最大直径 $d = D_i/3$，且不得大于 1000mm。

c. 凸形（椭圆形及碟形）封头开孔的最大直径 $d = D_i/2$。

若开孔直径超过上述规定，开孔的补强结构需做特殊考虑。在椭圆形或碟形封头上开孔时，应尽量开设在封头中心部位附近，当需要靠近封头边缘开孔时，应使边缘与封头边缘之间的投影距离不小于 $0.1D$。

③ 允许不另行补强的最大孔径

并不是设备上的所有开孔都需要补强，因为在设计壁厚时考虑了焊缝系数，而使壁厚增加，又因为钢板规格不止一种，而使实际选用的钢板厚度大于计算所需壁厚，同时由于设备材料具有塑性，允许承受不是过大的局部应力，所以当开孔在一定限度之内时可以不另行补强。表 2-41 给出了在圆柱形筒体及凸形封头上开孔，而又不无须补强时的最大孔径。

表 2-41　不另行补强时的最大孔径

设计压力 /MPa	$(S-C)/S_0$	筒体内直径或球体内半径/mm				
		≤1000	≤2000	≤3000	≤4000	≤6000
≤0.6	1.0	57×5	57×5	76×6	76×6	76×6
	1.1	76×6	76×6	89×6	89×6	89×6
	1.2	89×6	89×6	89×6	89×6	89×6
	1.3	108×6	108×6	159×7	159×7	159×7
≤1.0	1.0	45×3.5	45×3.5	57×5	57×5	76×6
	1.1	57×5	57×5	76×6	76×6	89×6
	1.2	76×6	76×6	89×6	89×6	89×6
	1.3	89×6	89×6	108×6	159×7	159×7
≤1.6	1.0	38×3.5	38×3.5	45×3.5	57×5	76×6
	1.1	45×3.5	45×3.5	57×5	76×6	89×6
	1.2	57×5	57×5	76×6	89×6	89×6
	1.3	76×6	76×6	89×6	108×6	159×7
≤2.5	1.0	32×3.5	38×3.5	45×3.5	57×3.5	76×6
	1.1	38×3.5	45×3.5	57×5	76×6	89×6
	1.2	45×3.5	57×5	76×6	89×6	89×6
	1.3	57×5	76×6	89×6	108×6	159×7

注：S—筒体实际壁厚，cm；S_0—筒体计算壁厚，cm；C—接管的壁厚附加量，cm。

2.4.3.3　法兰联结

列管式换热器的壳体与封头之间及各接管与外管路之间，一般均采用可拆式结构中的法兰联结，它具有良好的强度和紧密性，适用的尺寸范围较广，其缺点是不能很快地装配与拆开，且制造成本较高。

（1）法兰标准

石油化工上用的法兰标准有两个：一个为压力容器法兰标准，另一个为管法兰标准。

① 压力容器法兰标准

压力容器法兰（图 2-34）标准分平焊法兰与对焊法兰两类。

a. 平焊法兰　平焊法兰分成甲、乙两种形式，甲型的焊缝开 V 形坡口，乙型的焊缝开 U 形坡口，甲型和乙型相比，区别在于乙型法兰带有一个壁厚不小于 16mm 的圆筒形短节，从而使乙型平焊法兰具有较好的强度和刚度。平焊法兰制造容易，应用广泛，适用的压力范围较低。

b. 对焊法兰　对焊法兰又叫长颈法兰，颈的存在提高了法兰的刚性，同时由于颈根部的厚度比器壁厚，所以也降低了这里的弯曲应力，所以对焊法兰适宜应用于压力、温度较高和设备直径较大的场合。

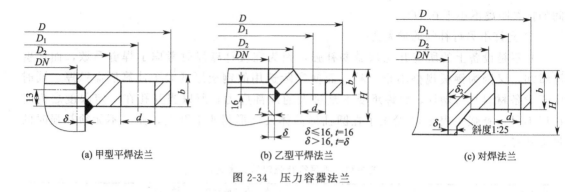

(a) 甲型平焊法兰　　　　(b) 乙型平焊法兰　　　　(c) 对焊法兰

图 2-34　压力容器法兰

② 管法兰标准

新的《压力容器安全技术监察规程》提出压力容器优先推荐采用 HG 20592～HG 20614（欧洲体系）以及 HG 20615～HG 20635（美洲体系）管法兰、垫片紧固件标准。由于容器筒体的公称直径和管子的公称直径所代表的具体尺寸不同，所以同样公称直径的容器法兰与管法兰的尺寸并不相同，两者不能互相代替。

如图 2-35 所示，法兰的形状除最常见的圆形外，还有方形与椭圆形，方形法兰有利于把管子排列紧凑，椭圆形法兰通常用于阀门和小直径的高压管上。管法兰的形式还有铸钢法兰、铸铁法兰、活套法兰、螺纹法兰等。活套法兰一般只用于压力较低的场合，螺纹法兰多用于高压管道上。

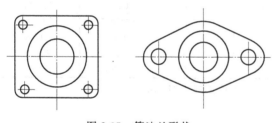

图 2-35　管法兰形状

（2）法兰的密封面

法兰连接的密封性能与法兰压紧垫片的密封面形式有直接的关系，所以要合理地选择密封面的形状。一般希望密封面的加工精度与光洁度不要过高，而且所需要的螺栓应力也不要过大，密封面形状的选择，既要考虑垫片的形状和材料，也要考虑工作压力的高低和设备尺寸。

在中低压化工设备和管道中，常用的密封面形式有以下三种。

① 平面型密封面　密封面表面是一个光滑的平面，有时在平面上车制 2～3 条沟槽。这种密封面结构简单，车制方便，但螺栓上紧后垫片材料容易往两边挤，不易压紧，密封性能差，故适用于压力不高、介质无毒的场合。

② 凹凸型密封面　它是由一个凸面和一个凹面所组成的，在凹面上放置垫片压紧时，由于凹面的外侧有挡台，垫片不会挤出来，故可用于压力稍高处。

③ 榫槽型密封面　密封面是由一个榫和一个槽所组成的。垫片置于槽中不会被挤流动，垫片可以较窄，即使用于压力较高处，螺栓尺寸也不宜过大，这种密封面的缺点是结构与制造比较复杂，这种密封适用于易燃、易爆、有毒的介质以及压力较高的场合。

以上三种密封所用的垫片大多数是从各种非金属板材上剪下来的，如石棉橡胶板、石棉板、纸质板、聚乙烯板等。垫片材料选择应根据温度、压力以及介质的腐蚀性决定。普通橡胶垫片适用于温度小于 120℃ 的场合，石棉橡胶板用于对水蒸气温度小于 450℃，对油类温度小于 350℃、压力小于 5MPa 以下的场合。对于一般的腐蚀性介质，最常用的是耐酸石棉板，在一些重要场合则可用聚四氟乙烯作为垫片材料。

2.4.3.4 支座

（1）卧式换热器支座

卧式换热器的支座应用最广的是鞍式支座，小型换热器也可采用支腿，鞍座根据换热器的公称直径及支座的允许负荷，可分为两种定型结构，见图 2-36。

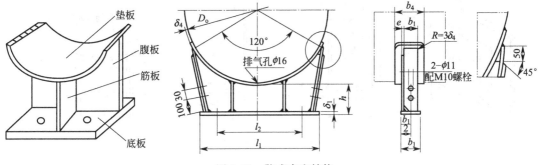

图 2-36 鞍式支座结构

鞍式支座由护板（又叫加强垫板）、横向直立筋板、轴向直立筋板和底板构成。护板并不是所有的鞍式支座都需要设置的，主要由筒壁在鞍式支座支承反力作用下所产生的环向应力大小而定，如果筒壁较厚，在鞍式支座支承反力作用下，筒壁内的环向应力不大时，可以不加护板，这时筒体就直接放置在直立筋板上，直立筋板的厚度与鞍座的高度（即自筒体圆周最低点至基础面）直接决定着鞍座允许负荷的大小。标准中规定了两种筋板厚度（6～8mm），支座高度均为 200mm。

鞍式支座按 NB/T 47065.1—2018《容器支座第 1 部分：鞍式支座》标准选用。鞍式支座的安放位置如图 2-37 所示。

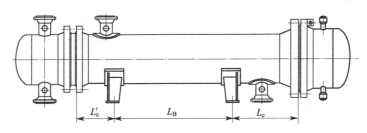

图 2-37 鞍式支座安放位置

尺寸按下列原则确定：

① 两支座应安放在换热器管束长度范围内的适当位置：

a. 热交换器的公称长度 L 不大于 3m 时，鞍座间距 L_B 宜取 0.4～0.6 倍热交换器的公称长度 L；

b. 热交换器的公称长度 L 大于 3m 时，鞍座间距 L_B 宜取 0.5～0.7 倍热交换器的公称长度 L；

c. 宜使 L_c 和 L'_c 相近；

d. 必要时应对支座和壳体进行强度和稳定性校核；

e. 确定鞍座与相邻接管的距离时，应考虑鞍座基础及保温的影响。

② 应满足壳层结管焊缝与支座焊缝之间的距离要求，即

$$L_c \geqslant L_1 + B/2 + b_a + C$$

式中，C 为筒体壁厚，取 $C \geqslant 4\delta$，且 $C \geqslant 50$mm；B 为补强圈外径；b_a 为支座地脚螺栓中心线至支座垫板边缘的距离；L_1 为接管安装位置，单位均为 mm。

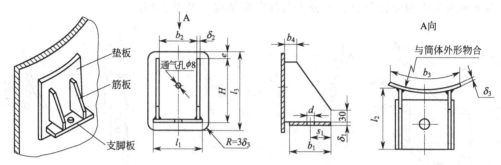

图 2-38　耳式支座结构

（2）立式换热器支座

立式换热器的支座常用型式为耳式支座和支承式支座。

① 耳式支座　由筋板和支脚板组成，广泛用在反应釜及立式换热器上，优点是简单、轻便，但对器壁会产生较大的局部应力，因此当设备较大或器壁较薄时，应在支座与器壁之间加一垫板，见图 2-38。

② 支承式支座　支承式支座可以用钢管角钢、槽钢来做，也可以用数块钢板焊成。用钢板组合的支承式支座可参见有关标准资料。支座是否需加垫板，主要由支座对简体所产生的附加应力大小来定。当设备用不锈钢制作，而配用碳钢支座时，需加不锈钢垫板。

耳式支座按 NB/T 47065.3—2018《容器支座第 3 部分：耳式支座》标准选用。耳式支座的布置见图 2-39，应按下列原则确定：

公称直径 $DN \leqslant 800$mm 时，至少应设置 2 个支座，且应对称布置；

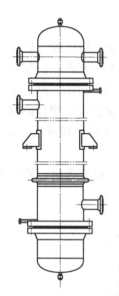

图 2-39　耳式支座布置

公称直径 $DN > 800$mm 时，至少应设置 4 个支座，且应均匀布置。

2.5　换热器的核算

换热器的核算内容主要包括换热器的换热面积核算、壁温核算、流体阻力核算。

2.5.1　换热面积核算

（1）传热系数 K 的校核

前面为初算传热面积，由 K 的经验数据范围选定一 K 值。至此应校核所选 K 值是否合适，为此需进行以下工作：①α_i 和 α_o 的计算，α_i 和 α_o 计算公式及方法如前所述；②选取污垢热阻和管壁热导率 λ；③计算传热系数 K 值，所得计算值以 $K_{计}$ 计算。若 $K_{计} < K_{选}$，

应重新假设 K 值进行计算。

（2）平均温度差 Δt_m 的校核

前面的平均温度差 Δt_m 是按单程逆流计算而得的，若在设计中采用了多管程和多壳程，则应加以校核。

（3）传热面积 A 的校核

以校核后的 $K_{计}$ 和 Δt_m 计算得 $A_{计}$，若所设计的换热器的实际传热面积 $A_{实} > A_{计}$，且有 $15\% \sim 25\%$ 的裕量，则设备设计合适，否则应调整有关参数直至符合要求为止。

2.5.2　壁温核算

有些情况下对流传热系数与壁温有关，因此计算对流传热系数需要先假设壁温，在求得对流传热系数后再核算壁温。另外，计算温差应力，检验所选换热器的形式是否合适，是否需要加设温度补偿装置等均需核算壁温。

（1）传热管壁温度

① 传热管壁两侧的壁面温度

以热流体走壳程，冷流体走管程为例，对于定态传热过程，若忽略传热管间壁两侧污垢热阻，则

$$Q = \alpha_h A_h (T_m - T_w) = \alpha_c A_c (t_w - t_m) = \alpha_o A_o (T_m - T_w) = \alpha_i A_i (t_w - t_m)$$

式中，Q 为换热器热负荷，W；T_m 为热流体的平均温度，℃；T_w 为热流体侧的管壁平均温度，℃；t_m 为冷流体的平均温度，℃；t_w 为冷流体侧的管壁平均温度，℃；α_h 为热流体侧的对流传热系数，W/(m² · ℃)；α_c 为冷流体测的对流传热系数，W/(m² · ℃)；A_h 为热流体侧的传热面积，m²；A_c 为冷流体侧的传热面积，m²。

将上式整理得

$$T_w = T_m - \frac{Q}{\alpha_h A_h}$$

$$t_w = t_m + \frac{Q}{\alpha_c A_c}$$

考虑两侧污垢热阻，则

$$T_w = T_m - \frac{Q}{A_h}\left(\frac{1}{\alpha_h} + R_h\right) = T_m - \frac{Q}{A_o}\left(\frac{1}{\alpha_o} + R_{so}\right)$$

$$t_w = t_m + \frac{Q}{A_c}\left(\frac{1}{\alpha_c} + R_c\right) = t_m + \frac{Q}{A_i}\left(\frac{1}{\alpha_i} + R_{si}\right)$$

式中，R_h、R_c 分别为热流体和冷流体测的污垢热阻，(m² · ℃)/W。

② 传热管壁温度

一般情况下，管壁温度可取为

$$t = \frac{T_w + t_w}{2}$$

当管壁热阻很小，可忽略不计时，可按下式计算管壁温度

$$t = \frac{T_m\left(\frac{1}{\alpha_c} + R_c\right) + t_m\left(\frac{1}{\alpha_h} + R_h\right)}{\left(\frac{1}{\alpha_c} + R_c\right) + \left(\frac{1}{\alpha_h} + R_h\right)}$$

定性温度规定如下：

a. 液体平均温度（过渡流及湍流）

$$T_m = 0.4T_1 + 0.6T_2$$
$$t_m = 0.4t_2 + 0.6t_1$$

b. 液体（层流阶段）及气体的平均温度

$$T_m = \frac{T_1 + T_2}{2}$$

$$t_m = \frac{t_1 + t_2}{2}$$

（2）壳体壁温

壳体壁温的计算方法与传热管壁温的计算方法类似。当壳体外部有良好的保温或刻成流体，接近环境温度或传热条件使壳体壁温接近介质温度时，则壳体壁温可取壳层流体的平均温度。

2.5.3　流动阻力核算

流体流经列管换热器的阻力应按管程和壳程分别进行计算。

（1）管程流体阻力

管程阻力可按一般摩擦阻力公式求得，对于多程换热器及总阻力等于各程直管阻力、局部阻力及进出口阻力之和，一般进出口阻力可忽略不计，故管程总阻力的计算公式为：

$$\sum \Delta p_i = (\Delta p_1 + \Delta p_2)F_t N_s N_p$$

式中　Δp_1、Δp_2——直管及局部弯管中因摩擦阻力引起的压力降，Pa；

$\quad\quad F_t$——污垢校正系数，无因次，对于 $\Phi 25mm \times 2.5mm$ 的管子，取为 1.4，对于 $\Phi 19mm \times 2mm$ 的管子，取为 1.5；

$\quad\quad N_p$——管程数；

$\quad\quad N_s$——串联的壳程数。

上式中直管压力降 $\Delta p_1 = \lambda \dfrac{l}{d} \dfrac{\rho u^2}{2}$，回弯管的压力降可由下面的经验公式估算：$\Delta p_2 = 3\dfrac{\rho u^2}{2}$。

（2）壳程流体阻力

现已提出的壳程流体阻力计算公式较多，但是由于流体的流动状况比较复杂，所得的结果相差很大。下面介绍埃索法计算壳程压降 $\sum \Delta p_0$ 的公式：

$$\sum \Delta p_0 = (\Delta p_1' + \Delta p_2')F_s N_s$$

式中　$\Delta p_1'$——流体横过管束的压降，Pa。

$\quad\quad \Delta p_2'$——流体通过折流板缺口的压降，Pa。

$\quad\quad F_s$——壳程压降的结垢校正系数，无因次，对液体可取 1.15，对气体或可凝蒸气可取 1.0。

又

$$\Delta p_1' = F f_0 n_e (N_b + 1)\frac{\rho u_0^2}{2}$$

$$\Delta p_2' = n_{\mathrm{B}}\left(3.5 - \frac{2h}{D}\right)\frac{\rho u_{\mathrm{c}}^2}{2}$$

式中　F——管子排列方法对压力降的校正因数，对三角形排列，F 等于 0.5，对于正方形斜转 45° 为 0.4，正方形排列为 0.3；

$\quad f_0$——壳程流体的摩擦系数，当 $Re_0 > 500$ 时，$f_0 = 5.0 Re_0^{-0.228}$；

$\quad n_{\mathrm{e}}$——横过管束中心线的管子数；

$\quad N_{\mathrm{b}}$——折流板数；

$\quad h$——折流板间距，m；

$\quad u_0$——按壳程流通截面积 A_0 计算的流速。

一般来说，液体流经换热器的压力降为 0.1～1atm，气体的为 0.01～0.1atm。设计时换热器的工艺尺寸应在压力降与传热面积之间予以权衡，使之既能满足工艺要求，又经济合理。

2.6　换热器设计示例

2.6.1　列管式换热器计算示例

拟用 200kPa 的饱和水蒸气将常压下 $t_1 = 20℃$ 的苯加热到 $t_2 = 80℃$，苯的质量流量为 50t/h，试设计一列管式换热器。已知仓库中现有 $\Phi25\mathrm{mm} \times 2.5\mathrm{mm}$，长 6m 的碳钢钢管。

2.6.1.1　定性温度及物性数据

（1）苯的定性温度和物性数据

进口温度 $t_1 = 20℃$，出口温度 $t_2 = 80℃$

定性温度 $\qquad\qquad\qquad\qquad t_{\mathrm{m}} = \dfrac{20+80}{2} = 50℃$

物性数据 $\qquad\qquad\qquad\qquad \rho_2 = 879\mathrm{kg/m^3}$

$$C_{p_2} = 1.813\mathrm{kJ/(kg \cdot K)}$$

$$\mu_2 = 4.4 \times 10^{-4}\mathrm{N \cdot s/m^2}$$

$$\lambda_2 = \frac{12 \times 10^{-2} \times 4.187}{3600} = 1.384 \times 10^{-4}\mathrm{kW/(m \cdot K)}$$

（2）水蒸气的物性数据

定性温度 $\qquad$ 蒸气压力 200kPa 下的沸点为 $T_{\mathrm{s}} = 119.6℃$

物性数据 $\qquad\qquad\qquad\qquad \rho_1 = 1.1273\mathrm{kg/m^3}$

$$\gamma_1 = 2206.4\mathrm{kJ/kg}$$

同温度下的水的物性

$$\rho = 943.1\mathrm{kg/m^3}$$

$$\lambda = 0.6856\mathrm{W/(m \cdot ℃)}$$

$$\mu = 23.73 \times 10^{-5}\mathrm{Pa \cdot s}$$

2.6.1.2　换热器的类型及流体走向

根据已知条件，拟采用固定板式换热器。

（1）此类换热器结构简单紧凑，造价低廉。

（2）饱和水蒸气的 α 值与流速关系较小，而且水蒸气较清洁，走壳程，有利于排出冷凝液，故水蒸气走壳层，苯走管程。

（3）水蒸气走壳层，同时流体压力不大，壳壁、管壁温差较小（水蒸气 α 值很大，与壳管温度比较接近），不需要进行热补偿，故选用卧式固定板式换热器，因水蒸气对流传热系数较大，不需要加折流挡板。

2.6.1.3 工艺计算

（1）传热速率

$$Q = m_{s_2} C_{p_2}(t_2 - t_1) = \frac{5 \times 10^4 \times 1.813 \times (80 - 20)}{3600} = 1510.8 \text{kW}$$

（2）平均温度差 Δt_m

由于水蒸气侧的温度不变，因此可以把两流体的平均温度差看作是逆流来计算。

$$\Delta t_1 = 119.6 - 20 = 99.6 ℃$$

$$\Delta t_2 = 119.6 - 80 = 39.6 ℃$$

$$\Delta t_m = \frac{\Delta t_1 - \Delta t_2}{\ln \frac{\Delta t_1}{\Delta t_2}} = \frac{99.6 - 39.6}{\ln \frac{99.6}{39.6}} = 65.05 ℃$$

（3）估算传热面积

根据条件 K 值的选择范围在 $580 \sim 1160 \text{W}/(\text{m}^2 \cdot ℃)$

故 $K_初 = 680 \text{W}/(\text{m}^2 \cdot ℃)$

$$A' = \frac{Q}{K_初 \Delta t_m} = \frac{1510800}{680 \times 65.05} = 34.15 \text{m}^2$$

选用安全系数 $\Phi = 1.15 \sim 1.25$

$$A_初 = \Phi A' = 1.15 \times 34.15 = 39.27 \text{m}^2$$

2.6.1.4 换热器尺寸的初步确定

（1）确定管程结构尺寸

① 管子规格

库存 $\Phi 25 \text{mm} \times 2.5 \text{mm}$，$L = 3.0 \text{m}$ 的光滑碳钢钢管；

由于苯为易燃易爆物，一般流速低于 1m/s；

取管内苯的流速为 $u_2' = 0.60 \text{m/s}$。

② 初步设计总管数

$$n' = \frac{A_初}{\pi d L} = \frac{39.27}{3.1416 \times 0.025 \times 3} = 166.7 \quad 圆整为 167 根$$

$n'' = 169$ 根———三角排列管数，$3a^2 + 3a + 1$，此处 $a = 7$。

③ 校核流速、确定管程

$$u' = \frac{m_{s_2}}{n' \frac{\pi}{4} d_i^2 \rho} = \frac{50000/3600}{167 \times 0.785 \times 879 \times 0.02^2} = 0.301 \text{m/s}$$

$$管程\ m=\frac{u}{u'}=\frac{0.6}{0.301}\approx2$$

④ 管间距及排列方式

管间距 $t=(1.25\sim1.3)d_o$，取 $t=1.3d_o=1.3\times0.025=0.0325\mathrm{m}$

采用紧凑的三角形排列；

查阅化学工艺设计手册得到：

层数 $a=7$，弓形排管，共 187 根管子（$N_T=187$）

最外层六角形对角线上管数 $N_{Tb}=2a+1=15$ 根

$$或者\quad N_{Tc}=1.1\sqrt{N_T}=1.1\sqrt{187}=15\ 根$$

采用胀管法排列（因流体压力不变，胀管法制造方便）

（2）壳程设计数据

壳体内径 $\qquad\qquad D=t(N_{Tb}-1)+2b'$

式中　t——管间距；

$\quad N_{Tb}$——最外层六角形对角线上管数；

$\quad\ b'$——六角形最外层管中心到壳体内壁距离，一般取 $b'=(1\sim1.5)d_o$。

此处取 $b'=1.5d_o=1.5\times0.025=0.0325\mathrm{m}$

故　$D=t(N_{Tb}-1)+2b'=0.0325\times(15-1)+2\times0.0325=0.53\mathrm{m}$

壳体内径标准圆整到 $\Phi600\mathrm{mm}\times10\mathrm{mm}$，内径 $D=580\mathrm{mm}$；

中心拉杆 $n_3=4$ 根，直径 $\Phi12\mathrm{mm}$；

双管程隔板少排 $N_{Tb}=15$ 根，共少排 $15+4=19$ 根管子；

实际管数 $n=N_T-N_{Tb}-n_3=187-19=168$ 根，每程 84 根排列管子；

实际流速

$$u=\frac{m_{s_2}}{\dfrac{n}{2}\dfrac{\pi}{4}d_o^2\rho}=\frac{50000/3600}{84\times0.785\times879\times0.02^2}=0.5991\mathrm{m/s}$$

与初假设苯的流速 $u'_2=0.6\mathrm{m/s}$ 相近，可行。

（3）换热器长径比

$$\frac{L}{D}=\frac{3.0}{0.6}=5\qquad 符合要求\left(\frac{L}{D}=4\sim6\right)$$

2.6.1.5　校核计算

（1）校核总传热系数

① 管内对流传热系数 α_2

$$\alpha_2=0.023\frac{\lambda}{d}Re^{0.8}Pr^{0.4}$$

$$Re=\frac{du\rho}{\mu}=\frac{0.02\times0.5991\times879}{44\times10^{-5}}=23937$$

$$Pr=\frac{C_p\mu}{\lambda}=\frac{1.813\times10^3\times0.44}{1000\times0.1384}=5.8$$

$$\alpha_2=0.023\times\frac{0.1384}{0.02}\times23937^{0.8}\times5.8^{0.4}=1024.4\mathrm{W/(m^2\cdot℃)}$$

② 管外对流传热系数 α_1

$$\alpha_1 = 0.725 \left[\frac{r\rho^2 g\lambda^3}{n^{\frac{2}{3}} \mu \cdot d_o \cdot \Delta t} \right]^{0.25}$$

式中，n 为水平管束垂直列上的管数，弓形排管 $n=8$。

假设管外壁温 $T_w = 115.6℃$，则 $\Delta t = T_s - T_w = 119.6 - 115.6 = 4℃$

$$\alpha_1 = 0.725 \left[\frac{2206.4 \times 943.1^2 \times 9.81 \times 0.6856^3 \times 10^8}{8^{\frac{2}{3}} \times 23.73 \times 0.025 \times 4} \right]^{0.25} = 11590 \text{W/(m}^2 \cdot ℃)$$

③ 污垢热阻及管壁热阻

苯侧污垢热阻 $R_{s_2} = 1.76 \times 10^{-4} \text{m}^2 \cdot ℃/\text{W}$

水蒸气侧污垢热阻可以忽略不计，因为属于蒸气冷凝方式，污垢热阻相对比较小。

碳钢钢管的热导率 $\lambda = 45 \text{W/(m}^2 \cdot ℃)$

④ 校核 K 值

以外表面计算：

$$\frac{1}{K} = \frac{d_1}{\alpha_2 d_2} + \frac{b d_1}{\lambda d_m} + R_s \frac{d_1}{d_2} + \frac{1}{\alpha_1}$$

$$= \frac{25}{1024.4 \times 20} + \frac{0.0025 \times 25}{45 \times 22.5} + 0.000176 \times \frac{25}{20} + \frac{1}{11590}$$

$$= 0.00152 \text{m}^2 \cdot ℃/\text{W}$$

$$K = 657.3 \text{W/(m}^2 \cdot ℃)$$

与原假设值 $K_初 = 680 \text{W/(m}^2 \cdot ℃)$ 接近（<5%），可行。

（2）校核壁温

$$Q = \alpha_1 A (T_s - T_w)$$

$$T_w = T_s - \frac{Q}{\alpha_1 A} = 119.6 - \frac{1510800}{11590 \times \pi \times 0.025 \times 3 \times 164} = 116.2℃$$

与原假设值 $T_w = 115.6℃$ 接近，可行。

（3）校核传热面积

由于水蒸气侧的冷凝温度 T_s 不变，因此本一壳程双管程换热器内的两流体平均温度差与逆流传热的平均温度差相等，$\Delta t_m = 65.05℃$。

实际所需面积

$$A' = \frac{Q}{K \cdot \Delta t_m} = \frac{1510800}{657.3 \times 65.05} = 35.33 \text{m}^2$$

实际提供面积

$$A = \pi d_o L n = 3.1416 \times 0.025 \times 3 \times 164 = 38.64 \text{m}^2$$

裕度 $\frac{38.64 - 35.33}{35.33} \times 100\% = 9.37\% < 20\%$ 符合要求

2.6.1.6 进出口管径

（1）苯进出口

取进口流速 $u_0 = 1 \text{m/s}$

进口直径 $\qquad d = \sqrt{\dfrac{4V}{\pi u}} = \sqrt{\dfrac{4 \times 50000}{3600 \times 879 \times 3.14 \times 1}} = 0.141 \mathrm{m/s}$

选用无缝热轧钢管（YB 231—64）$\Phi 150 \mathrm{mm} \times 4.5 \mathrm{mm}$，长 200mm。

（2）水蒸气进口管径

$$蒸气用量 G = \frac{Q}{r} \times (1 + 0.03) \qquad （裕量 3\%）$$

$$= \frac{1510.800}{2206.4} \times 1.03 = 0.705 \mathrm{kg/s}$$

$$蒸气体积流量 V = Gv = 0.705 \times 0.903 = 0.637 \mathrm{m^3/s}$$

$$取蒸气流速 u' = 20 \mathrm{m/s}$$

$$D_1 = \sqrt{\frac{4V}{\pi u'}} = \sqrt{\frac{4 \times 0.637}{\pi \times 20}} = 0.201 \mathrm{m} = 201 \mathrm{mm}$$

选用无缝热轧钢管（YB 231—1964）$\Phi 219 \mathrm{mm} \times 6 \mathrm{mm}$，长 200mm。

（3）冷凝水排出口

选用水煤气管 $1\frac{1}{2}''$，即 $\Phi 42.25 \mathrm{mm} \times 3.25 \mathrm{mm}$，长 100mm。

2.6.1.7 校核流体压力降

（1）管程总压力降 Δp_t

$$\Delta p_t = (\Delta p_i + \Delta p_r) \times F_t \times N_s \times N_p$$

每程直管压力降 $\qquad \Delta P_i = \lambda \dfrac{l}{d_i} \dfrac{u^2 \rho}{2}$

每程局部阻力引起的压降 $\quad \Delta P_r = \sum \xi u^2 \rho / 2 \approx 3 u^2 \rho / 2$

式中，d_i 为管内径；l 为管长；F_t 为管程结垢校正系数，正三角形为 1.5，正方形为 1.4；N_s 为壳程数；$N_s = 1$；N_p 为一壳程的管程数，$N_p = 2$。

取 $\varepsilon = 0.2 \mathrm{mm}$，$\dfrac{\varepsilon}{d} = \dfrac{0.2}{20} = 0.01$

$$Re = \frac{du\rho}{\mu} = \frac{0.02 \times 0.5991 \times 879}{44 \times 10^{-5}} = 24516$$

查摩擦系数图可知 $\lambda = 0.04$

$$\Delta p_i = \lambda \frac{l}{d_i} \frac{u^2 \rho}{2} = 0.04 \times \frac{3}{0.02} \times \frac{0.5991^2 \times 879}{2} = 992.8 \mathrm{N/m^2}$$

$$\Delta p_r = 3 u^2 \rho / 2 = 3 \times \frac{0.5991^2 \times 879}{2} = 496.4 \mathrm{N/m^2}$$

$$\begin{aligned}
\Delta p_t &= (\Delta p_i + \Delta p_r) \times F_t \times N_s \times N_p \\
&= (992.8 + 496.4) \times 1.5 \times 1 \times 2 \\
&= 4476.6 \mathrm{N/m^2} = 0.0455 \mathrm{atm} < 3.0 \times 10^4 \mathrm{Pa}
\end{aligned}$$

故符合要求。

（2）壳程压力降

壳程是饱和水蒸气冷凝，不必校核其压力降。

2.6.1.8 换热器尺寸及附属部件

（1）管间距 $t=32.5\text{mm}$。

（2）壳体直径 $\Phi600\text{mm}\times10\text{mm}$，内径 $D=580\text{mm}$。

（3）壳体材料 采用碳素钢材料 A_3F，钢板卷焊。

（4）管子尺寸 $\Phi25\text{mm}\times2.5\text{mm}$，$L=3.0\text{m}$，$n=168$ 根，双管程。

（5）管板

① 管板材料：选用碳素钢 A_4。

② 管子在管板上的固定方法：焊接。

③ 管板尺寸：$PN=1.6\text{MPa}$。

④ 管板与分程隔板的连接：采用单层隔板，隔板材料与封头材料一致，厚度 $s=10\text{mm}$。

⑤ 管板与壳体的连接：采用法兰连接，拆开顶板可检修或清理管内污垢。

（6）封头与管箱 封头与管箱位于壳体的两端。

① 封头的选择：选用椭圆形封头，$DN600\text{mm}\times10\text{mm}$

② 封头尺寸：曲面高度 150mm，直边高度 40mm。

管程接口管与封头为焊接，封头与壳体为法兰连接，法兰尺寸与上同。

（7）管程进出口接管直径 选用无缝热轧钢管 $\Phi159\text{mm}\times4.5\text{mm}$，长 200mm。

（8）支座 支座的公称直径 $DN600\text{mm}$，每个支座承受的载荷为 36.8t，材料采用 A_3F 碳素钢；采用鞍式支座安装。

2.6.1.9 对一些问题的说明

（1）列管式换热器是目前化工生产中应用最广泛的一种换热器，结构简单、坚固、容易制造、材料范围广泛，处理能力可以很大，适应性强。但在传热效率、设备紧凑性、单位传热面积的金属消耗量等方面还稍次于其他板式换热器。此次设计所采用的固定管板式换热器是其中最简单的一种。

（2）由于水蒸气的对流传热系数比苯侧的对流传热系数大得多，根据壁温总是趋近于对流传热系数较大的一侧流体的温度实际情况，壁温与流体温度相差无几，因此本次设计不采用热补偿装置。

2.6.2 固定管板式冷却器设计示例

被冷却的物料为液态己烷，质量流量为 1400t/d，在沸点温度被冷却，出口温度 $44℃$。冷却剂为自来软水，进口温度为 $t_1=30℃$，出口温度（t_2）自定。管程和壳程压力均不大于 0.6MPa，管程和壳程的压力降均不大于 30kPa。换热管为 $\Phi19\text{mm}\times2\text{mm}$ 的碳钢钢管。

2.6.2.1 方案设计

（1）冷却剂的选用：自来软水。

（2）换热器型式的选择：固定管板式。

（3）流体壳程的选择：自来软水走管程。

（4）己烷走壳程流体流动方向的选择：双管程、单壳程。

2.6.2.2　工艺设计

（1）平均温差

查出己烷的正常沸点（进口温度）　$T_1 = 68.74℃$

选定己烷的出口温度　$T_2 = 44℃$

选定冷却剂的出口温度　$t_2 = 38℃$

计算逆流传热的平均温度差

$$\Delta t_{m逆} = \frac{\Delta t_1 - \Delta t_2}{\ln \dfrac{\Delta t_1}{\Delta t_2}} = \frac{(68.74 - 38) - (44 - 30)}{\ln \dfrac{68.74 - 38}{44 - 30}} = 21.28℃$$

校正传热平均温度差

$$R = \frac{T_1 - T_2}{t_2 - t_1} = \frac{68.74 - 44}{38 - 30} = 3.093$$

$$P = \frac{t_2 - t_1}{T_1 - t_1} = \frac{38 - 30}{68.74 - 30} = 0.2065$$

由 $\varphi = (R, P)$ 查表得 $\varphi = 0.93$，因为 $0.85 < 0.93 < 0.95$，满足要求。由此得：

$$\Delta t_{m折} = \varphi \Delta t_{m逆} = 0.93 \times 21.28 = 19.79℃$$

计算定性温度 T_m 和 t_m

$$T_m = \frac{1}{2}(T_1 + T_2) = \frac{1}{2}(68.74 + 44) = 56.37℃$$

$$t_m = \frac{1}{2}(t_1 - t_2) = \frac{1}{2}(30 + 38) = 34℃$$

（2）物料和冷却剂的物性参数

物料名称	己烷	质量流量	$q_{m1} = 1400t/d$
比热容	$C_p = 2428.34J \cdot kg/K$	黏度	$\mu = 0.00023Pa \cdot s$
密度	$\rho = 624.89kg/m^3$	热导率	$\lambda = 0.1047W/(m \cdot K)$

查出冷却剂的物性参数

密度	$\rho = 994.3kg/m^3$	黏度	$\mu = 0.00074Pa \cdot s$
比热容	$C_p = 4174J \cdot kg/K$	热导率	$\lambda = 0.6248W/(m \cdot K)$

（3）热负荷

$$Q = q_{m1}C_{p1}(T_1 - T_2) = \frac{1400 \times 1000}{24 \times 3600} \times 2428.34 \times (68.74 - 44) = 973473.64J/s$$

根据总传热系数 K 的大致范围，初选总传热系数 $K_0 = 470W/(m^2 \cdot K)$

（4）初算传热面积 S_0

$$S_0 = \frac{Q}{K_0 \Delta t_{m折}} = \frac{973473.64}{470 \times 19.79} = 104.64m^2$$

根据工艺条件，选取公称压力：$PN = 1.0MPa$；根据流体物性，选定换热管材为：碳素钢；由初算传热面积 S_0 和选定的公称压力 PN，根据管壳式换热器行业标准 JB/T 4715—1992，初定换热器的工艺尺寸：

从换热器标准中直接查取计算换热面积：

$S = 109.3 \text{m}^2$；公称直径 DN 取 600mm（卷制圆筒，圆筒内径为公称直径）；

管长 $L = 4500$mm；管壁×壁厚：$\Phi 19$mm×2mm；

总管数：$n = 416$；中心排管数：$N_c = 23$；

管程流通面积 $A_i = 0.0368 \text{m}^2$；

管子排列方式：正三角形；管心距：$t = 25$mm；

管程数：$N_p = 2$；壳程数：$N_s = 1$；

折流板间距：$h = 300$mm；折流板型式：25%圆缺形。

（5）冷却剂的流量

$$q_{m_2} = \frac{Q}{c_{p_2}(t_2 - t_1)} = \frac{973473.64}{4174 \times (38 - 30)} = 29.153 \text{kg/s}$$

（6）管程流速 u_i

$$u_i = \frac{q_{mi}}{\rho A_i} = \frac{29.153}{994.3 \times 0.0368} = 0.7967/\text{s}$$

因为 $0.5 \text{m/s} < 0.7967 < 3 \text{m/s}$，所以满足要求。

（7）管程对流传热系数 α_i

$$Nu = 0.023 Re^{0.8} Pr^n$$

$$\alpha_i = 0.023 \frac{\lambda}{d_i} \left(\frac{d_i u_i \rho}{\mu}\right)^{0.8} \left(\frac{C_p \mu}{\lambda}\right)^n$$

自来水被加热，n 取 0.4，代入数值：

$$\alpha_i = 0.023 \frac{0.6248}{0.015} \left(\frac{0.015 \times 0.7967 \times 994.3}{0.000742}\right)^{0.8} \left(\frac{4174 \times 0.000742}{0.6248}\right)^{0.4}$$

$$= 4197.87 \text{W/(m}^2 \cdot \text{K)}$$

（8）壳程当量直径 d_e 和流速 u_o

$$d_e = \frac{4\left(\frac{\sqrt{3}}{2}t^2 - \frac{\pi}{4}d_o\right)}{\pi d_o} = \frac{4\left(\frac{\sqrt{3}}{2} \times 0.025^2 - \frac{\pi}{4} \times 0.019^2\right)}{\pi \times 0.019} = 0.01727 \text{m}$$

$$A_o = h(D - N_c \times d_o) = 0.3 \times (0.6 - 23 \times 0.019) = 0.0489 \text{m}^2$$

$$u_o = \frac{q_{v_0}}{A_o} = \frac{q_{m_0}}{\rho A_o} = \frac{1400 \times 1000}{24 \times 3600 \times 624.89 \times 0.0489} = 0.53 \text{m/s}$$

因为 $0.2 \text{m/s} < 0.53 < 1.5 \text{m/s}$，所以满足要求。

（9）壳程对流传热系数 α_0

$Nu = 0.36 Re^{0.55} Pr^{1/3} \left(\frac{\mu}{\mu_w}\right)^{0.14}$。物料被冷却，$\left(\frac{\mu}{\mu_w}\right)^{0.14}$ 取 0.95

将数值代入上式：

$$\alpha_o = 0.36 \frac{\lambda}{d_e} \left(\frac{d_e u_o \rho}{\mu}\right)^{0.55} \left(\frac{C_p \mu}{\lambda}\right)^{1/3} \left(\frac{\mu}{\mu_w}\right)^{0.14}$$

$$= 0.36 \frac{0.1047}{0.01727} \left(\frac{0.01727 \times 0.53 \times 624.89}{0.00023}\right)^{0.55} \times \left(\frac{2428.34 \times 0.00023}{0.1047}\right)^{1/3} \times 0.95$$

$$= 947.726 \text{W/(m}^2 \cdot \text{K)}$$

（10）总传热系数 K'

根据冷热流体的性质及温度，在（GB/T 151—2014）选取污垢热阻 $R_{d_o} R_{d_i}$

$$R_{d_i} = 0.000176 \mathrm{m}^2 \cdot \mathrm{K/m}$$

$$R_{d_o} = 0.000176 \mathrm{m}^2 \cdot \mathrm{K/m}$$

$$\frac{1}{K'} = \frac{1}{\alpha_0} \cdot \frac{d_o}{d_i} + R_{d_i} \frac{d_o}{d_i} + \frac{b}{\lambda} \cdot \frac{d_o}{d_m} + R_{d_o} + \frac{1}{\alpha_o}$$

其中 λ 的确定：

$T_{sm} = 1/2 \times (T_m + t_m)$，然后查表，利用内差法得到 $\lambda = 51.54 \mathrm{W} \cdot \mathrm{m}^{-1} \cdot \mathrm{K}^{-1}$

$$d_m = \frac{d_o - d_i}{\ln \dfrac{d_o}{d_i}} = \frac{0.019 - 0.015}{\ln \dfrac{0.019}{0.015}} = 0.0169 m$$

$$\frac{1}{K'} = \frac{1}{4197.87} \times \frac{0.019}{0.015} + 0.000176 \times \frac{0.019}{0.015} + \frac{0.002}{51.54} \times \frac{0.019}{0.0169} + 0.000176 + \frac{1}{947.726}$$

解出 $K' = 555.74 \mathrm{W/(m^2 \cdot K)}$

（11）传热面积 S'

$$S' = \frac{Q}{K' \Delta t_{m_{折}}} = \frac{973473.64}{555.74 \times 19.79} = 88.4946 m$$

因为 $\dfrac{S - S'}{S} = \dfrac{109.3 - 88.4946}{109.3} = 0.19035 = 19.04\% < 25\%$，

所选换热器能完成任务。

（12）核算压力降

管内 $Re = \dfrac{d_i u_i \rho}{\mu} = \dfrac{0.015 \times 0.7967 \times 994.3}{0.000742} = 16010.05$

取绝对粗糙度 $\varepsilon = 0.00015 m$

则 $\dfrac{\varepsilon}{d} = \dfrac{0.00015}{0.015} = 0.01$

查图得 $\lambda = 0.0419$

管程压力降 $\sum \Delta p_i = \left[\left(\lambda \dfrac{L}{d} + 1.5 \right) \dfrac{\rho u_i^2}{2} + 3 \times \dfrac{\rho u_i^2}{2} \right] F_t N_s N_p$

对于 $\Phi 19 \mathrm{mm} \times 2 \mathrm{mm}$ 的换热器，结构校正系数 $F_t = 1.4$，$N_p = 2$，$N_s = 1$

代入数值：

$$\sum \Delta p_i = \left[\left(0.0419 \times \frac{4.5}{0.015} + 1.5 \right) \frac{994.3 \times 0.7967^2}{2} + 3 \times \frac{994.3 \times 0.7967^2}{2} \right] \times 1.5 \times 2 \times 1$$

$$= 16161.26 \mathrm{Pa} = 16.16126 \mathrm{kPa}$$

因为 $10 \mathrm{kPa} < 16.16126 \mathrm{kPa} < 30 \mathrm{kPa}$，故符合要求。

管外 $Re = \dfrac{d_e u_e \rho}{\mu} = \dfrac{0.01727 \times 0.53 \times 624.89}{0.00023} = 24881.99$

折流板数 $N_b = \dfrac{L - 0.1}{h} = \dfrac{4.5 - 0.1}{0.3} - 1 = 14$

壳程压力降 $\sum \Delta p_0 = (\Delta p_1' + \Delta p_2') F_s N_s$

$\Delta p_1' = F f_0 N_c (N_B + 1) \dfrac{\rho u_0^2}{2}$，其中 $F = 0.5$，$f_0 = 5 Re^{-0.228}$，$N_c = 23$。代入数值得：

$$\Delta p_1' = 0.5 \times 5 \times 24881.99^{-0.228} \times (14+1) \times 23 \times \frac{624.89 \times 0.53^2}{2}$$
$$= 7538.35\text{Pa}$$

$$\Delta p_2' = N_B \left(3.5 - \frac{2h}{D}\right)\frac{\rho u_0^2}{2}$$
$$= 20 \times \left(3.5 - \frac{2 \times 0.3}{0.6}\right) \times \frac{624.89 \times 0.53^2}{2}$$
$$= 3075.01\text{Pa}$$

对于液体 $F_s = 1.15$

$$\sum \Delta p_0 = (\Delta p_1' + \Delta p_2')F_s N_s$$
$$= (7538.35 + 3075.01) \times 1.15 \times 1$$
$$= 12205.37\text{Pa}$$
$$= 12.20537\text{kPa}$$

因为 $10\text{kPa} < 2.20537\text{kPa} < 30\text{kPa}$，故符合要求。

2.6.2.3 结构设计

(1) 圆筒厚度

查 GB/T 151—2014 得圆筒厚度为：8mm。

(2) 椭圆形封头

查 GB/T 25198—2010，椭圆形封头与圆筒厚度相等，即 8mm。

公称直径 DN/mm	曲面高度 h_1/mm	直边高度 h_2/mm	碳钢厚度 δ/mm	内表面积 A/m²	容积 V/m³	质量 m/kg
600	150	25	8	0.4374	0.0353	27.47

(3) 管箱短节厚度

查 GB/T 151—2014，管箱短节厚度与圆筒厚度相等，即 8mm。

(4) 压力容器法兰（甲型）

DN	D	$D1$	$D3$	δ	d	螺柱规格	数量	质量
600	730	690	645	40	23	M20	24	28.62

(5) 膨胀节

$$T_m = 72.715℃$$
$$t_m = 37℃$$
$$T_m - t_m = 72.715 - 37 = 35.715℃ < 50℃$$

所以不需要设置膨胀节。

(6) 管板

查化学工艺设计手册得固定管板式换热器的管板的主要尺寸：

公称直径	D	D_1	D_3	D_4	b	c	d	螺栓孔数	质量/kg
600	730	690	598	645	36	10	23	28	77

(7) 分程隔板

公称直径 DN/mm	隔板最小厚度 δ/mm
	碳素钢
600	8

（8）分程隔板两侧相邻管中心距

$$t=25\text{mm}, \quad d_o=19\text{mm}, \quad d_o\times1.25=23.75\text{mm}<25\text{mm}$$

换热管中心距宜不小于 1.25 倍的换热管外径，所设计的换热器不用机械方式清洗，采用正三角形排列。

换热器外径 d/mm	19
换热器中心距 S/mm	25
分程隔板槽两侧相邻管中心距 S_n/mm	38

（9）布管限定圆

换热器型式	D_i/mm	b_3/mm	布管限定圆直径 D_L/mm
固定管板式	600	8	584

（10）拉杆的直径、数量和尺寸

拉杆公称直径 d_n/mm	数量	基本尺寸			
		拉杆直径 d/mm	L_a/mm	L_b/mm	b/mm
12	4	19	15		2.0

（11）拉杆孔

$$d_n=12\text{mm}, \quad l_2=1.5d_n=1.5\times12=18\text{mm}$$

（12）折流板的厚度和外径

公称直径 DN/mm	换热管无支跨距 $l\leqslant300$mm（折流板或支承板的最小厚度）	折流板名义外直径/mm	折流板外直径允许偏差
600	4	595.5	$^{0}_{-0.8}$

（13）换热管与管板的连接

换热管规格 外径×壁厚/mm	换热管最小伸出长度 l_1/mm	最小坡口深度 l_3/mm
19×2	1.5	2

（14）接管

己烷液体进出口接管的直径计算

$$d_1=\sqrt{\frac{4V_s}{\pi u}}=\sqrt{\frac{4\times1400\times1000}{3600\times24\times624.89\times3.14\times2}}=128.4\text{mm}$$

采用 $\Phi159\text{mm}\times4.5\text{mm}$ 热轧无缝钢管，实际己烷进出口管内流速为

$$u_1=\frac{4\times1400\times1000}{24\times3600\times624.89\times3.14\times0.15^2}=1.82\text{m/s}$$

冷却水进出口接管 d_2，取 $u_2=2\text{m/s}$，则

$$d_2=\sqrt{\frac{29.153}{994.3\times3.14\times2}}=193.1\text{mm}$$

采用 $\Phi133\text{mm}\times4\text{mm}$ 热轧无缝钢管，实际己烷进出口管内流速为：

$$u_2 = \frac{29.153}{3.14 \times 994.3 \times 0.1931^2} = 1.77 \text{m/s}$$

(15) 管法兰

结构参数	自来水 进出口	己烷 进出口	结构参数	自来水 进出口	己烷 进出口
管子直径/mm	159	219	法兰内径/mm	161	222
螺栓孔中心圆直径/mm	240	295	公称直径/mm	150	200
螺栓孔直径/mm	22	22	螺栓孔数量 n	8	8
法兰外径/mm	285	340	法兰厚度/mm	20	24
法兰理论质量/kg	7.61	9.24			

(16) 防冲板或导流筒

因为水 $u \leqslant 3.0\text{m/s}$，

己烷 $\rho V^2 = 627 \times 1.82^2 < 2230 \text{kg/m} \cdot \text{s}^2$

所以管程和壳程都不设防冲板或导流筒。

2.7 换热器设计任务

(1) 煤油列管式换热器的工艺设计

设计任务：在列管式换热器中冷却处理 (2.0, 2.5, 3.0)×10⁴ t/a 的煤油，入口温度140℃，出口温度45℃。

操作条件：冷却剂为自来水，入口温度20℃，出口温度自选；常压操作，允许压降不大于50kPa，每年按330天计，每天24h连续运行。换热管选用 $\Phi19\text{mm} \times 2\text{mm}$ 或 $\Phi25\text{mm} \times 2.5\text{mm}$ 的无缝钢管。

设计内容：设计方案介绍；换热器工艺计算，确定换热面积；换热器的主要结构尺寸设计；主要辅助设备选型；编写设计说明书；绘制换热器总装配图。

(2) 正戊烷列管式冷凝器的工艺设计

设计任务：在立式列管式冷凝器中冷却处理 (2.0, 2.2, 2.5, 2.8)×10⁴ t/a 的正戊烷，其冷凝温度为51.7℃，冷凝液以饱和液体的状态离开冷凝器，常压操作。

操作条件：冷却剂为地下水，入口温度20℃，出口温度自选；允许压降不大于50kPa，每年按330天计，每天24h连续运行。换热管选用 $\Phi19\text{mm} \times 2\text{mm}$ 或 $\Phi25\text{mm} \times 2.5\text{mm}$ 的无缝钢管。

设计内容：设计方案介绍；换热器工艺计算，确定换热面积；换热器的主要结构尺寸设计；主要辅助设备选型；编写设计说明书；绘制换热器总装配图。

(3) 乙醇-水精馏塔塔顶冷凝器的工艺设计

设计任务：设计冷凝器，冷凝乙醇-水精馏塔塔顶的馏出产品，乙醇浓度为95％（质量分数），处理量为 (5.0, 6.0, 7.0, 8.0)×10⁴ t/a，冷凝液以饱和液体的状态离开冷凝器，冷凝器常压操作。

操作条件：冷却剂为地下水，入口温度30℃，出口温度40℃；操作压力为0.3MPa，允许压降不大于50kPa，每年按330天计，每天24h连续运行。换热管选用 $\Phi19\text{mm} \times 2\text{mm}$ 或 $\Phi25\text{mm} \times 2.5\text{mm}$ 的无缝钢管。

设计内容：设计方案介绍；换热器工艺计算，确定换热面积；换热器的主要结构尺寸设计；主要辅助设备选型；编写设计说明书；绘制换热器总装配图。

第**3**章
板式精馏塔工艺设计

3.1 概述

精馏塔设备是炼油、化工、石油化工等生产中广泛应用的气液传质设备。根据塔内气液接触部件的结构型式，可分为板式塔和填料塔两大类。板式塔内设置一定数量塔板，气体以鼓泡或喷射形式穿过板上液层，在塔板上形成三种不同的气液接触状态，即琥珀状态、泡沫状态和喷射状态，并同时进行质、热传递，气液两相组成呈阶梯变化，属逐级接触逆流操作过程。填料塔内装有一定高度的填料层，液体自塔顶沿填料表面下流，气体逆流向上（或并流向下）与液相接触进行质、热传递，气液相组成沿塔高连续变化，属微分接触操作过程。正常操作时（泛点以下），气相为连续相，液相为分散相。非正常操作时（泛点以上），则气相为分散相，液相为连续相。

工业上对精馏塔设备的主要要求：生产能力大；传质、传热效率高；气流的摩擦阻力小；塔内的液体滞留量要小；操作稳定，适应性强，操作弹性大；结构简单，材料耗用量少；制造安装容易，操作维修方便。此外还要求不易堵塞、耐腐蚀等。

实际上，任何精馏塔设备都难以满足上述所有要求，因此设计者应根据塔型特点、物系性质、生产工艺条件、操作方式、设备投资操作与维修费用等技术经济评价以及设计实验等因素，抓住矛盾的主次，综合考虑进行精馏塔设备的选型与设计。

在下列情况下，应优先考虑板式塔：

① 板式塔内液体滞留量较大，操作负荷范围较宽，操作易于稳定，对进料浓度的变化也不甚敏感。

② 液相负荷较小的情况，这时填料塔会由于填料表面湿润不充分，难以保证分离效果。

③ 对于易聚合、易结晶、易结垢或含有固体悬浮物的物料，板式塔堵塞的危险小，并且板式塔的清洗和检修也比较方便。

④ 需要设置内部换热元件（如蛇管），或侧线进料和侧线采出，需要多个侧线进料口或多个侧线出料口时，板式塔的结构易于实现。

⑤ 在高压蒸馏操作中，仍多采用板式塔，因为在高压时塔内液气比过大，以及气相返混剧烈等原因，应用填料塔时分离效果往往不佳。

在下列情况下，应优先考虑填料塔：

① 新型填料具有很高的传递效率，在分离程度要求高的情况下采用新型材料，可降低塔的高度。

② 新型材料的压降较低，对节能有利；同时新型填料具有较小的持液量，料液停留时间短，适宜热敏性物料的蒸馏分离。

③ 对腐蚀性物料，填料塔可选用非金属材料的材料。

④ 发泡的物料宜选用填料塔。因在填料塔内气相主要不是以气泡形式通过液相，并且填料对泡沫有限制和破碎作用，可减少发泡的危险。

板式精馏塔的工艺设计大致按以下步骤进行：

① 设计方案的确定。根据拟定的设计任务，对精馏操作的流程、操作条件、主要设备类型及其材质的选取等问题进行论述。

② 精馏塔的工艺计算。包括物料衡算、理论塔板数的计算、实际板数的确定、塔高和塔径的计算等。

③ 塔板设计。计算塔板各主要工艺尺寸进行流体力学负荷，并画出负荷性能图。

④ 塔附件、辅助设备及管路的计算与选型。包括接管尺寸的确定，换热器、泵等辅助设备的设计与选型。

⑤ 塔设备的结构设计与选型，强度设计和稳定校核。

⑥ 撰写设计说明书。

3.2 板式塔设计方案的确定

欲将某液体混合物采用精馏方法进行分离，以获得一定纯度的多种产品。通常，首先对该混合物进行严格物性分析，确认该混合物中各组分之间是否能形成共沸物，能形成哪些共沸物及共沸物的组成，相邻组分之间的相对挥发度或沸点差的大小。同时要求这些数据必须通过生产实践或实验研究证明是可靠的，为分离序列选择提供基础数据。

设计方案确定是指确定整个精馏装置的工艺流程，包括精馏流程、塔设备的结构类型、操作压力、进料热状态、塔顶蒸气的冷凝方式、回流比、余热利用的方案、测量控制仪表的设置、安全措施等的确定。对于三元或三元以上多组分体系的完全分离，其流程有多种方案，需要采用分离序列综合的方法，确定适宜的分离序列。

3.2.1 分离序列

对于二元混合物采用一个精馏塔分离，分别从塔顶、塔底获得轻重组分产品，显然分离序列是唯一的。当 n 个组分的混合物采用简单蒸馏塔进行完全分离时，获取 n 个产品。则需要 $n-1$ 个塔，通过不同的组合可得到 $[2(n-1)!]/[n!\,(n-1)!]$ 个分离序列。不同分离序列的操作费用及设备投资费用不同，在这些分离序列中，必定存在适宜分离序列及总费用最小的分离序列，一般情况下多采用顺序流程。然而，若相邻组分之间的相对挥发度及其他参数存在较大差异时，则不一定采取顺序流程，为此，在设计流程方案时应结合一些经验规则和方法加以确定，可参考相关专著。

3.2.2 精馏流程

典型的精馏装置包括精馏塔、原料预热器、塔底再沸器、塔顶冷凝器、釜液冷却器、产品冷却器、物料输送泵等设备。由于精馏分离时塔顶馏分的纯度更易于控制，因此精馏分离一般都是塔顶馏分作为产品采出。精馏大部分为连续操作，原料连续加入精馏塔中，塔顶、塔底连续收集馏分和釜液。连续操作的优点是集成度高、可控性好、产品质量稳定。

原料和回流液既可以采用泵输送，也可以采用高位槽送料。在保证流量的情况下，若采用高位槽送料，可免受泵操作波动对流量的影响。进料可视体系的性质采用不同的进料热状况，从而决定进料物料是否需要预加热，若进料需预加热，则要设置进料预热器。

塔顶冷凝装置可视生产情况决定采用分凝器或全凝器，塔顶分凝器对上升蒸气有一定的增浓作用，但为了便于准确地控制回流比，在获取液相产品时常采用全凝器。若后继装置使用的是气态物料，则宜选用分凝器。

塔釜的加热方式可采用再沸器，既可以通过间接蒸汽加热，也可采用直接蒸汽加热。采出的塔顶馏分及塔釜液若需进一步冷却，则需设置塔顶产品冷凝器和塔釜冷凝器。

总之，流程确定要全面、合理地兼顾设备费、操作费、过程的可操作性以及安全等因素，流程确定后，按照流程要求进行精馏塔的工艺设计及换热器等辅助设备的设计及选型。

3.2.3　操作压力

精馏过程按操作压力可分为常压精馏、加压精馏和减压精馏。塔内操作压力的选择不仅涉及分离问题，而且与塔顶和塔底温度的选取有关，确定操作压力时，必须根据所处理物料的性质，兼顾技术上的可行性和经济上的合理性综合考虑，一般可遵循以下原则。

① 优先使用常压精馏，除热敏性物系外，一般凡通过常压精馏就能达到分离要求，且使用循环水或江河水能将塔顶馏出物冷凝下来的物系，应首选常压蒸馏。

② 对热敏性物系或者混合物泡点过高的物系，则宜采用减压蒸馏。降低操作压力，组分的相对挥发度增大，有利于蒸馏分离，减压蒸馏降低了平衡温度，这样可以使用较低温位的加热剂，但降低压力可导致塔径增加和塔顶蒸气冷凝温度的降低，而且必须使用抽真空的设备，增加了相应的设备和操作费用。例如苯乙烯在常压下的沸点为 145.2℃，但其在 100℃ 以上就会发生聚合反应。故苯乙烯应采用减压蒸馏。

③ 对常压下馏出物的冷凝温度过低的物系，需提高塔压或者采用深井水、冷冻盐水作为冷却剂。而沸点低、常压下呈气态的物系，必须采用加压蒸馏。石油气常压呈气态，必须采用加压蒸馏。脱丙烷塔操作压力提高到 1765kPa 时，冷凝温度约为 50℃，便可用江河水或者循环水进行冷却。加压操作可提高平衡温度，有利于塔顶蒸气冷凝热的利用，或可以使用较便宜的冷却剂，减少冷凝、冷却费用。在相同塔径下，适当提高操作压力，还可提高塔的处理能力，但增加塔压也提高了再沸器的温度，并且相对挥发度也有所下降。

3.2.4　进料热状况

进料热状况与塔板数、塔径、回流量及塔的热负荷都有密切的联系。进料热状况有 5 种，用进料热状态参数 q 值来表示。进料为冷液，$q>1$；饱和液体（泡点）进料，$q=1$；气液混合物进料，$0<q<1$；饱和蒸气（露点）进料，$q=0$；过热蒸气进量，$q<0$。q 值增加，冷凝器负荷降低，而再沸器负荷增加，由此导致的操作费用的变化与塔顶流出液流量 D 和进料流量 F 的比值 D/F 有关。对于低温精馏，不论 D/F 值如何，采用较高的 q 值更经济。对于高温精馏，当时 D/F 值较大时，宜采用较小的 q 值，当 D/F 值较小时宜采用 q

值较大的气液混合物。

在工业应用中，较多的是将料液预热到泡点或接近泡点才进入精馏塔。这样进料温度不受季节、气温变化和前道工序波动的影响，塔的操作也容易控制。而且精馏段和提馏段的上升蒸气量相近，塔径相同，设计制造比较方便。进入预热的热源温度低于再沸器的热源温度时，原料通常用塔底采出液预热，这样可节省高温热源。如果工艺要求减少塔釜的热负荷，避免釜温过高导致料液产生聚合或结焦时，则应提高进料的温度或提高气液混合进料中气态的含量，甚至采用饱和蒸气进行。

在实际设计中，进料状况与总费用、操作调节方便与否有关，还与整个车间的流程安排有关，需从整体上综合考虑。

3.2.5 回流比

回流比是精馏操作的重要工艺参数，它对操作费用和设备费用都有很大的影响。影响精馏操作费用的主要因素是塔内蒸气量 V。对于一定的生产能力，即馏出量 D 一定时，V 的大小取决于回流比。

实际回流比总是介于最小回流比和全回流两种极限状态之间，由于回流比的大小不仅影响所需的理论塔板数，还影响加热蒸汽和冷却水的消耗量、塔径以及塔板再沸器和冷凝器结构尺寸的选择，因此适宜的回流比应通过经济核算确定，即操作费用和设备折旧费之和为最低时的回流比为适宜回流比。通常可依据下述方法之一来确定回流比。

① 根据设计的具体情况，参考生产现场（与设计物系相同、分离要求相近、操作情况良好的工业精馏塔）所提供的可靠的回流比数据。

② 先求出最小回流比 R_{min}，根据经验取操作回流比 R 为最小回流比的 $1.1\sim2.0$ 倍，即 $R=(1.1\sim2.0)R_{min}$。

③ 先求最小理论塔板数 N_{min}，再选用若干个 R 值，利用吉利兰图（或捷算法），求出对应理论板数 N，并作出 N-R 曲线，从中找出适宜操作回流比 R。也可做出 R 对精馏操作费用的关系图，从中确定适宜的回流比 R。

精馏过程是耗能过程，如果单纯追求经济效益，精馏操作最适宜的回流比为最小回流比的 $1.1\sim2$ 倍，但当今社会能源结构发生了调整，这种选择还是最佳的吗？习总书记在绿色发展理念中强调，"节约资源是保护生态环境的根本之策"。追求经济效益最大化和资源利用率最大化的时代已经过去，随着全球能源结构的转变和资源的日益紧缺，更为合适的回流比值得深入研究。在教学过程中，可以借此强化学生对新型能源的认识，使学生建立科学的资源利用观念。

3.2.6 加热方式

精馏塔通常设置再沸器，采用间接蒸汽加热，以提供足够的热量。若待分离的物系为某种轻组分和水的混合物，往往可采用直接蒸汽加热的方式，把蒸汽直接通入塔釜以气化釜液，这样只需在塔釜内安装鼓泡管，就可以省去一个再沸器，并且可以利用压力较低的蒸汽来进行加热，操作费用和设备费用均可降低。然而对于直接蒸汽加热，由于蒸汽的不断通入，对塔底溶液起了稀释作用，在塔底易挥发物损失量相同的情况下，塔底残液中易挥发组分的浓度较低，因而塔板数稍有增加。对于某些物系（如乙醇-水），低浓度时的相对挥发度很大，所增加的塔板数不多，此时采用直接蒸汽加热是合适的。若釜液黏度很大，用间壁式换热器加热困难，此时用直接蒸汽可以取得很好的效果。

在某些流程中，为了充分利用低能位的能量，在提馏段的某个部位设置中间再沸器。这样设备费用虽然略有增加，但节约了操作费用，可获得良好的经济效益，对于高温下易变质、易结焦的物料，也可采用中间再沸器，以减小塔釜的加热量。

饱和水蒸气的冷凝潜热较大，价格较低，通常采用饱和水蒸气作为加热剂。当采用饱和水蒸气作为加热剂时，选用较高的蒸气压可以提高传热温差，从而提高传热效率，但蒸气压的提高对锅炉提出了更高的要求，同时对于釜液的沸腾温差过大，易形成膜状沸腾，反而对传热不利。但当加热温度超过180℃时，应考虑采用其他的加热剂，如烟道气、热油等。

3.2.7　多股进料

有时原料来源不同，其浓度也有很大的差别，此时从分离的角度看，不同浓度的物料就从不同的位置入塔，一般来说入塔位置上的物料浓度与加料浓度相近为好，即应以多股进量来处理。但若所处理的物料量不多（或其中的一个物料量不多），从设备加工和操作方便上来考虑，也往往是多个物料混合以后作为一股物料加入。

3.3　塔板类型选择

板式塔种类繁多，根据塔板结构的不同，板式精馏塔可分为筛板塔、浮阀塔、泡罩塔、导向筛板塔、穿流多孔板塔、舌形塔、浮动舌形塔和浮动喷射塔等多种。按气液两相的流动方式分为错流式塔和逆流式塔，或称有降液管塔和无降液管塔。有降液管塔应用极广，它们具有较高的传质效率和较宽的操作范围；无降液管的逆流式塔气液两相均由塔板上的孔道通过，塔板结构简单，整个塔板面积利用较充分。目前常用的有穿流式筛板塔、穿流式栅板塔、穿流式波纹板塔等。按液体流动形式分，有单溢流型、双溢流型、U 形流型及其他流型塔（如四溢流型塔、阶梯型塔和环流型塔）。

工业上最早使用的板式塔是泡罩塔（1813 年）和筛板塔（1832 年）。20 世纪 50 年代以后，随着石油以及化学工业的迅速发展，相继出现了大批新型塔板，如 S 形板、浮阀塔板、多降液管筛板、舌形塔板、穿流式波纹塔板、浮动喷射塔及角钢塔板等。目前工业应用较多的是有降液管的筛板塔、浮阀塔、泡罩塔等。

（1）筛板塔

筛板塔的塔板（图 3-1）为带有均匀筛孔的筛板，上升气流经筛孔分散、鼓泡通过板上液层，形成气液密切接触的泡沫层（或喷射的液滴群）。根据孔径的大小分为小孔径筛板（孔径为 3～8mm）和大孔径筛板（孔径为 10～25mm）两类。工业应用中以小孔径筛板为主，大孔径筛板多用于某些特殊场合（如分离黏度大、易结焦的物系）。筛板塔的优点是结构简单，制造维修方便，造价低，约为泡罩塔的 60%，浮阀塔的 80% 左右；在相同条件下生产能力高于浮阀塔，比同直径泡罩塔增加 20%～40% 处理量；塔板效率高，比泡罩塔高15% 左右；板上液面落差小，塔板压降较低，板压降比泡罩塔低 30% 左右。其缺点是塔板

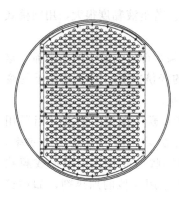

图 3-1　筛板塔板

安装水平度要求高；稳定操作范围窄，易发生漏液，导致传质效率下降；小孔径筛板易堵塞，不适宜处理黏性大的、脏的和带固体颗粒的料液。但控制与设计良好的筛板塔可以弥补以上不足，仍具有足够的操作弹性，对易引起堵塞的物系可采用大孔径筛板。

（2）泡罩塔

泡罩塔（图 3-2）是最早使用的板式塔，其主要构件是泡罩、升气管及降液管。泡罩安装在升气管的顶部，分圆形和条形两种，国内应用较多的是圆形泡罩。泡罩尺寸分为 $\Phi80mm$、$\Phi100mm$、$\Phi150mm$ 三种，可根据塔径的大小选择。通常，塔径小于 $\Phi1000mm$，选用 $\Phi80mm$ 的泡罩；塔径大于 $\Phi2000mm$，选用 $\Phi150mm$ 的泡罩。泡罩塔的主要优点是由于有升气管，在很低的气速下也不会发生严重漏液现象，故操作弹性较大，液气比范围大，适用于多种介质，操作稳定可靠，但其结构复杂，造价高，安装维修不便，板上液层厚，气相压力较大，板效率较低。

（3）浮阀塔

浮阀塔是近 30 年来新发展的一种新型板式塔，传质设备是在泡罩塔的基础上研制出来的。其结构特点是在塔板上开有若干个阀孔，每个阀孔装有一个可以上下浮动的阀片。气流从浮阀周边水平地进入卡板上的液层。阀片根据气流流量的大小而上下浮动自行调节。使气体在缝隙中的速度稳定在某一数值。浮阀的类型很多，已知有 F1 型、V-4 型、T 型、十字架型、条型、高弹性浮阀和船型、管型、梯型、双层浮阀等。国内常用的有 F1 型（相当于国外的V-1 型）、V-4 型、T 型，其中以 F1 型浮阀应用最为普遍。

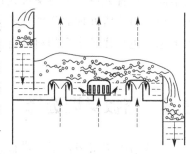

图 3-2　泡罩塔板

浮阀塔板的优点是结构简单，制造方便，造价低；塔板开孔率大，生产能力大；由于阀片可随气量变化自由升降，故操作弹性大，在较宽的气液负荷变化范围内均可保持高的板效率，操作范围一般为 5～9；因上升气流水平吹入液层，气液接触时间较长，雾沫夹带量小，塔板效率较高。浮阀塔干板压降比泡罩塔小，但比筛板塔较大。其缺点是处理易结焦、高黏度的物料时，阀片易与塔板黏结，在操作过程中有时会发生阀片脱落或卡死等现象，使塔板效率和操作弹性下降。

有关浮阀塔的研究是目前新型塔板研究开发的主要方向。近年来研究开发的新型浮阀有船型浮阀、管型浮阀、梯型浮阀、双层浮阀、V-V 浮阀、混合浮阀等。其共同的特点是加强了流体的导向作用和气体的分散作用，使气液两相的流动更趋于合理，操作弹性和塔板效率得到进一步的提高。在工业应用中，目前还多采用 F1 型浮阀（图 3-3），其原因是 F1 型浮阀已有系列化标准，各种设计数据完善，便于设计和对比。而采用新型浮阀设计，数据不够完善，给设计带来一定的困难。

F1 型浮阀分轻阀（符号 Q）和重阀（符号 Z）两种。轻阀采用厚度为 1.5mm 的薄板冲压制而成，重约 25g。重阀采用厚度为 2mm 的薄板冲压制而成，重约 33g。一般重阀应用较多，轻阀泄漏量大，只有在要求压降小（减压蒸馏）的时候才采用。浮阀的最小开度为 2.5mm，最大开度（H－S）为 8.5mm。

（4）垂直筛板

垂直筛板（图 3-4）是一种喷射型的塔板。20 世纪 60 年代由日本开发，其后又进行了改进，称新垂直筛板。垂直筛板的基本传质单元是置于塔板气体通道孔上的帽罩，它由底座固定于塔板上，当液体流经塔板时，其中的一部分被由气体通道上升的气体从帽罩的底部缝隙吸入并被吹起，激烈分散成液滴，从而形成分散相，在帽罩内达到充分的气液接触传质，然后气液混合物通过帽罩上端的雾沫分离器，其中的液滴被分离，并回到塔板上的液流中，再经下一排帽罩，而气体则上升到上一层塔板。

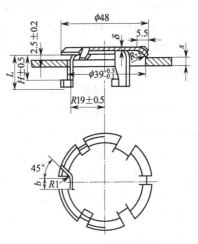

图 3-3 F1 型浮阀塔板

这种液体分散型板气体通量大，但仍不致有过大的雾沫夹带；相接触面积大，均匀，并不断更新，故板效率可与 F1 浮阀塔和筛板塔相当，但由于开孔率较大，气相负荷高，其压降基本与 F1 浮阀塔板相当，但操作弹性仍可比 F1 浮阀塔板宽约 60％。

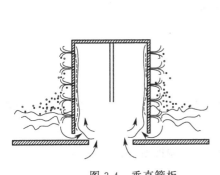

图 3-4 垂直筛板

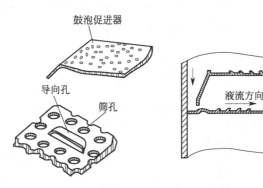

图 3-5 导向筛板

（5）导向筛板

导向筛板（图 3-5）以其低压降为特点，主要应用于真空精馏塔中，这种塔板主要是在筛板基础上进行两项改进：一是在塔板上开有一定数量的导向孔，通过导向孔的气流对液流有一定的推动作用，有利于推进液体和减小液面梯度；二是在塔板的液体入口处增设鼓泡的促进结构，也称鼓泡促进器，有利于液体一进入塔板就迅速鼓泡，达到较好的气液接触，提高塔板面积的利用率，同时也减小塔板进口处的局部漏液，促进塔板鼓泡均匀和气体分散。导向筛板的液体流动和鼓泡均较为均匀，液面梯度明显减小，塔板液层较薄，压降下降，而且具有较好的传质效率。对于减压的乙苯-苯乙烯系统，使用导向筛板后，每块理论板的压降降低 15％，塔板效率提高 13％左右。这种塔板可适用于减压蒸馏和大型分离装置中。

（6）多降液管塔板

多降液管塔板的结构特点是每层塔板上可以有多个降液管，且降液管悬挂于塔板下的气相空间，降液管底槽开有降液孔口，液体通过此孔口流入下板的开孔区，为此要求降液管有自封作用，同时塔板上也不再设受液盘，相邻塔板的降液管互成 90°交叉。塔板可以是筛板、浮阀板等各种形式，由于这种结构特点，堰上溢流强度明显减小。塔板上鼓泡均匀，雾沫夹带减小，同时塔板鼓泡面积增加，增大了塔板传质面积，因此这种塔板具有通量大、压降低、板间距小和操作稳定等优点，适合液气比很大的场合。但由于液流路程较短，板上液相传质的接触时间较短，对液膜控制系统的物系，塔板效率有所降低。文献报道对丙烷-丙烯精馏板效率为 65％左右。

（7）穿流式栅板/筛板

塔板上的气液通道可为冲压成的长条形栅缝或圆形筛孔，栅板亦可用扁钢条焊成。栅缝宽度和筛孔直径的选择与气量有关，也应考虑物料的污垢程度。栅缝宽为 4～6mm，长为60～150mm，缝端间距长取 10mm，缝中心距为 1.5～3 倍的缝宽。筛孔直径常用 5～8mm，近年来有用更大孔径的趋势。筛板开孔率较一般筛孔大，增大开孔率可提高塔的通过能力，但板效率及稳定操作范围随之下降。一般取塔板开孔率为 15％～25％，甚至 30％以上。塔板间距可较筛板小，因穿流式塔板上鼓泡层低，雾沫夹带较小，但板间距过小，容易影响稳定操作范围。

在板式塔中筛板塔和浮阀塔具有良好的使用性能，且对其研究比较充分，设计也相当成熟，因而得到广泛应用，其主要特点见表 3-1。

表 3-1 筛板塔和浮阀塔的主要特点

塔型	主要特点
筛板塔	①结构简单，易于加工，因此造价低，约为泡罩塔的 60％，浮阀塔的 80％。 ②处理能力大，比同直径泡罩塔增加 20％～40％。 ③塔板效率高，比泡罩塔高 15％左右。 ④板压降低，比泡罩塔低 30％左右。 ⑤安装容易清理，检修方便。 若液体较脏，筛板孔径较小而容易堵塞时，可采用大孔径筛板
浮阀塔	①操作弹性大，在较宽的气液负荷变化范围内，均可保持高的板效率。其操作范围为 5～9，比筛板塔和泡罩塔的弹性范围都大。 ②处理能力大，比泡罩塔大 20％～40％，但比筛板塔略小。 ③气体为水平方向吹出，气液接触良好，雾沫夹带量小，塔板效率高。一般比泡罩塔高 15％左右。 ④干板压降比泡罩塔小，但比筛板塔大。 ⑤结构简单，安装方便，制造费用，约为泡罩塔的 60％～80％。 ⑥对于黏性稍大及有聚合现象的系统，浮阀塔板也能正常操作。 ⑦可供选用的浮阀的型号较多，并且国内已标准化，部颁标准为 JB 1118—2001

3.4 板式塔工艺设计

板式精馏塔的设计任务是计算塔体的工艺尺寸，包括塔高和塔径。精馏塔的塔高与精馏塔的理论塔板数、塔板效率、塔板间距等因素有关，塔径则与处理量有关，同时还应保证精馏塔有足够的气液接触面积、溢流面积等。

3.4.1 相平衡关系

当溶液为理想溶液，气相可看作理想气体时，相对挥发度为：

$$\alpha = \frac{p_A^0}{p_B^0}$$

式中，p_A^0 为某温度条件下 A 组分的饱和蒸气压；p_B^0 为某温度条件下 B 组分的饱和蒸气压。饱和蒸气压可直接由手册查询，或由 Antoine 方程计算，饱和蒸气压数据和 Antoine 常数可查阅相关文献。

若溶液为非理想溶液，气相仍可看作理想气体时，相对挥发度 α 为：

$$\alpha = \frac{\gamma_A p_A^0}{\gamma_B p_B^0}$$

式中，γ_A、γ_B 分别为 A、B 组分的活度系数。

计算活度系数的经验方程很多，其中 Margules 方程为：

$$\ln\gamma_A = x_B^2 \left[A_{12} + \alpha(A_{21} - A_{12})x_A \right]$$

$$\ln\gamma_B = x_A^2 \left[A_{21} + \alpha(A_{12} - A_{21})x_B \right]$$

式中，A_{12} 和 A_{21} 为二元 Margules 常数。当 $x_A = 0$ 时，$\ln\gamma_A = A_{12}$；当 $x_B = 0$ 时，$\ln\gamma_B = A_{21}$。故又称为端值常数，可查阅相关文献。

当相对挥发度 α 随组成变化不大时，其平均值可以由下式计算：

$$\bar{\alpha} = (\alpha_1 \cdot \alpha_2 \cdot \alpha_3)^{1/3}$$

式中，$\bar{\alpha}$ 为全塔平均相对挥发度，α_1、α_2、α_3 分别为塔顶、加料、塔底组成的相对挥发度。

气、液两相平衡关系式为：

$$y = \frac{\bar{\alpha}x}{1 + (\bar{\alpha} - 1)x}$$

3.4.2　物料衡算

通过全塔物料衡算，可以求出精馏产品的流量、组成和进料流量、组成之间的关系。物料衡算主要解决以下问题：（1）根据设计任务所给定的处理原料量、原料浓度及分离要求（塔顶、塔底产品浓度）计算出每小时塔顶、塔底的产量；（2）在加料热状态参数 q 和回流比 R 选定后，分别算出精馏段和提馏段的上升蒸气量和下降液体量；（3）写出精馏段和提馏段的操作线方程，通过物料衡算可以确定精馏塔中各股物料的流量和组成情况，塔内各段的上升蒸气量和下降液体量，为计算理论板数以及塔径和塔板结构参数提供依据。

通常，原料量和产量都以 kg/h 或 t/a 来表示，但在理想板计算时均须转换为 kmol/h。在设计时，汽液流量又须用 m^3/s 来表示。因此要注意不同的场合应使用不同的流量单位。

3.4.2.1　间接蒸汽加热

（1）全塔总物料衡算

总物料　　　　　　　　　　　　$F = D + W$

易挥发组分　　　　　　　　　　$Fx_F = Dx_D + Wx_W$

若以塔顶易挥发组分为主要产品，则回收率 η 为：

$$\eta = \frac{Dx_D}{Fx_F} \times 100\%$$

式中　F、D、W——原料液、馏出液和釜残液流量，kmol/h；

　　　x_F、x_D、x_W——原料液、馏出液和釜残液中易挥发组分的摩尔分数。

由上两式可得：

$$D = F\frac{x_F - x_W}{x_D - x_W}$$

$$W = F\frac{x_D - x_F}{x_D - x_W}$$

（2）操作线方程

① 精馏段

上升蒸气量：

$$V = (R+1)D$$

下降液体量：

$$L = RD$$

操作线方程：

$$y_{n+1} = \frac{L}{V}x_n + \frac{D}{V}x_D$$

或：

$$y_{n+1} = \frac{R}{R+1}x_n + \frac{1}{R+1}x_D$$

式中　R——回流比；

　　x_n——精馏段内第 n 层板下降液体中易挥发组分的摩尔分数；

　　y_{n+1}——精馏段内第 $n+1$ 层板上升蒸气中易挥发组分的摩尔分数。

② 提馏段

上升蒸气量：

$$V' = (R+1)D - (1-q)F$$

或：

$$V' = L + qF - W$$

下降液体量：

$$L' = RD + qF$$

操作线方程：

$$y'_{m+1} = \frac{L+qF}{L+qF-W}x'_m - \frac{W}{L+qF-W}x_W$$

式中　x'_m——提馏段内第 m 层板下降液体中易挥发组分摩尔分率；

　　y'_{m+1}——提馏段内第 $m+1$ 层板上升蒸气中易挥发组分摩尔分率。

（3）进料线方程（q 线方程）

$$y = \frac{q}{q-1}x - \frac{x_F}{q-1}$$

3.4.2.2　直接蒸汽加热

（1）全塔总物料衡算

总物料

$$F + V_0 = D + W^*$$

易挥发组分

$$Fx_F + V_0 y_0 = Dx_D + W^* x_W^*$$

式中　V_0——直接加热蒸汽的流量，kmol/h；

　　y_0——加热蒸汽中易挥发组分的摩尔分数，一般 $y_0 = 0$；

　　W^*——直接蒸汽加热时釜液流量，kmol/h；

　　x_W^*——直接蒸汽加热时釜液中易挥发组分的摩尔分数。

由上两式可得：

$$W^* = W + V_0$$

$$x_W^* = \frac{W}{W+V_0}x_W$$

（2）操作线方程

① 精馏段操作线

$$y_{n+1}=\frac{L}{V}x_n+\frac{D}{V}x_{\mathrm{D}}=\frac{R}{R+1}x_n+\frac{x_{\mathrm{D}}}{R+1}$$

式中　R——回流比；

　　x_n——精馏段内第 n 层板下降液体中易挥发组分的摩尔分数；

　y_{n+1}——精馏段内第 $n+1$ 层板上升蒸气中易挥发组分的摩尔分数。

② 提馏段操作线

$$y'_{m+1}=\frac{W^{*}}{V_0}x'_m-\frac{W^{*}}{V_0}x_{\mathrm{W}}$$

与间接蒸汽加热时一样，所不同的是间接蒸气加热时提馏段操作线终点是 $(x_{\mathrm{W}},x_{\mathrm{W}})$，而直接蒸气加热时，当 $y'_{m+1}=0$ 时，$x'_m=x^{*}_{\mathrm{W}}$，因此提馏段操作线与 x 轴相交于点 $(x^{*}_{\mathrm{W}},0)$。

3.4.3　理论塔板

对给定的设计任务，当分离要求和操作条件确定后，若物系符合恒摩尔流假定，操作线为直线，则可用图解法或逐板计算法求取理论板数及加料板位置。有关内容在《化工原理》教材中已详尽讨论，此处只作概要说明。

（1）逐板计算法

通常从塔顶开始进行逐板计算，设塔顶采用全凝器，泡点回流，则自第 1 层板上升蒸气组成等于塔顶产品组成，即 $y_1=x_{\mathrm{D}}$（已知）。而自第 1 层板下降的液体组成 x_1 与 y_1 相平衡，可利用相平衡方程求取 x_1。第 2 层塔板上升蒸气组成 y_2 与 x_1 满足精馏段操作线方程关系，可用精馏段操作线方程求取 y_2。同理，由 y_2 利用相平衡方程求 x_2，再由 x_2 利用精馏段操作方程求 y_3…如此交替，利用相平衡关系和操作线方程进行下行逐板计算，直到 $x_m\leqslant x_{\mathrm{F}}$ 时，则第 m 层理论板即为进料板，精馏段理论板数为 $m-1$ 层。此后改用提馏段操作线方程，继续采用上述相同的方法，直到计算到 $x_n\leqslant x_{\mathrm{W}}$。求得提馏段的理论塔板数。一般认为间接蒸汽加热时，再沸器内气液两相达到相平衡，所以再沸器相当于一块理论塔板，故提馏段理论塔板数为 $n-m+1$。

以上计算过程中每使用一次平衡关系，则表示需要一层理论板。当平衡关系不是用方程表示，而是实验测得的一系列离散的数据时，可采用插值法得到相应的平衡值。逐板计算法可同时求得各层板上的气液相组成，计算结果准确，是求算理论板数的基本方法。

（2）直角梯级图解法

直角梯级图解法也称 M-T 图解法，是二元精馏的经典方法。该法是在两相组成 x-y 直角坐标上做出 x-y 平衡曲线，并作出操作线与进料热状况 q 线，再在操作线与平行线之间画出连续梯级，根据梯级数可求得所需的理论塔板数和适宜的进料板位置。

设采用间接蒸气加热，全凝器，泡点进料。图解理论板的方法与步骤简述如下：

① 首先在 x-y 图上做平衡线和对角线。

② 作精馏段操作线。自点 a $(x_{\mathrm{D}},x_{\mathrm{D}})$ 至点 $b\left(\text{在 }y\text{ 轴上的截距}\dfrac{x_{\mathrm{D}}}{R+1}\right)$ 连线。

③ 作进料热状况线（q 线）。自点 e 作斜率为 $\dfrac{q}{q-1}$ 的 ef 线（即为 q 线），其与精馏段操作线交于 d 点，也是精馏段、提馏段操作线的交点。

④ 作提馏段操作线。连接点 d 与点 c（x_w，x_w），dc 线即为提馏段操作线。

⑤ 梯级图解理论板数（图 3-6）。自点 a 开始，在精馏段操作线与平衡线之间，下行绘直角梯级，梯级跨过两操作线交点 d 时，改在提馏段操作线与平衡线之间绘直角梯级，直到梯级的垂直线达到或超过点 c 为止。每一个 T 级代表一层理论版，跨过交点 d 的梯级为进料板。

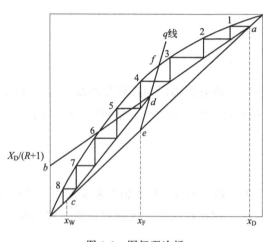

图 3-6　图解理论板

该法大大简化求解理论板的过程，但当分离物系的相对挥发度较小或分离要求较高时，操作线和平衡线就比较接近，所需的理论塔板数就较多，此时用图解法不易得到准确的结果。

（3）简捷法

简捷法是通过求取最小回流比及最小理论塔板数，选定适宜的回流比后，利用 Gilliand 图或经验关联式求取操作条件下的理论板数。简捷法为一种快速估算法，适用于作方案比较。Gilliand 图（图 3-7）纵坐标中的理论板数 N 及最小理论板数 N_{min} 均不包括再沸器。此法求算理论板数的步骤如下：

① 求算最小回流比 R_{min} 和选定回流比 R。对于理想溶液或在所涉及的浓度范围内，相对挥发度可取常数时，用下式计算 R_{min}。

进料为饱和液体时

$$R_{min}=\frac{1}{\alpha_m-1}\left[\frac{x_D}{x_F}-\frac{\alpha_m(1-x_D)}{1-x_F}\right]$$

进料为饱和蒸气时

$$R_{min}=\frac{1}{\alpha_m-1}\left(\frac{\alpha_m x_D}{y_F}-\frac{1-x_D}{1-y_F}\right)-1$$

② 计算 N_{min}。用芬斯克方程计算：

$$N_{min}=\frac{\lg\left[\left(\dfrac{x_D}{1-x_D}\right)\left(\dfrac{1-x_W}{x_W}\right)\right]}{\lg\alpha_m}-1$$

式中　α_m——全塔平均相对挥发度，$\alpha_m=(\alpha_D\alpha_W)^{1/2}$。

③ 理论塔板数计算。计算 $\dfrac{R-R_{min}}{R+1}$ 值，在 Gilliand 图横坐标上找到相应点，自此点引垂

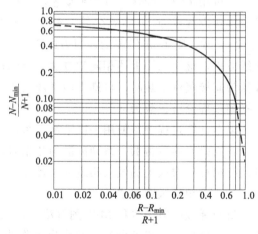

图 3-7　Gilliand 关联图

线与 Gilliand 曲线相交，此交点相应的纵坐标 $\dfrac{N-N_{min}}{N+1}$，求算出理论塔板数 N。

④ 确定进料板位置。以 x_F 代 x_W，用步骤②计算求得 $N_{min,1}$，按步骤③求得精馏段理

论塔板数 N_1，则加料板为下一块塔板。

3.4.4　实际塔板

理论板数是一个气液两相充分混合、传质及传热过程阻力皆为零的理想化塔板。由于实际塔板所发生的传递过程非常复杂，在气液接触传质过程中并未达到平衡。这种气液两相间传质的不完善程度通常用塔板效率来表示。塔板效率的表示方法有点效率、默弗里板效率和全塔效率。为了计算方便，在精馏塔的设计计算中，多采用全塔效率来确定实际塔板数。全塔效率为在指定分离要求和回流比下所需理论板数 N_T 与实际塔板数 N 的比值。即

$$E_T = \frac{N_T}{N} \times 100\%$$

全塔效率与系统物性、塔板结构及操作条件等有关，影响因素多且复杂，只能通过实验测定获取较可靠的全塔效率数据。一些通过实测数据关联出的全塔效率曲线及经验关联式常用来确定全塔效率。

（1）Drickamer 和 Bradford 法

Drickamer 和 Bradford 根据 54 个泡罩塔精馏装置的实测数据关联出全塔效率 E_T 与液体黏度的关系，如图 3-8 所示。

图 3-8 中，μ_L 为根据加料组成在塔平均温度下计算的平均黏度，可按下式估算。

$$\mu_L = \sum x_i \mu_{Li}$$

式中，μ_{Li} 为进料中组分 i 在塔内平均温度下的液相黏度，mPa·s；x_i 为进料中组分 i 的摩尔分数。

此图也可以用下式表达：

$$E_T = 0.17 - 0.616 \lg \mu_L$$

此式适用于液相黏度为 $0.07 \sim 1.4$ mPa·s 的碳氢化合物系统。

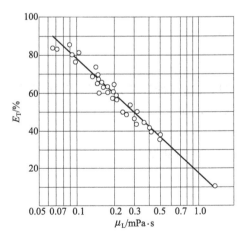

图 3-8　精馏塔全塔效率关联图（一）

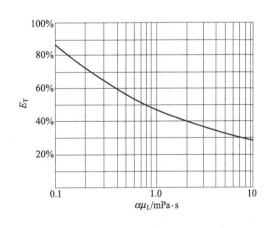

图 3-9　精馏塔全塔效率关联图（二）

（2）O'connell 法

O'connell 将全塔效率与进料液体黏度及关联组分的相对挥发度进行关联。得到如图 3-9 所示曲线。

该曲线也可用下式表示：

$$E_T = 0.49(\alpha\mu_L)^{-0.245}$$

式中，α 为塔顶与塔底平均温度下的相对挥发度；μ_L 为进料液在塔顶与塔底平均温度下的黏度，$mPa \cdot s$。

此式适用于 $\alpha\mu_L = 0.1 \sim 7.5$，且板上液流长度 $\leqslant 1.0m$ 的一般工业板式塔的情况。

（3）其他修正公式

朱汝瑾等在 O'connell 法的基础上，进一步考虑了板上液层高度及液气比对塔板总效率的影响，提出了下列算式。

$$\lg E_T = 1.67 + 0.30\lg\left(\frac{L}{V}\right) - 0.25\lg(\alpha\mu_L) + 0.301h_L$$

式中，L、V 分别为液相及气相流量，$kmol/h$；h_L 为有效液层高度，m。

3.4.5　塔径

塔的横截面应满足气液接触部分的面积、溢流部分的面积和塔板支承、固定等结构处理所需面积的要求。在塔板设计中起主导作用的往往是气液接触部分的面积，应保证适宜的气体速度。

计算塔径的方法有两类：一类是根据适宜的空塔气速，求出塔截面积，即可求出塔径。另一类计算方法则是先确定适宜的孔流气速，算出一个孔（阀孔或筛孔）允许通过的气量，定出每块塔板所需孔数，再根据孔的排列及塔板各区域的相互比例，最后算出塔的横截面积和塔径。

（1）初步计算塔径

板式塔的塔径依据流量公式计算，即

$$D = \sqrt{\frac{4V_s}{\pi u}}$$

式中　　D——塔径，m；

　　　　V_s——塔内气体流量，m^3/s；

　　　　u——空塔气速，m/s。

计算塔径的关键是计算空塔气速 u。设计中，空塔气速 u 的计算方法是：先求得最大空塔气速 u_{max}，然后根据设计经验，乘以一定的安全系数，即

$$u = (0.6 \sim 0.8)u_{max}$$

最大空塔气速 u_{max} 可根据悬浮液滴沉降原理导出，其结果为

$$u_{max} = C\sqrt{\frac{\rho_L - \rho_V}{\rho_V}}$$

式中　　u_{max}——允许空塔气速，m/s；

　　　　ρ_V、ρ_L——分别为气相和液相的密度，kg/m^3；

　　　　C——气体负荷系数，m/s，对于浮阀塔和泡罩塔，可用图 3-10 确定。

图 3-10 中，H_T 为塔板间距，m；h_L 为板上液层高度，m；ρ_L、ρ_V 分别为塔内气、液两相体积流量，m^3/s；ρ_V、ρ_L 分别为塔内气、液相的密度，kg/m^3。

图 3-10 中的气体负荷参数 C_{20} 仅适用于液体的表面张力为 $0.02N/m$，若液体的表面张

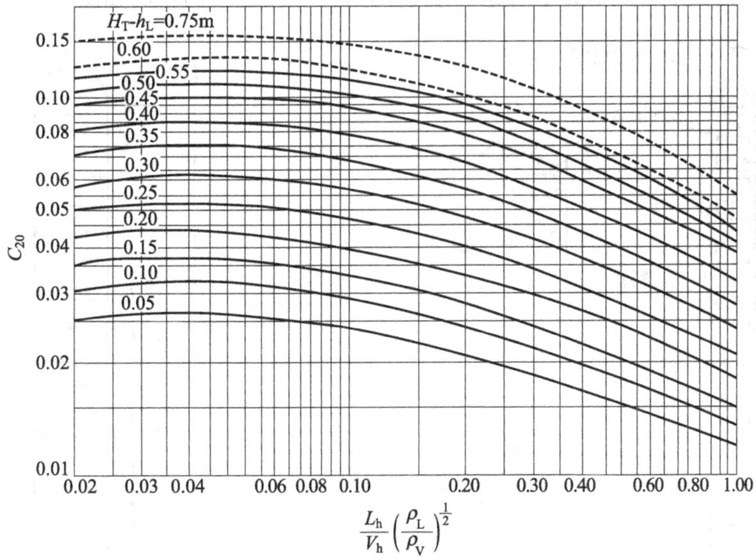

图 3-10　施密斯关联图

力为 $6N/m$，则其气体负荷系数 C 可用下式求得：

$$C = C_{20}\left(\frac{\sigma}{0.02}\right)^{0.2}$$

初步估算塔径为：

$$D' = \sqrt{\frac{4V}{\pi u}}$$

式中　u——适宜的空塔速度，m/s。

由于精馏段、提馏段的气液流量不同，两段中的气体速度和塔径也可能不同。在初算塔径中，精馏段的塔径可按塔顶第一块板上物料的有关物理参数计算，提馏段的塔径可按釜中物料的有关物理参数计算。也可分别按精馏段、提馏段的平均物理参数计算。

（2）塔径的圆整及核算

目前，塔的直径已标准化。所求得的塔径必须圆整到标准值。塔径在 1m 以下者，标准化先按 100mm 增值变化；塔径在 1m 以上者，按 200mm 增值变化，即 1000mm、1200mm、1400mm、1600mm。

塔径标准化以后，应重新验算液沫夹带量，必要时在此先进行塔径的调整，然后再决定塔板结构的参数，并进行其他各项计算。

当液量很大时，宜先按如下公式进行核查液体在降液管中的停留时间 θ。

$$\theta = \frac{A_f H_T}{L}$$

如不符合要求，且难以加大板间距来调整时，也可在此先作塔径的调整。

3.4.6　塔高

板式塔除内部装有塔板、降液管及各种物料的进出口之外，还有很多附属装置，如除沫器、人（手）孔、基座，有时外部还有扶梯或平台。此外，在塔体上有时还焊有保温材料的支承圈。为了检修方便，有时在塔顶装有可转动的吊柱。板式塔的塔高如图 3-11 及图 3-12 所示。

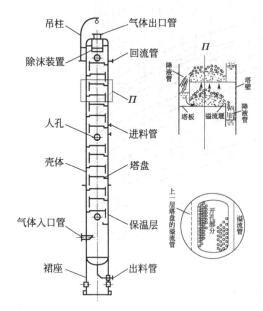

图 3-11　板式塔总体结构简图

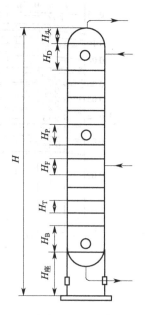

图 3-12　板式精馏塔高度示意图

板式精馏塔的筒体部分的高度 H 由以下各项组成：

$$H = (N - N_F - N_P - 1)H_T + N_F H_F + N_P H_P + H_D + H_B$$

式中，N 为实际塔板数；N_F 为进料板数；N_P 为人孔数；H_T 为塔板间距；H_F 为进料板板间距；H_P 为开有人孔的塔板间距；H_D 为塔顶空间高度；H_B 为塔底空间高度。

（1）塔板间距

塔板间距的选定很重要。它与塔高、塔径、物系性质、分离效率、塔的操作弹性以及塔的安装、检修等都有关系。对于一定的生产任务，若采用较大的塔板间距，允许较高的空塔系数，则塔径可小些，但塔高会增加；气液负荷和塔径一定时，增加塔板间距，可减小液沫夹带并提高操作弹性，但塔高的增加会增大材料的用量，从而增加全塔造价。若塔板层数很多时，可选用较小的板间距，适当加大塔径，以降低塔的高度。塔内各段负荷差别较大时，也可采用不同的板间距，以保持塔径一致。对易起泡沫的物系，板间距应取大些，以保证塔的分离效果。对生产负荷波动较大的场合，也需加大板间距，以保持一定的操作弹性。在设计中，应通过流体力学验算，并权衡经济效益，选定适宜的板间距。化工生产中常用的塔板间距为200mm，250mm，300mm，350mm，400mm，450mm，500mm，600mm，700mm，800mm。可参照表 3-2 所示的塔板间距的经验关系值进行选取。

表 3-2　塔板间距与塔径的关系

塔径 D /mm	300～500	500～800	800～1600	1600～2000	2000～2400	≥2400
塔板间距 H_T/mm	200～300	250～350	300～450	450～600	500～800	≥800

（2）进料板的板间距

如果是液相进料，进料板的板间距 H_F 应稍大于一般的塔板间距，由于进料板一般安装有人孔，因此进料板的板间距还应同时满足安装人孔的需要，如果是气液两相进料，H_F 则取得更大些，以利于气液两相的分离。H_F 的值一般为 1.0～1.2m。

（3）人孔数及塔板间距

为了便于安装检修或清理设备内的部件，需要在设备上开设人孔或手孔。人孔的数目依据物料性质及塔板安装是否方便而定。对于易结垢、结焦的物料，为便于经常清洗，每隔 4～6 块板就要开一个人孔；对于无须经常清洗的清洁物料，每隔 8～10 块板设置一个人孔。此外，在进料板、塔顶、塔釜处必须设置人孔。最常用的圆形人孔规格为 DN450，即 480mm×6mm。凡是开有人孔的地方，塔板间距应等于或大于 600mm。

（4）塔顶空间高度

塔顶空间高度指塔内最上层塔板到塔顶封头最下端的距离。为了便于出塔气体夹带的液滴沉降以及便于安装人孔，其高度应大于塔板间距，通常 H_D 取 （1.5～2.0）m。当需要安装除沫器时，要根据除沫器的安装要求来确定。

（5）塔底空间高度

塔底空间高度 H_B 是指从塔底最末一层塔板到塔底封头的底边处的距离，具有中间储槽的作用，塔釜料液最好能在塔底有 10～15min 的贮量，以保证塔底料液不至排完。但若塔的进料设有缓冲时间的容量，则塔底容量可较小，对于塔底产量大的塔，塔底容量也可取小些，有时仅取 3～5min 的贮量。对已结焦的物料，停留时间应短些，一般取 1～1.5min。塔底贮液量还应考虑到塔底测温传感器能处于液面以下。

3.5 塔板设计

3.5.1 塔板面的设计

板式精馏塔塔板的设计包括溢流装置的设计和塔板板面的设计。塔板是板式塔的核心部件之一，塔板的结构和尺寸参数对塔的效率、生产能力以及操作等都有非常重要的影响。

塔板主要由降液管、溢流液、开孔区、安定区、边界区等组成。单溢流塔板分布图如图 3-13 所示。弓形降液管塔板的结构及尺寸参数包括塔径 D、溢流堰堰长 L_w、溢流堰高度 h_w、弓形降液管的宽度 W_d 及截面面积 A_f、降液管底隙高度 h_o、出口安定区宽度 W_s、边缘区 W_c、开孔区面积 A_a、孔中心距 t 等。

塔板布置情况根据塔板的溢流情况不同，其塔板布置不尽相同。以单溢流型为例，单溢流塔板结构如图 3-13 所示。

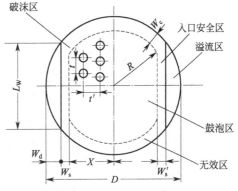

图 3-13 单溢流塔板分布图

3.5.1.1 塔板的分块和拆装

塔板分为整块式塔板和分块式塔板，对于小直径（<800mm）塔板，通常采用整块式塔板，当直径大于 900mm 时，人已能在塔内进行拆装，常用分块式塔板。塔径在 800～900mm 之间时，两种型式均可采用。

（1）整块式塔板

塔板在结构方面要有一定的刚度，以维持水平；塔板与塔壁之间应有一定的密封度，以避免气、液短路；塔板要便于制造、安装、维修并且成本要低。

整块式塔板根据组装方式不同可分为定距管式及重叠式两类。采用整块式塔板时，塔体由若干个塔节组成，每个塔节中装有一定数量的塔板，塔节之间采用法兰连接。

定距管式塔板用定距管和拉杆将同一塔节内的几块塔板支承并固定在塔节内的支座上，定距管起支承塔板和保持塔板间距的作用。塔板与塔体之间的间隙，以软填料密封并用压圈压紧，如图 3-14 所示。塔节高度随塔径而定，一般情况下，塔节高度随塔径的增大而增加。通常，当塔径 $D=300\sim500\text{mm}$ 时，塔节高度 $L=800\sim1000\text{mm}$；塔径 $D=600\sim700\text{mm}$ 时，塔节高度 $L=1200\sim1500\text{mm}$。为了安装方便起见，每个塔节中的塔板数以 5～6 块为宜。

重叠式塔板在每一塔节的下部焊有一组支座，底层塔板支承在支座上，然后依次装入上一层塔板，塔板间距由其下方的支柱保证，并可用三只调节螺钉来调节塔板的水平度。塔板与塔壁之间的间隙，同样采用软填料密封，然后用压圈压紧，其结构详见图 3-15。

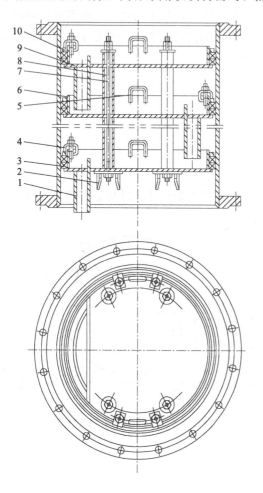

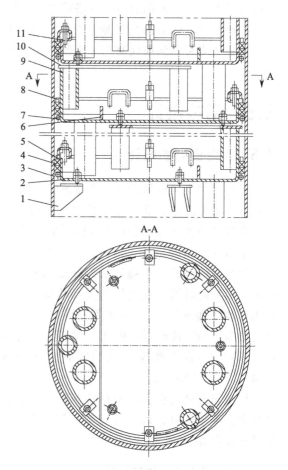

图 3-14　定距管式塔板的结构

1—降液管；2—支座；3—密封填料；
4—压紧装置；5—吊耳；6—塔板圈；
7—拉杆；8—定距管；9—塔板；10—压圈

图 3-15　重叠式塔板的结构

1—支座；2—调节螺钉；3—圆钢圈；
4—密封填料；5—塔板圈；6—溢流堰；7—塔板；
8—压圈；9—支柱；10—支承板；11—压紧装置

（2）分块式塔板

当板式塔塔径大于 900mm 时，为便于制造、安装、检修，可将塔板分成数块，通过人孔送入塔内，装在焊于塔体内壁的塔板支承件上。分块式塔板的塔体，通常为焊制整体圆筒，不分塔节。根据塔径大小，分块式塔板分为单流塔板和双流塔板等。当塔径为 800～2400mm 时，可采用单流塔板，其组装结构，详见图 3-16。塔径在 2400mm 以上时，采用双流塔板。

塔板的分块数和塔径大小有关，可按表 3-3 选取。

表 3-3　塔板的分块数和塔径的关系

塔径/mm	800～1200	1400～1600	1800～2000	2200～2400
塔板分块数	3	4	5	6

分块式塔板按形状分成数块矩形板和弧形板。靠近塔壁的两块是弓形板，其余的是矩形板。设计时分块宽度由人孔尺寸、塔板结构强度、开孔排列的均匀对称性等因素决定，其最大宽度以通过人孔为宜。为进行塔内清洗和维修，使人能进入各层塔板，在塔板接近中央处设置一块通道板。内部通道板的最小尺寸为 300mm×400mm，但为方便北方冬季的安装和检修，应不小于 400mm×450mm。各层塔板上的通道板最好开在同一垂直位置上，以利于采光和拆卸。有时也可用一块塔板代替通道板。在塔体的不同高度处，通常开设有若干个人孔，人可以从上方或下方进入。因此，通道板应为上、下均可拆的连接结构。为便于搬运，分块式塔板及其他可拆零部件，单件质量不应超过 30kg。

分块的塔板分为平板式、自身梁式和槽式三种，其中自身梁式是用模具冲压出带有折边的塔板结构形式。由于塔板自身的折边起到支承梁作用，这种塔板结构具有足够的刚性，塔板结构简单，而且可以设计成上、下均可拆结构，方便检修和清洗。因此，这种形式的塔板得到广泛应用。在矩形板和弧形板的长边 L 一侧压出直角折边，相当于梁的作用，以提高塔板的刚度。在折边侧压成凹平面，以便于另一块塔板放在凹平面上，并保证两塔板能平齐。矩形板的短边上，开 2～3 个卡孔。

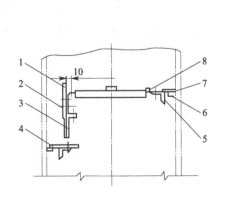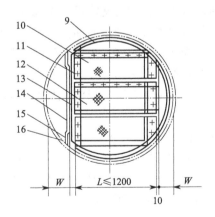

图 3-16　梁式分块式塔板

1，14—出口堰；2—上段降液板；3—下段降液板；4，7—受液盘；
5—支承板；6—支承圈；8—入口堰；9—塔盘边板；10—塔板板；
11，15—紧固件；12—通道板；13—降液板；16—连接板

3.5.1.2　塔板分区

整个塔板面积通常可分为以下几个区域：开孔区、降液区、安定区和边缘区。

（1）开孔区

开孔区面积 A_a 为塔板上的有效传质区面积，即开孔区面积 A_a。显然，分块式塔板由于各分块板之间的连接和固定的支承梁尚占用少部分塔板面积，实际的将有所减小。

对于单流型塔板

$$A_a = 2\left[x\sqrt{r^2-x^2} + r^2\arcsin\left(\frac{x}{r}\right)\right]$$

对于双流型塔板

$$A_a = x\sqrt{r^2-x^2} + r^2\arcsin\left(\frac{x}{r}\right) + x'\sqrt{r^2-x'^2} + r^2\arcsin\left(\frac{x'}{r}\right)$$

其中：

$$x = \frac{D}{2} - (W_d + W_s)$$

$$x' = \frac{D}{2} - (W_d' + W_s')$$

$$r = \frac{D}{2} - W_c$$

式中，D 为塔径，m；W_d、W_d' 为降液管、受液盘的宽度，m；W_s、W_s' 为出口、入口安定区的宽度，m；W_c 为边缘区宽度，m；

（2）降液区

降液区面积 A_f 为降液管所占面积，受液区面积 A_f' 为受液盘所占面积．一般降液管及受液盘所占面积相等，即 $A_f = A_f'$。降液管的宽度 W_d 和截面积 A_f 可利用堰长与塔径之比 L_w/D 由弓性降液管的参数图而查得。

（3）安定区

在传质区和溢流堰之间需设一无孔区，称为安定区。为防止气体窜入上一塔板的降液管或因降液管流出的液体冲击而漏液过多。在液体入口处塔板上宽度为 W_s' 的狭长带之间是不开孔的，称为入口安定区。为减轻气泡夹带，在靠近溢流堰处塔板上宽度为 W_s 的狭长带之间也是不开孔的，称为出口安定区。

安定区宽度 W_s（W_s'）指溢流堰与它最近一排孔中心之间的距离，可参考下列经验值选定：

溢流堰前的安定区：$W_s = 70\sim100\text{mm}$。

入口堰后的安定区：$W_s = 50\sim100\text{mm}$。

精馏塔设计中，筛板塔通常取 W_s 和 W_s' 相等，且一般为 $50\sim100\text{mm}$。对于小口径塔，其值可适当减小。对浮阀塔，一般分块式塔板取 $80\sim110\text{mm}$，整块式塔板取 $60\sim70\text{mm}$。

（4）边缘区

在塔壁边缘需留出宽度为 W_e 的环形区域供固定塔板之用，又称之为无效区。其宽度视需要选定，对筛板塔，一般小塔取 $30\sim75\text{mm}$，大塔取 $50\sim75\text{mm}$。对浮阀塔，一般分块式塔板取 $70\sim90\text{mm}$，整块式塔板取 55mm。为防止液体经边缘区流过而产生短路现象，可在塔板上沿塔壁设置旁流挡板，其高度可取清液层高度的 2 倍。

3.5.1.3　塔板的筛孔计算和排列

（1）筛板塔

筛板塔的重要结构参数是筛板厚度 δ、筛孔直径 d_o、开孔率 φ、孔心距 t、筛孔总面积 A_o、开孔区面积 A_a、筛孔数 n 等。

① 筛孔厚度 δ

一般碳钢塔板 $\delta=3\sim4$mm，不锈钢塔板 $\delta=2\sim2.5$mm。

② 筛孔孔径 d_o

孔径 d_o 的选取与塔的操作性能要求、物系性质、塔板厚度、材质及加工费等有关。对于碳钢塔板，应不小于板厚度，对合金钢，应不小于 $(1.5\sim2)\delta$。工业上碳钢塔板的筛孔孔径常用 $d_o=3\sim8$mm，推荐孔径为 $4\sim6$mm。因为大孔径筛板加工制造方便、不易堵塞，近年来逐渐采用孔径为 $10\sim25$mm 的大孔径筛板塔，但缺点是操作弹性会变小。

③ 孔心距 t

筛孔在筛板上一般按正三角形排列，常用孔心距 $t=(2.5\sim5)d_o$，推荐 $(3\sim4)d_o$。t/d_o 过小易形成气流相互扰动，过大则鼓泡不均匀，影响塔板传质效率。

④ 开孔率 φ

开孔率 φ 是指筛孔总面积 A_o 与开孔面积 A_a 之比，即

$$\varphi=\frac{A_o}{A_a}=\frac{0.907}{(t/d_o)^2}$$

式中，t 为孔中心距，m；d_o 为筛孔直径，m。

一般来说，开孔率大，塔板压降低，液沫夹带量少，但操作弹性小，漏液量大，板效率低。通常开孔率为 $5\%\sim15\%$。

⑤筛孔数 n

$$n=\frac{A_o}{0.785d_o^2}=\frac{\varphi A_a}{0.785d_o^2}=\frac{1.158A_a}{t^2}$$

式中，t 为孔中心距，m；A_a 为开孔区面积，m^2。

实际筛孔数应根据整块塔板和分块塔板绘图排列后确定。

在孔数初步确定后，若塔内上下段负荷变化较大时，应根据流体力学验算情况，分段改变筛孔数以提高全塔的操作稳定性。

（2）浮阀塔

① 阀孔孔径 d_o

阀孔直径由所选浮阀的型号决定。应用最广泛的是 F1 型重阀，阀孔直径 $d_o=39$mm。

② 初算阀孔数 n

一般正常负荷下，希望浮阀是在刚全开时操作。实验结果表明此时阀孔动能因数 F_o 为 $8\sim12$。

$$u_o=\frac{F_o}{\sqrt{\rho_V}}$$

式中，u_o 为阀孔气速，$u_o=V_s/A_o$，m/s；ρ_V 为气相密度，kg/m^3。

$$n=\frac{V_h}{\frac{\pi}{4}\times0.039^2\times u_o\times3600}=0.232\frac{V_h}{u_o}$$

式中，V_h 为气相流量，m^3/h。

③ 阀孔的排列

阀孔一般按三角形排列，在三角形排列中又有顺排和错排两种型式，如图 3-17 所示。一般采用错排的方式。

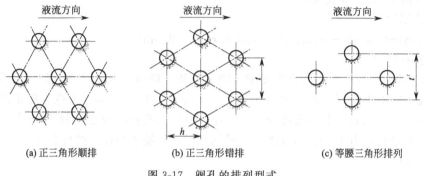

(a) 正三角形顺排　　　　(b) 正三角形错排　　　　(c) 等腰三角形排列

图 3-17　阀孔的排列型式

在整块式塔板中，浮阀常采用等边三角形排列，其孔中心距 t 一般有 75mm、125mm、150mm。

在分块式塔板中，为便于塔板分块，多采用等腰三角形排列。等腰三角形的底边孔中心距 t' 固定为 75mm，三角形高度 h 有 65mm、70mm、80mm、90mm、100mm、110mm 几种，必要时可调整。系列中推荐 h 值为 65mm、80mm、100mm。

按等边三角形排列

$$t = d_o \sqrt{\frac{0.907 A_a}{A_o}}$$

按等腰三角形排列

$$h = \frac{A_a/n}{t'} = \frac{A_a}{0.075n}$$

式中，t 为等边三角形排列时的阀孔中心距，m；d_o 为阀孔直径，m；A_a 为开孔区面积，m^2；A_o 为开孔总面积，$= n \times \pi/(4 \times d_o^2)$，$m^2$；$t'$ 为等腰三角形排列时的阀孔中心距，m；h 为等腰三角形排列时的高，m。

根据计算得到的 t 或 h 值，圆整到恰当的推荐数值。

④ 阀孔数确定

由选定的 t 或 h 绘图排列，可得到实际的阀孔数 n。

3.5.2　溢流装置设计

为了维持塔板上有一定高度的流动液层，塔板需设置溢流装置，板式塔的溢流装置包括降液管、溢流堰、受液盘等。

3.5.2.1　降液管

（1）降液管类型

降液管是塔板间流体流动的通道，也是溢流液中夹带的气体得以分离的场所。如图 3-18

所示，根据降液管的形状，可分为圆形降液管和弓形降液管。圆形降液管对于小塔制作较易，降液管流通截面较小，没有足够空间分离溢流液中的气泡，气相夹带严重，不适用于流量大及易起泡的物料。对于工业上常用的弓形降液管，溢流堰与壁之间全部截面区域均作为降液空间，适用于直径较大的塔。弓形降液管的塔板面积利用率最高，但塔径较小时，制作焊接不便。

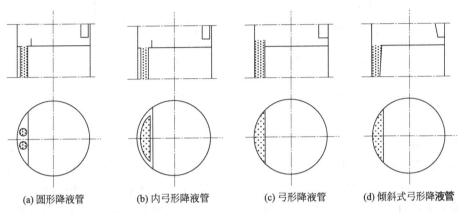

(a)圆形降液管　　(b)内弓形降液管　　(c)弓形降液管　　(d)倾斜式弓形降液管

图 3-18　降液管类型

　　用于分块式塔盘的降液管结构，分为可拆式和焊接固定式两种。常用的降液管形式有垂直式、倾斜式和阶梯式，如图 3-19 所示。当物料洁净且不宜聚合时，降液管可采用固定式，当物料有腐蚀性时，可采用可拆式。

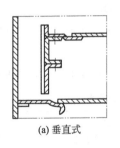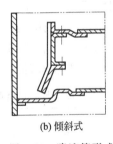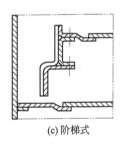

(a)垂直式　　　　　(b)倾斜式　　　　　(c)阶梯式

图 3-19　降液管形式

降液管的设计一般应遵守下列原则：

① 降液管中的液体线速度应小于 0.1m/s。

② 液体在降液管中的停留时间 τ 一般应不小于 3s。

停留时间 τ 计算式如下：

$$\tau = \frac{A_f H_T}{L_s} \geqslant 3 \sim 5$$

式中，τ 为液体在降液管内停留时间，s；A_f 为降液管面积，m²；H_T 为板间距，m；L_s 为液体流量，m³/s。τ 要求大于 $3 \sim 5$s；对于易起泡物系，τ 应大于 7s。

　　停留时间是板式塔设计中的重要参数之一，停留时间太短，容易造成板间的气相返混，降低塔效率，还会增加淹塔的概率。

　　（2）溢流方式

　　溢流方式与降液管的布置有关，常用的降液管布置方式有：U 形流、单溢流、双溢流及阶梯式双溢流等，如图 3-20 所示。

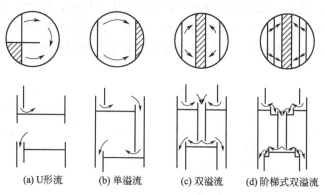

| (a) U形流 | (b) 单溢流 | (c) 双溢流 | (d) 阶梯式双溢流 |

图 3-20　塔板溢流类型

U 形流也称折流或回转流，其结构是将弓形降液管用挡板隔成两半，一半作为受液盘，一半作为降液管，降液管和受液盘安排在同一侧，这种溢流方式的液体流经长，可以提高板效率，板面的利用率高，但它的液面落差大，只适合于小塔和液气比很小的场合。

单溢流也称直径流，这种溢流方式的液体流经较长，板效率较高，塔板结构简单，加工方便。塔径小于 2.2m 时常使用该溢流方式。当塔径和流量过大时，易造成气液分布不均匀，影响效率。

双溢流也称半径流，其结构是降液管交替设在塔截面的中部和两侧，其优点是流体流动的路程短，可降低液面落差。当塔的直径较大，或液相的负荷较大时，宜采用双流型。但该类塔板结构复杂，板面利用率低，一般用于直径大于 2m 的塔。

阶梯式双溢流，这种溢流方式可在不缩短流体流经的情况下减小液面落差。该类塔板结构最为复杂，只适合于塔径很大、液流量很大的特殊场合。

初选塔板液流形式时，可根据塔径和液相负荷的大小，参考表 3-4 预选塔板流动形式。

表 3-4　板上液流形式与液相负荷的关系

塔径 D/mm	流体流量 L_h/(m³/h)			
	U 形流	单溢流	双溢流	阶梯式双溢流
600	<5	5～25		
900	<	7～50		
1000	<7	<45		
1200	<7	9～70		
1400	<9	<70		
1500	<9	<80		
2000	<10	<90	90～160	
3000	<11	<110	110～200	200～300
4000	<11	<110	110～230	230～350
5000	<11	<110	110～250	250～400
6000	<11	<110	110～250	250～450
适用场合	低液气比	一般场合	高液气比 大型塔板	极高液气比 超大型塔板

（3）降液管设计

弓形降液管的宽度 W_d 与降液管的截面面积 A_f，可根据堰长 L_w 与塔径 D 的比值通过图 3-21 查取。

降液管的截面面积应保证溢流液中夹带的气泡得以分离，液体在降液管内的停留时间一般等于或大于 3s。求得截面面积后验算液体在降液管中的停留时间 τ。

液管底端与下一块塔板间的距离为降液管底隙高度 h_o（图 3-22）。为了保证良好的液封，又不致使液体阻力太大，h_o 应低于溢流堰高度 h_w，且此高度差不应低于 6mm，即 $h_w - h_o \geqslant 6$mm，一般为 6～12mm。

3.5.2.2　溢流堰

溢流堰包括入口堰及出口堰，溢流堰板有平直堰和齿形堰两种，设计中多采用平直堰。将降液管的上端面高出塔板板面，即形成出口溢流堰。为维持塔盘上液层高度，并使液流均匀，必须设置出口堰。

（1）堰长

对于弓形降液管，堰长即弓形降液管的弓长，用 L_w 表示。对单流型，$L_w = (0.6～0.8)D$；对双流型，$L_w = (0.5～0.7)D$。

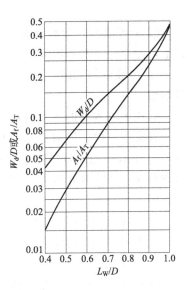

图 3-21　弓形降液管的宽度与截面面积关系曲线

根据经验，通常筛板塔和浮阀塔的出口堰上的最大溢流强度不宜超过 100～130$\mathrm{m^3/(h \cdot m)}$，可依此原则确定溢流堰堰长。

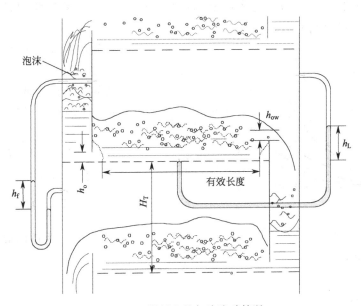

图 3-22　塔板上的气液流动情况

（2）堰高

降液管上端面高出塔板板面的距离称为溢流堰高度，用 h_w 表示。对于筛板塔和浮阀塔板，溢流堰高度可按下列要求来确定。

① 一般应使塔板上的清液层高度 $h_L = 50～100$mm。板上液层高度 h_L 为溢流堰高度 h_w 与堰上液层高度 h_{ow} 之和，因此有：

$$50-h_{ow} \leqslant h_w \leqslant 100-h_{ow}$$

② 对于真空度较高的操作，或要求压降很小的情况，可将清液层高度 h_L 降至 25mm 以下，此时溢流量高度 h_w 可降至 6～15mm。

③ 当液量很大时，只要堰上液层高度 h_{ow} 大于能起液封作用的液层高度，甚至可以不设堰板。

堰板上缘各点的水平偏差一般不宜超过 3mm，当液量过小时可采用齿形堰。

在常压塔中，溢流流堰高度 h_w 一般为 20～50mm。减压塔为 10～20mm，加压塔为 40～80mm，一般不宜超过 100mm。溢流堰高度还要考虑降液管底端的液封，一般应使溢流堰高度在降液管底端 6mm 以上，大直径塔径相应增大此值。若溢流堰高度不能满足液封要求时，可设入口堰。

（3）堰上液层高度

堰上液层高度的计算分平直堰和齿形堰两种情况。

① 平直堰

堰上液层高度 h_{ow} 选取高度应适宜，太小则堰上的液体均匀分布差，太大则塔板压强增大，雾沫夹带增加。对平直堰，设计时 h_{ow} 一般应大于 6mm；若低于此值，应缩短堰长或改用齿形堰。h_{ow} 也不宜过大，若超过 60～70mm，应增加堰长或改用双溢流型塔板。

平直堰液层高度 h_{ow} 按下式计算：

$$h_{ow}=2.84\times10^{-3}E\left(\frac{L_h}{L_w}\right)^{2/3}$$

式中，L_w 为堰长，m；L_h 为塔内液体流量，m^3/h；E 为液流收缩系数，查图求取。一般可取为 1，对结算结果影响不大。

液流收缩系数 E 可查图 3-23 获得。

② 齿形堰

齿形堰液层高度 h_{ow} 按下式计算

h_{ow} 不超过齿顶时

$$h_{ow}=1.17\left(\frac{L_sh_n}{L_w}\right)^{2/5}$$

h_{ow} 超过齿顶时

$$L_s=0.735\left(\frac{L_w}{h_n}\right)\left[h_{ow}^{5/2}-(h_{ow}-h_n)^{5/2}\right]$$

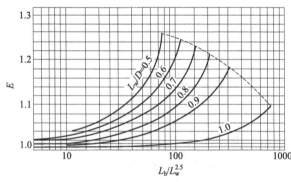

图 3-23　液流收缩系数图

式中，L_s 为塔内液体流量，m^3/s；h_n 为齿形堰的齿深，m，一般宜在 15mm 以下。

3.5.2.3 受液盘

受液盘（图 3-24）有平形和凹形两种形式。受液盘的结构对降液管的液封和液体流入塔盘的均匀性有一定的影响，平形受液盘适用于物料容易聚合的场合，其可以避免在塔板上形成死角；平形受液盘的结构可以分为可拆式和焊接固定式。

若采用平形受液盘，为了使降液管中流出的液体能在板上均匀分布，并减少入口处液体的水力冲击，以及保证降液管的液封，在液流进入端可设置入口堰，用圆形降液管时，更应

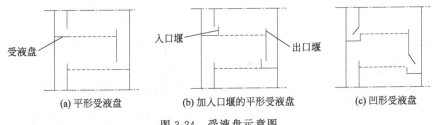

图 3-24　受液盘示意图

设置入口堰；泡罩塔用弓形降液管时，可不设入口堰。入口堰的高度可按下述原则考虑：当时 $h_w > h_o$，$h_w' = 6 \sim 8mm$，必要时可取 $h_w' = h_o$；个别情况下，如果 $h_w < h_o$，应使 $h_w' > h_o$，以保证液封作用；应使 $h_w' \geqslant h_o$，以保证液流通畅。

当液体通过降液管与受液盘的压力降大于 25mm 水柱或使用倾斜式降液管时，应采用凹形受液盘。因为凹形受液盘对液体流动有缓冲作用，可降低塔板入口处的液封高度，使液流平稳，有利于塔板入口区更好的鼓泡。凹形受液盘深度一般大于 50mm，但不超过塔板间距的 1/3，否则应加大塔板间距。凹形受液盘所增加的费用不大，效果却很明显，因此对于直径大于 800mm 的塔板推荐使用凹形受液盘。

在塔或塔段的最底层塔板降液管末端应设置液封盘，以保证降液管出口处的液封。板式塔停止操作时，为使受液板能排净存液，受液盘底一般应开设直径为 $\Phi 10mm$ 的泪孔。

受液盘的特点是：多数情况下都可造成正液封；液体进入塔板时更加平稳，有利于塔板入口端更好地鼓泡，提高塔板效率和处理能力。

3.5.3　流体力学计算与校核

流体力学计算和校核，目的是了解已经选定的工艺尺寸是否恰当，塔板能否正常操作及是否需要做相应的调整。

（1）塔板压降

塔板压降 Δp_p 是指板式塔中气相过一块塔板的压降，$\Delta p_p = h_p \rho g$。h_p 包括气体通过板上筛孔产生的干板压降 h_c、气体通过板上泡沫液体层时产生的有效液层阻力 h_e 和气体通过泡沫层鼓泡时克服液体表面张力引起的阻力 h_σ。即气体通过塔板的压降可按下式计算：

$$\Delta p_p = h_p \rho g = (h_c + h_e + h_\sigma) \rho g$$

① 干板压降 h_c

对筛板塔，其干板压降 h_c 可按下式计算：

$$h_c = \frac{1}{2g} \frac{\rho_V}{\rho_L} \left(\frac{u_o}{C_o} \right)^2$$

式中，ρ_V、ρ_L 为气相、液相的密度，kg/m^3；u_o 为筛孔气速，m/s；C_o 为孔流系数，可由图 3-25 查取，若孔径 $d_o \geqslant 10mm$，C_o 应乘以修正系数 β，一般取 $\beta = 1.15$。

对 F1 型重型浮阀塔，其干板压降 h_c 可按以下两式计算：

阀片全开前：

$$h_c = 19.9 \frac{u_o^{0.175}}{\rho_L}$$

阀片全开后：

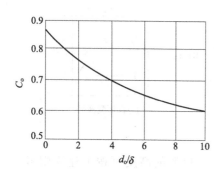

图 3-25 干筛板的孔流系数

$$h_c = 5.34 \frac{u_o^2 \rho_V}{2g\rho_L}$$

式中，ρ_V、ρ_L 为气相、液相的密度，kg/m^3；u_o 为阀孔气速，m/s。

在临界点时，联立上两式求解，可得临界孔速 $u_{oc} = \left(\frac{73}{\rho_V}\right)^{1/1.825}$，借此可判断浮阀的开启状态。

② 有效液层阻力

对筛板塔，板上液层的有效阻力用下式计算：

$$h_e = \beta h_L = \beta(h_w + h_{ow})$$

式中，h_w 为溢流堰高度，m；h_{ow} 为堰上液层高度，m；β 为充气系数，可由图 3-26 查取。

图中横坐标 F_a 为气相动能因子：

$$F_a = u_a \rho_V^{0.5}$$

式中，u_a 为其塔截面积与降液区面积之差 $(A_T - 2A_f)$ 为基准计算的气体速度，m/s；ρ_V 为气相的密度，kg/m^3。

对浮阀塔，多数情况 $\beta = 0.5$，即

$$h_e = \beta h_L = \beta(h_w + h_{ow})$$

③ 液体表面张力引起的阻力

液体表面张力引起的阻力用下式计算：

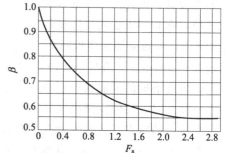

图 3-26 充气系数 β 和动能因子 F_a 间的关系

$$h_\sigma = \frac{4\sigma_L}{\rho_L g d_o}$$

式中，σ_L 为液体的表面张力，N/m；ρ_L 为液相的密度，kg/m^3；d_o 为筛孔孔径，m。

（2）漏液点

当气相负荷减小或塔板上开孔率增大，通过筛板或阀孔的气速不足以克服液层阻力时，部分液体会通过筛孔直接降下，该现象称为漏液。当气速逐渐减小至某值时，塔板将发生明显的漏液现象，该点气速称为漏液点气速。漏液现象是板式塔的一个重要问题，将导致板效率下降，更严重的漏液将使筛板不能积液而破坏板式塔的正常操作，故漏液点气速为筛板的下限气速。

对于筛板塔，漏液点气速 u_{ow} 可用下式计算：

$$u_{ow} = 4.4C_o\sqrt{(0.0056 + 0.13h_L - h_\sigma)\rho_L/\rho_V}$$

当 $h_L < 30mm$ 或 $d_o < 3mm$ 时，u_{ow} 采取下式计算：

$$u_{ow} = 4.4C_o\sqrt{(0.01 + 0.13h_L - h_\sigma)\rho_L/\rho_V}$$

式中，C_o 为液量系数；h_L 为板上液层高度，m；h_σ 为液体表面张力引起的阻力，m 液柱；ρ_L、ρ_V 分别为气、液相的密度，kg/m^3。

为了使筛板具有足够的操作弹性，应保持一定范围的稳定性系数 K，即

$$K = \frac{u_o}{u_{ow}} > 1.5 \sim 2.0$$

式中，u_o 为筛孔气速，m/s；u_{ow} 为漏液点气速，m/s。

（3）雾沫夹带

雾沫夹带是指气流穿过板上液层时夹带雾滴进入上层塔板的现象，过量雾沫夹带将导致塔板分离效率下降。雾沫夹带量通常以 1kg 干空气所夹带的液体（kg 数）e_V 来表示，综合考虑生产能力和板效率，应控制雾沫夹带量 e_V 小于 0.1kg 液/kg 气。

计算雾沫夹带量的方法很多，筛板塔的雾沫夹带量推荐采用 Hunt 关联式计算：

$$e_V = \frac{5.7 \times 10^{-6}}{\sigma_L} \left(\frac{u_a}{H_T - h_f} \right)^{3.2}$$

式中，σ_L 为液体的表面张力，N/m；H_T 为塔板间距，m；u_a 为以其塔截面积与降液区面积之差为基准计算的气体速度，m/s，对于单流型塔板 $u_a = V_S / (A_T - 2A_f)$；A_T 为塔横截面积，m^2；A_f 为降液管面积，m^2；h_f 为塔板上鼓泡层高度，m，一般可按泡沫层相对密度为 0.4 考虑，即 $H_f = h_L / 0.4 = 2.5 h_L$。

此关联式适用于 $\dfrac{u_a}{H_T - h_f} < 12$ 的情况。

（4）液泛

气、液两相的流量增大到某个限度时，降液管内的液体不能顺畅地流下，当管内的液体积满到上层板的溢流堰顶时，使上层板产生不正常积液，导致两层塔板之间被泡沫液充满，这种现象称为液泛。塔板上的气液流动情况见图 3-27。

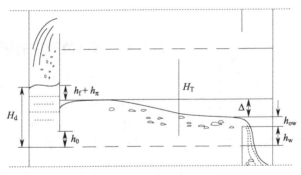

图 3-27　塔板上的气液流动情况

为了使液体能有上层塔板稳定的流入下层塔板，降液管内必须维持一定的液层高度 H_d，用于克服塔板阻力、板上液层阻力以及液体流过降液管的阻力等。降液管内液层高度 H_d 可用下式表示：

$$H_d = h_w + h_{ow} + \Delta + h_p + h_d$$

式中，h_w 为溢流堰高度，m；h_{ow} 为堰上液层高度，m；h_p 为气体通过一块塔板的压降，m；h_d 为液体经过降液管的压降，m 液柱；Δ 为进出口堰之间的液面梯度，m 液柱，一般很小，可以忽略。

液体经过降液管的压降 h_d 可按下列经验公式计算：

无入口堰：

$$h_d = 0.153 \left(\frac{L_s}{L_w h_o} \right)^2 = 0.153 u_c^2$$

有入口堰：

$$h_d = 0.2 \left(\frac{L_s}{L_w h_o} \right)^2 = 0.2 u_c^2$$

式中，L_s 为液体流量，m^3/s；h_o 为降液管底隙高度，m；L_w 为溢流堰堰长，m；u_c 为液体通过降液管底隙的流速，m/s。

降液管底隙高度 h_o 应低于溢流堰高度 h_w，才能保证降液管底端有良好的液封，一般不应低于 6mm，即 $h_o = h_w - 0.006$，或由 $h_o = \dfrac{L_s}{L_w u_c}$ 计算。

为了防止由降液管引起的液泛现象，应保证降液管中泡沫液体总高度不超过上层塔板的出口堰。

$$H_d \leqslant \phi (H_T + h_w)$$

式中，H_T 为板间距，m；ϕ 为系数，为考虑降液管内液体充气及操作安全两种因素的校正系数。对于容易起泡的物系，ϕ 取 $0.3 \sim 0.4$；对不易起泡的物系，ϕ 取 $0.6 \sim 0.7$；对于一般物系，ϕ 取 0.5。

（5）液面落差

当液体横向流过塔板时，为了克服板上的摩擦阻力及板上构件产生的局部阻力，需要一定的液面差，此液面差就是液面落差。筛板上由于没有突起的气液接触构件，因此液面落差较小。在正常的液体流量范围内，对于塔径小于 1.6m 的筛板，其液面落差可以忽略不计。对于液体流量很大及塔径大于 2.0m 的筛板，则应考虑液面落差的影响，其计算方法可参考相关书籍。

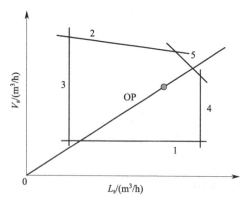

图 3-28　筛板塔的负荷性能图

1—漏液线；2—液沫夹带线；3—液相负荷下限线；4—液相负荷上限线；5—液泛线

3.5.4　气液负荷性能图

对于每个塔板结构参数已设计好的塔，处理固定的物系时，要维持其正常操作，必须把气、液负荷限制在一定范围内。通常在直角坐标系中，标绘各种极限条件下的 V-L 关系曲线，从而得到塔板适宜的气、液流量范围图形，该图形称为塔板的负荷性能图，该图一般由下列五条曲线组成：漏液线、液沫夹带线、液相负荷下限线、液相负荷上限线和液泛线，如图 3-28 所示。

（1）漏液线

漏液线又称为气相负荷下限线。气相负荷低于此线将发生严重的漏液现象，气、液不能充分接触，使塔板效率下降。筛板塔的漏液线 V-L 关系可由下式作出。

$$V_{s,\min} = u_{0,\min} \times A_o = 4.4 C_o \sqrt{\left(0.0056 + 0.13 \left(h_w + \frac{2.84}{1000} E \left(\frac{L_h}{l_w} \right)^{2/3} \right) - h_\sigma \right) \frac{\rho_L}{\rho_V}} \times A_o$$

（2）液沫夹带线

液沫夹带线用来界定精馏过程液沫夹带程度。当气相负荷超过此线时，液沫夹带量过大，塔板效率大为降低。精馏过程一般控制 $e_V \leqslant 0.1 \text{kg}(液)/\text{kg}(气)$。对于筛板精馏塔，其液沫夹带线 V-L 关系可由下式作出。

$$e_V = \frac{5.7 \times 10^{-6}}{\sigma_L} \left[\frac{\dfrac{V_s}{A_T - A_f}}{H_T - 2.5 \times \left(h_w + \dfrac{2.84}{1000} E \left(\dfrac{L_h}{l_w}\right)^{2/3}\right)} \right]^{3.2}$$

（3）液相负荷下限线

液相负荷下限线用来界定精馏过程塔板上液体的最小流量。液相负荷低于此线，就不能保证塔板上液流的均匀分布，将导致塔板效率下降。一般取 $h_{ow} = 6mm$ 作为下限。筛板塔的液相负荷下限线 $l_{w,min}$ 的函数关系可由下式作出。

$$h_{ow} = \frac{2.84}{1000} E \left(\frac{L_h}{l_w}\right)^{2/3} = 0.006$$

（4）液相负荷上限线

液相负荷上限线又称降液管超负荷线，用来界定精馏过程塔板上液体的最大流量。液体流量超过此线，表明液体流量过大，液体在降液管内停留时间过短，进入降液管的气泡来不及与液相分离而被带入下层塔板，造成气相返混，降低塔板效率。通常液相在降液管内的停留时间应大于 3s。筛板塔的液相负荷上限线 $l_{w,max}$ 的函数关系可由下式作出。

$$\tau = \frac{A_f H_T}{L_s} \geqslant 3s$$

（5）液泛线

液泛线又称为淹塔线，用于界定精馏塔操作过程是否会发生液泛现象。操作线若在此线上方，将会引起液泛。筛板塔液泛线的 V-L 关系可由下式作出

$$\left[\frac{0.051}{(A_o C_o)^2} \left(\frac{\rho_V}{\rho_L}\right) \right] V_s^2 = [\varphi H_T + (\varphi - \beta - 1) h_w] - \left(\frac{0.153}{l_w h_o}\right) L_s^2 - \left(2.84 \times 10^{-3} E(1+\beta) \left(\frac{3600}{l_w}\right)^{2/3}\right) L_s^{2/3}$$

由上述各条曲线所包围的区域，就是塔的稳定操作区。操作时的气相流量与液相流量在负荷性能图上的坐标点称为操作点。操作点必须落在稳定操作区内，否则精馏塔操作就会出现异常现象。在设计塔板时，可根据操作点在负荷性能图中的位置，适当调整塔板结构参数来满足所需的弹性范围。通常把气相负荷上、下限之比值称为塔板的操作弹性系数，简称精馏塔操作弹性。

3.6　塔附件及附属设备

3.6.1　再沸器

再沸器是用于加热塔底料液使之部分气化，提供蒸馏过程所需热量的热交换设备。常用再沸器形式如图 3-29 所示。

① 内置式再沸器　直接将加热装置置于塔底部，可采用夹套、蛇管或列管式加热器，其装料系数以物系起泡倾向取为 60%~80%。

② 釜式再沸器　对直径较大的塔，一般将釜式再沸器置于塔外，其管束可抽出，为保证管束浸入沸腾液中，管束末端设溢流堰，堰外空间为出料液的缓冲区，其液面以上空间为气液分离空间。釜式再沸器适宜于气化率要求较高的情况，其气化率可达 80%。

③ 热虹吸式再沸器　利用热虹吸原理，即再沸器内液体被加热，部分气化后，气液混合物密度小于塔内液体密度，使再沸器与塔间产生静压力，促使塔底液体被虹吸进入再沸器，在再沸器内气化后返回塔，因而不必用泵便可使塔底液体循环。

热虹吸再沸器有立式热虹吸再沸器和卧式热虹吸再沸器两种。立式热虹吸再沸器适用于处理能力较小，循环量小或饱和蒸气进料的情况，有单位面积的金属耗量较低、传热效果较好、占地面积小、连接管线短等优点。当处理能力大，要求循环量大，传热面也大时，常选用卧式热虹吸再沸器。由于料液在再沸器中停留时间段，热虹吸再沸器的气化率不能大于40％，否则传热效率下降。

④ 强制循环式再沸器　对高黏度、易结垢和热敏性物料，宜用强制循环式再沸器，因其流速大、停留时间短，便于控制和调节液体循环量。

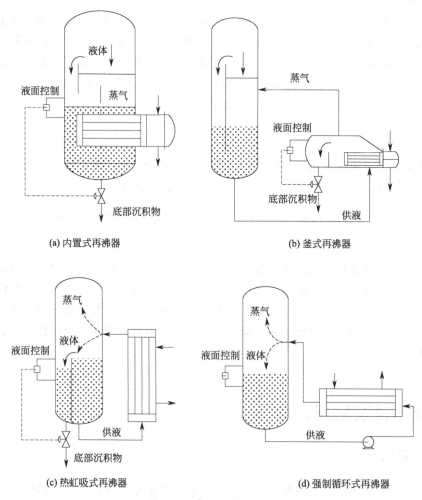

图 3-29　常用再沸器形式

3.6.2　回流冷凝器

塔顶回流冷凝器通常采用管壳式换热器，有卧式、立式管内或管外冷凝等形式，按冷凝器与塔的相对位置区分，有以下几种。

① 整体式及自流式　对小型塔，冷凝器一般置于塔顶，冷凝液以重力回流入塔。其优点是蒸气压较小，可通过改变气升管或塔板位置调节位差，以保证回流与采出所需的压头，可用于冷凝液难于用泵输送或泵送有危险的场合。常用于减压蒸馏或传热面较小的情况。缺点是塔顶结构复杂，维修不便。

② 强制循环式　当塔的处理量很大或塔板数很多时，回流冷凝器置于塔顶将造成安装、维修等诸多不便。一般可将冷凝器置于塔下部适当位置，用泵向塔顶输送回流液，在冷凝器和泵之间需设回流罐。回流罐的位置应保证其液面与泵入口间的位差大于泵的汽蚀裕量，若罐内液温接近沸点时，应使罐内液面比泵入口高出 3m 以上。

3.6.3　工艺接管

精馏塔的接管尺寸计算，包括精馏塔的进料、出料、回流、仪表等接管尺寸计算，各接管直径由流体速度及其流量按连续性方程确定，即

$$d = \sqrt{\frac{4q_V}{\pi u}}$$

式中，q_V 为流体的体积流量，m^3/s；u 为流速，m/s；d 为管内径，m。

将计算出的管径按照相关的管径标准进行圆整，再依据原整后的管径计算流体的实际流速。

（1）塔顶蒸气接管

塔顶到冷凝器的蒸气导管必须具有合适的尺寸，以免压降过大，特别是减压蒸馏时更应注意，通常塔顶蒸气速度在常压操作时，取 12~20 m/s，绝对压力为 1400~6000Pa 时，取 30~50 m/s，绝对压力小于 1400Pa 时，取 50~70 m/s。具体可参阅"化工装置工艺系统工程设计规定（二）（HG/T 20570—1995）"标准的第六部分"管径选择"。

饱和水蒸气压力在 295 kPa（表压）以下时，蒸气在管中流速取为 20~40m/s；表压在 785 kPa 以下时，流速取为 40~60m/s；表压在 2950 kPa 以上时，流速取为 80m/s。

（2）气体进出口管

气体入塔的均匀分布直接关系填料塔的传质效率，尤其对大塔更是重要，对分布器的要求是压力降小、分布均匀。

气体进口装置应该防止淋下的液体进入管中，同时还要使气体分散均匀，因此不宜使气流直接由管接口或水平管冲入塔内。对于 $D \leqslant 500mm$ 小塔，多采用进气管分布，可使进气管伸到塔的中心线位置，塔的末端切成 45°向下的斜口或向下开缺口，使气流旋转而上。较低的入口气速有利于气体在塔内的分布，适宜的管内气速为 10~18m/s。

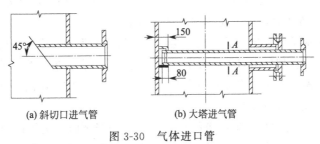

(a) 斜切口进气管　　　(b) 大塔进气管

图 3-30　气体进口管

如图 3-30 所示，对于 $D<1.5m$ 的塔，进气管末端制成向下弯的喇叭形扩大口，或制成多环管式分布器。对于 $D>3.0m$ 以上的大塔，在气体进口管上方需设置气体整流分布器，对于压力降较小的散堆金属塔填料、规整波纹填料塔尤应注意入塔气体的均布问题。

气体出口装置既要保证气体畅通，又应能尽量除去被夹带的液体雾沫。因为雾沫夹带不但使吸收剂的消耗定额增加，而且容易堵塞管道，甚至危害后续工序，因此必须在吸收塔顶部设置除沫装置，用来分离出口气体中所夹带的雾沫。

（3）气液混合进料接管

一般采用装有气液分离挡板的切向进气管结构，以便于对物料进行气液分离。当气体混合物由切向进气管进塔时，沿上下导向挡板流动，经过旋流分离过程，液体向下，气体向上，使气相达到均匀分布。

（4）液体进料接管和回流管

对于直径大于等于 800mm 的塔，如果物料洁净、不宜聚合且腐蚀性不大时，塔设备的液相进料管结构可以使用焊接结构形式。当塔径较小、人不能进入塔内时，为了检修方便，液体进料管常采用可拆式结构。当物料易聚合或不洁净并有一定的腐蚀性时，大直径塔也常采用可拆式结构。

料液由高位槽流入塔内时，进料管内流速可取 0.4～0.8 m/s；当由泵输送时，流速可取 1.5～2.5 m/s；重力回流时，液流速度取 0.2～0.5 m/s，若要提高流速，则要提高冷凝器的高度。

进料管和回流管的结构形式很多，常用的有直管式和弯管式两种，见图 3-31。

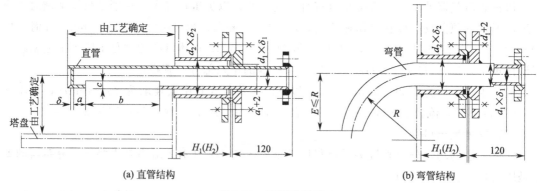

(a) 直管结构　　　　　　　　　　　(b) 弯管结构

图 3-31　可拆进料管

（5）液体出料接管

塔器底部出料管（图 3-32）一般需要伸出裙座外壁，在引出管内壁或出料管外壁一般应焊接三块支承扁钢（当介质温度低于 −20℃ 时，宜采用木垫），以便把出料管活嵌在引出管通道里。此处应预留间隙，以考虑热膨胀的需要。

一定条件下，釜液从塔底出口管流出，会在出口管中心形成一个向下的旋涡流，使塔釜液面不稳定且能带出气体。如果出口管路有泵，气体进入泵内会影响泵的正常运转，所以一般釜液出口处还应装设防涡流挡板。当介质中带有固体沉降物时，应采用出口管伸入塔内的结构。

塔釜流出液体速度一般取 0.5～1.0 m/s。

当液体是不太清洁的物料或填料塔的填料为易碎的瓷环时，为了防止污垢或破碎的磁环堵塞液体出口管，需要在液体进入管道之前通过十字环形挡板或筛网，设法把污垢或破碎的

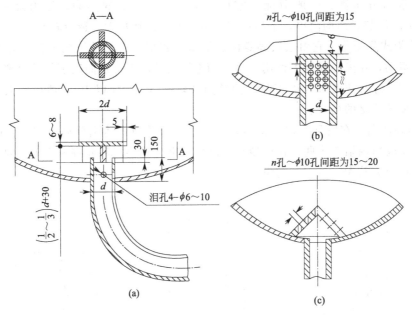

图 3-32　液体出料管结构

磁环挡住。

3.6.4　除沫器

在塔内操作气速较大时，塔顶会出现雾沫夹带，这不但造成物料的流失，也使塔的效率降低，同时还可能造成环境的污染。为了避免这种情况，需在塔顶设置除沫装置，从而减少液体的夹带损失，确保气体的纯度，保证后续设备的正常操作。

常用的除沫装置有丝网除沫器、折流板式除沫器、旋流板式除沫器及填料除沫器，见图3-33。

① 丝网除沫器　它由金属（或塑料）丝编织成网，卷捆成盘状而成，盘高约为 $100 \sim 150$ mm。具有比表面积大、质量轻、空隙率大以及使用方便等优点，特别是它具有除沫效率高、压力降小的特点，因而是应用最广泛的除沫装置。丝网层除沫器适用于清洁的气体，不宜用于液滴中含有或易析出固体物质的场合，以免液体蒸发后留下固体堵塞丝网。当雾沫中含有少量悬浮物时，应注意经常清冲洗。

丝网除沫器的网块结构有盘形和条形两种。丝网可采用各种材料，考虑介质腐蚀和操作温度的因素，大多采用耐腐蚀的金属、合成纤维材料制造。常用的有不锈钢、镍钢、钛等有色金属及合金，以及非金属材料，如聚乙烯、聚丙烯、聚四氟乙烯、尼龙等。丝网除沫器可捕集 $5\mu m$ 以上的微小雾滴，压力降不超过 250 Pa，除雾效率可达 98%～99%，但造价较高，支承丝网的栅板应具有 90% 以上的自由截面。金属丝网除沫器在雾沫量不是很大或雾滴不是特别小的情况下，很容易达到 99% 以上的除沫效率。目前国内标准除沫器为固定式丝网除沫器（HG/T 21618—1998），另一种为网块可以抽出清洗或更换的抽屉式丝网除沫器（HG/T 21586—1998）。

② 折流板式除沫器　它的折流板由 50mm×50mm×3mm 的角钢制成，夹带液体的气体通过角钢通道时，由于碰撞及惯性作用而达到截留及惯性分离，分离下来的液体由导液管

与进料一起进入分布器。一般情况下它能除去 $50\mu m$ 以上的雾滴，压力降一般为 $50\sim 100Pa$。这种除沫装置结构简单，不易堵塞，但金属的消耗量大，造价较高。

③ 旋流板式除沫器　它由数块固定的旋流板片组成，夹带液滴的气体通过液片时产生旋转和离心运动，在离心惯性力作用下将雾滴甩至器壁流下，从而实现气液分离。除雾沫效果比折流板好，除雾沫效果可达 95%，但压力降较高（300Pa 以内），适用于大塔、气体负荷高、净化要求严格的场合。

④ 填料除沫器　在塔顶气体出口前，再通过一层填料，达到分离雾沫的目的。填料一般为环形，常较塔内填料小些。这层填料的高度根据除沫要求和允许压降来决定。它的除沫效率较高，但阻力较大，且占一定空间。

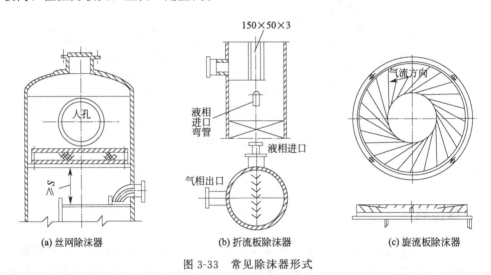

图 3-33　常见除沫器形式

3.6.5　裙座

裙座（图 3-34）是塔设备的主要支承构件，大型塔体的支承通常都采用裙座。裙座分为圆筒形和圆锥形两类，一般情况下采用圆筒形。圆筒形裙座制造方便，经济合理。但对于受力情况比较差，塔的高径比较大的情况，为防止风载荷或地震载荷引起的弯矩造成塔倾倒，则需要配置较多的地脚螺栓及具有足够大的承载面积的基础环。此时圆筒型裙座的结构尺寸往往满足不了这么多地脚螺栓的合理布置，因而只能采用圆锥形裙座。不管是圆筒型还是圆锥形裙座，均由裙座筒体、基础环、地脚螺栓座、人孔、排气孔、引出管通道、保温支承圈等组成。

裙座与塔体连接一般采用焊接，根据接头形式不同分为对接和搭接。采用对接接头时，裙座筒体外径与塔体下方外径相等，且焊缝必须采用全熔透的连续焊。采用搭接接头时，搭接部位可在下封头上也可在塔体上。搭接焊缝必须全部填满。

裙座不直接与塔内介质接触，也不承受塔内介质压力，因此不受压力容器用材的限制，可选用较经济的普通碳素结构钢。常用的材料为 Q235-A 及 Q235-AF。考虑到 Q235-AF 有缺口敏感及夹层等缺陷，因此只能用于常温操作，如果裙座操作温度等于或低于 $-20\mathrm{℃}$，裙座材料应选用 16MnR。

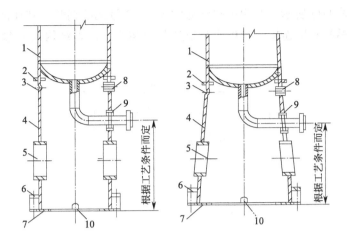

图 3-34 裙座的结构

1—塔体；2—保温支承圈；3—无保温室排气孔；4—裙座筒体；5—人孔；6—螺栓座；

7—基础环；8—有保温时排气孔；9—引出管通道；10—排液孔

3.6.6 人孔和手孔

人孔是安装或检修人员进出塔器的唯一通道。人孔的设置应便于人员进入任何一层塔板，但由于设置人孔处的塔板间距要增大，且人工设置过多会使制造时塔体的弯曲度难以达到要求，所以一般板式塔每隔 10～20 层塔板或 5～10m 塔段才设置一个人孔。板间距小的塔按塔板数考虑，板间距大的塔则按高度考虑。对直径大于 Φ800mm 的填料塔，人孔可设在每段填料层的上、下方，同时兼作填料装卸孔用。设在框架内或室内的塔，人孔的设置可按具体情况考虑。人孔一般设置在气液进出口等需要经常维修清理的部位，另外在塔顶和塔釜也各设一个人孔。常用的人孔有垂直吊盖人孔及回转盖人孔。

人孔法兰的密封面形式及垫片用材一般与塔的接管法兰相同操作，温度高于 350℃ 时，应采用对焊法兰人孔。人孔已标准化，设计时根据设备的公称压力、工作温度及所用材料等按标准选用。超出标准范围或特殊要求的可自行设计。具体人孔的设计可参照 HG 21594—1999《不锈钢人、手孔分类与技术条件》和 HG/T 21514～21535—2014《钢制人孔和手孔》。

手孔是指手和手提灯能伸入的设备孔口，用于不便进入或不必进入设备就能清理、检查或修理的场合。手孔常做小直径填料塔装卸填料之用，在每段填料层的上下方各设置一个手孔。手孔也有系列标准，设计时可根据设计要求直接选用。

3.6.7 吊柱

安装在室外、无框架的整体塔设备，为了在安装和检修时拆卸内件或更换或补充填料，通常在塔顶设置吊柱，吊柱的方位应使吊柱中心线与人孔中心线间有合适的夹角，使人能站在平台上操作手柄，使吊柱的垂直线可以转到人孔附近，以便从人孔装入或取出塔内件。

吊柱结构如图 3-35 所示。其中吊柱管通常采用 20 号无缝钢管,其他部件可采用 Q235-A 或 Q235-AF。吊柱和塔连接的衬板应与塔体材料相同,此种结构尺寸参数已制定成系列标准。

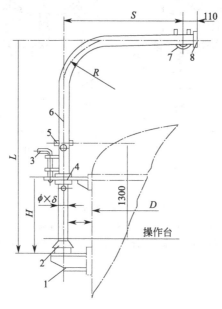

图 3-35 吊柱结构

1—支架；2—防雨罩；3—固定销；4—导向板；5—手柄；6—吊柱管；7—吊钩；8—挡板

3.7 筛板精馏塔设计示例

3.7.1 设计任务

在一常压操作的连续精馏塔内分离三氯硅烷-四氯硅烷混合物。已知原料液的处理量为 12000 t/a、三氯硅烷组成为 26.32%（质量分数,下同）,要求塔顶馏出液的三氯硅烷组成为 92.4%,塔底釜液的三氯硅烷组成为 0.1%。塔顶压力 4kPa（表压）,单板压降：≤0.9 kPa；全塔效率 E_T 由经验公式计算。

根据以上工艺条件进行筛板塔的设计计算。

3.7.2 精馏塔设计步骤

3.7.2.1 物料衡算

（1）摩尔分数和摩尔质量

由设计要求可知三氯硅烷产量为 12000 t/a,则每小时平均产量为 $\frac{12 \times 10^6}{7200} = 1677\text{kg/h}$。进料自选为泡点进料。其中三氯硅烷为轻组分（三氯硅烷的摩尔质量为 135.43g/mol）,四氯硅烷为重组分（四氯硅烷的摩尔质量为 170 g/mol）。

产物中三氯硅烷组成 92.4%（三氯硅烷的质量分数,%）,塔顶产品的摩尔分数和摩尔质量分别为：

$$x_D = \frac{92.4/135.43}{92.4/135.43+7.6/170} = \frac{0.682}{0.682+0.0447} = 0.938$$

$$M_D = (0.938 \times 135.43 + 0.062 \times 170) = (127.0333 + 10.54) = 137.573 \text{ g/mol}$$

$$D = 1667/137.573 = 12.117 \text{kmol/h}$$

进料中三氯硅烷组成为 26.32%（三氯硅烷质量分数,%），原料液的摩尔分率和摩尔质量分别为：

$$x_F = \frac{26.31/135.43}{26.32/135.43+73.68/170} = \frac{0.194}{0.194+0.433} = 0.309$$

$$M_F = (0.309 \times 135.43 + 0.691 \times 170) = (41.848 + 117.47) = 159.318 \text{ g/mol}$$

釜液出料组成控制在 0.1%（三氯硅烷质量分数,%）以内，塔底产品摩尔分数和摩尔质量分别为：

$$x_W = \frac{0.1/135.43}{0.1/135.43+73.68/170} = \frac{0.000738}{0.000738+0.587647} = 0.00125$$

$$M_W = (0.00125 \times 135.43 + 0.99875 \times 170) = (0.169 + 169.788) = 169.957 \text{ g/mol}$$

(2) 物料衡算

全塔物料衡算 $\quad F = D + W \qquad F x_F = D x_D + W x_W$

$$\frac{D}{x_F - x_W} = \frac{F}{x_D - x_W} = \frac{W}{x_D - x_F}$$

$$\frac{3.0289}{0.309 - 0.00125} = \frac{F}{0.938 - 0.00125} = \frac{W}{0.938 - 0.309}$$

解得：$F = 36.883 \text{kmol/h}$，$W = 24.766 \text{kmol/h}$

3.7.2.2 塔板数的确定

(1) 气液平衡数据的计算

由《兰氏化学手册》查得四氯硅烷的安托尼方程为：

$$\lg p = 6.85726 - 1138.92/(t + 228.88)$$

式中，t 为温度,℃；p 为四氯硅烷的饱和蒸气压，mmHg；适用温度 0～53℃。

四氯硅烷的另外一个安托尼方程为：

$$\lg p = 6.0886 - 1175.50/(t + 231.11)$$

式中，t 为温度,℃；p 为四氯硅烷的饱和蒸气压，kPa；适用温度 21～56.8℃。

由《兰氏化学手册》查得三氯硅烷的安托尼方程为：

$$\lg p = 6.7739 - 1009.0/(t + 227.2)$$

式中，t 为温度,℃；p 为三氯硅烷的饱和蒸气压，mmHg；适用温度 2～32℃。

三氯硅烷的另外一个安托尼方程为：

$$p = \exp[42.504 + (-4149.6/T) + (-3.0393 \times \ln T) + (1.3111 \times 10^{-17}) \times T^6]/1000$$

式中，T 为温度，K；p 为三氯硅烷的饱和蒸气压，kPa；适用温度 144.95～479 K，即 −128.2～205.85 ℃。

利用上述四个公式进行压力的计算，并对计算结果做了对比，偏差较小；用公式计算出

SiHCl$_3$ 和 SiCl$_4$ 在常压下的饱和蒸气压，再通过 $x_A = \dfrac{p - p_B^o}{p_A^o - p_B^o}$ 和 $y_A = \dfrac{p_A^o}{p} \times \dfrac{p - p_B^o}{p_A^o - p_B^o}$，计算出 SiHCl$_3$ 的 x 和 y 值汇于表 3-5。

表 3-5　常压条件下三氯硅烷—四氯硅烷溶液气液平衡数据

$t/℃$	SiCl$_4$ 饱和 蒸气压/kPa	SiHCl$_3$ 饱和 蒸气压/kPa	x_{SiHCl_3}	y_{SiHCl_3}
32	41.7721	101.5990	0.9955	0.9981
33	43.4313	105.1847	0.9376	0.9732
34	45.1431	108.8694	0.8817	0.9473
35	46.9087	112.6548	0.8277	0.9203
36	48.7294	116.5430	0.7756	0.8921
37	50.6064	120.5359	0.7253	0.8628
38	52.5409	124.6352	0.6767	0.8324
39	54.5342	128.8429	0.6297	0.8007
40	56.5876	133.1610	0.5843	0.7679
41	58.7024	137.5915	0.5403	0.7337
42	60.8798	142.1362	0.4978	0.698
43	63.1212	146.7971	0.4566	0.6615
44	65.4280	151.5763	0.4167	0.6234
45	67.8014	156.4757	0.3781	0.5839
46	70.2428	161.4974	0.3407	0.5429
47	72.7537	166.6433	0.3044	0.5005
48	75.3353	171.915	0.2692	0.4566
49	77.9892	177.3160	0.2350	0.4112
50	80.7166	182.8469	0.2018	0.3642
51	83.5191	188.5103	0.1696	0.3156
52	86.3980	194.3082	0.1383	0.2653
53	89.3548	200.2427	0.1080	0.2134
54	92.3910	206.3159	0.0785	0.1598
55	95.5081	212.5300	0.0500	0.1043
56	98.7076	218.8869	0.0218	0.0471

（2）　t-x-y 相图和 x-y 相图

利用表 3-5 数据中的温度 t、x 和 y 的数据绘制 t-x-y 相图，见图 3-36；另外，利用 x 和 y 的数据绘制 x-y 相图，见图 3-37。

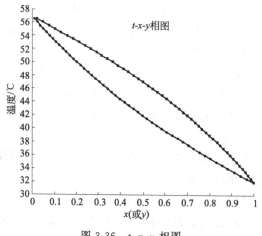

图 3-36　t-x-y 相图

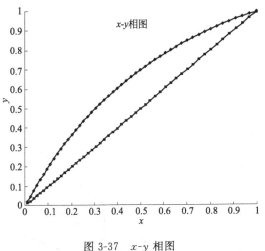

图 3-37　x-y 相图

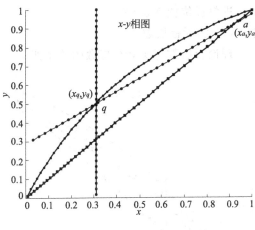

图 3-38　R_{min} 下精馏段操作线

（3）最小回流比和操作回流比

利用进料为泡点进料 $q=1$（q 线为通过 x_F 的竖直线），在 x-y 相图中通过图 3-38 中的做法可获得 R_{min} 下的精馏段操作线，即

$$y=\frac{R_{min}}{R_{min}+1}x+\frac{1}{R_{min}+1}x_D$$

通过此操作线的斜率 $\frac{R_{min}}{R_{min}+1}$，利用 a 和 q 两点间求斜率计算得 $R_{min}=2.289$。

计算方法如下：R_{min} 下的精馏段操作线经过 a、q 两点。a 点坐标为（0.938,0.938），q 点坐标为（0.309,0.500），利用两点间斜率法可求得此直线的斜率为

$$\frac{R_{min}}{R_{min}+1}=\frac{y_q-x_d}{x_q-x_d}=\frac{0.500-0.938}{0.309-0.938}=0.696$$

$$R_{min}=2.289$$

取操作回流比为 $R=1.4\times R_{min}=3.205$

（4）塔的气液相负荷

$$L=RD=3.205\times12.117=38.835\text{kmol/h}$$

$$V=L+D=38.835+12.117=50.952\text{kmol/h}$$

$$L'=L+F=38.835+36.883=75.718\text{kmol/h}$$

$$V'=V=50.952\text{kmol/h}$$

（5）操作线方程

精馏段操作线方程：

$$y_{n+1}=\frac{R}{R+1}x_n+\frac{1}{R+1}x_D=\frac{3.205}{3.205+1}x_n+\frac{1}{3.205+1}\times0.938=0.762x_n+0.223$$

提馏段操作线方程：

$$y'_{m+1}=\frac{L'}{L'-W}x'_m-\frac{W}{L'-W}x_w=\frac{18.927}{18.927-6.190}x'_m-\frac{6.190}{18.927-6.190}\times0.00125=1.486x'_m-0.000608$$

（6）图解法求算理论板数

采用逐板画图法求理论板层数，如图 3-39～图 3-41 所示。求解的结果为：

总理论板层数 $N_T = 24.7$（包括再沸器）

进料板位置 $N_F = 7$

（7）实际板层数

理论板层数与实际板层数的关系如下：

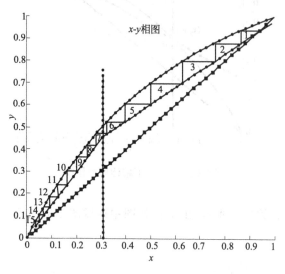

图 3-39　塔板梯级图 Ⅰ

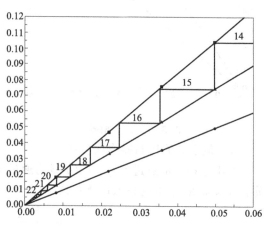

图 3-40　塔板梯级图 Ⅱ

$$E_T = \frac{N_T}{N_P} = 0.49 \times (\alpha_m \times \mu_L)^{-0.245}$$

式中　α_m——塔顶、进料和塔底的平均相对挥发度；

μ_L——塔顶、进料和塔底的平均液相黏度，mPa·s。

① 全塔平均相对挥发度 α_m 计算公式如下：

$$\alpha_m = \sqrt[3]{\alpha_D \alpha_F \alpha_W}$$

式中　α_D——塔顶相对挥发度；

α_F——进料相对挥发度；

α_W——塔底的相对挥发度。

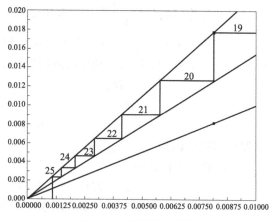

图 3-41　塔板梯级图 Ⅲ

$$\alpha_D = \frac{p_{SA}}{p_{SB}} = \frac{105.185}{43.431} = 2.422$$

$$\alpha_F = \frac{p_{SA}}{p_{SB}} = \frac{165.983}{72.431} = 2.292$$

$$\alpha_W = \frac{p_{SA}}{p_{SB}} = \frac{223.979322}{101.278106} = 2.212$$

$$\alpha_m = \sqrt[3]{\alpha_D \alpha_F \alpha_W} = \sqrt[3]{2.422 \times 2.292 \times 2.212} = 2.307$$

② 塔顶 t_D、进料 t_F、塔底温度 t_W 及全塔平均温度 t_m

根据塔顶、进料和塔底的组成，再通过查 t-x-y 相图即可获得塔体各处的温度：

$$x_D = 0.938 \qquad t_D = 34.35℃$$

$$x_F = 0.280 \qquad t_F = 47.69℃$$
$$x_W = 0.00125 \qquad t_W = 56.75℃$$
$$t_m = \frac{t_D + t_F + t_W}{3} = \frac{34.35 + 47.69 + 56.75}{3} = \frac{138.79}{3} = 46.26℃$$

③ 双组分系统的 μ_L 计算公式如下：

$$\mu_{mi} = x_{Ai} \times \mu_{mAL} + x_{Bi} \times \mu_{mBL}$$
$$\mu_L = \frac{\mu_{mD} + \mu_{mF} + \mu_{mW}}{3}$$

式中　μ_{mi}——塔顶、进料、塔底各处液相平均黏度，mPa·s；

$\qquad x_{Ai}$——塔顶、进料、塔底各处的液相中易挥发组分 A 的摩尔分数；

$\qquad x_{Bi}$——塔顶、进料、塔底各处的液相中难挥发组分 B 的摩尔分数；

$\qquad \mu_{mAL}$——塔顶、进料、塔底各处的液相中难挥发组分 A 的黏度，mPa·s；

$\qquad \mu_{mBL}$——塔顶、进料、塔底各处的液相中难挥发组分 B 的黏度，mPa·s；

$\qquad \mu_{mD}$——塔顶液相平均黏度，mPa·s；

$\qquad \mu_{mF}$——进料液相平均黏度，mPa·s；

$\qquad \mu_{mW}$——塔底液相平均黏度，mPa·s。

一般液体物料黏度的计算可参考 Bruce E. Poling，John M. Prausnitz 和 John P. O'Connell 编著的《气液物性估算手册》第五版译本黏度相关内容。但由于三氯硅烷和四氯硅烷物料的特殊性，通过模拟软件获得三氯硅烷和四氯硅烷物料的黏度与温度曲线关系，如图 3-42 和图 3-43 所示。

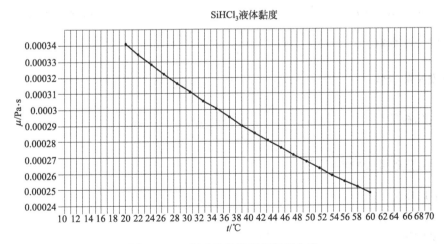

图 3-42　三氯硅烷的黏度与温度曲线

通过图 3-42 与图 3-43 可以获得平均温度 t_m 为 46.26℃ 时，三氯硅烷的黏度 μ_{mAL} 为 0.0002755 Pa·s，四氯硅烷的黏度 μ_{mBL} 为 0.0003825 Pa·s。

$$\mu_{mD} = x_{AD} \times \mu_{mAL} + x_{BD} \times \mu_{mBL}$$
$$= 0.938 \times 0.0002755 + (1 - 0.938) \times 0.0003825$$
$$= 0.0002584 + 0.00002372 = 0.000282 Pa·s$$

$$\mu_{mF} = x_{AF} \times \mu_{mAL} + x_{BF} \times \mu_{mBL}$$
$$= 0.309 \times 0.0002755 + (1 - 0.309) \times 0.0003825$$

$$=0.00008513+0.0002643=0.000349 \text{Pa} \cdot \text{s}$$

$$\mu_{\text{mW}}=x_{\text{AW}} \times \mu_{\text{mAL}}+x_{\text{BW}} \times \mu_{\text{mBL}}$$

$$=0.00125 \times 0.0002755+(1-0.00125) \times 0.0003825$$

$$=0.000000344+0.000382=0.000382 \text{Pa} \cdot \text{s}$$

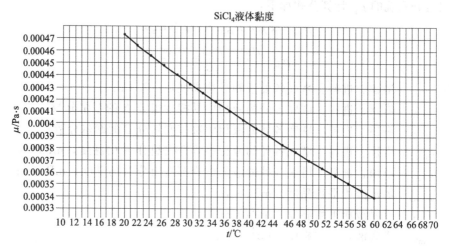

图 3-43　四氯硅烷的黏度与温度曲线

将以上计算结果代入相应公式可得

$$\mu_{\text{L}}=\frac{\mu_{\text{mD}}+\mu_{\text{mF}}+\mu_{\text{mW}}}{3}=\frac{0.000282+0.000349+0.000382}{3}=0.000338 \text{Pa} \cdot \text{s}=0.338 \text{mPa} \cdot \text{s}$$

$$E_{\text{T}}=0.49 \times (\alpha_{\text{m}} \times \mu_{\text{L}})^{-0.245}=0.49 \times (2.307 \times 0.338)^{-0.245}=0.49 \times 1.0628=0.521$$

精馏段实际板数 $\qquad N_{\text{精}}=\dfrac{6}{0.521}=11.5 \approx 12$

提馏段实际板数 $\qquad N_{\text{提}}=\dfrac{18.7}{0.521}=35.9 \approx 36$

全塔实际板数 $\qquad N_{\text{P}}=\dfrac{N_{\text{T}}}{0.521}=\dfrac{24.7}{0.521}=47.4 \approx 48$

3.7.2.3　工艺条件及物性数据

(1) 平均压力

① 精馏段平均压力

塔顶操作压力 $\qquad p_{\text{D}}=101.33 \text{ kPa}$

每层塔板压降 $\qquad \Delta p=0.9 \text{ kPa}$

进料板压力 $\qquad p_{\text{F}}=101.33+N_{\text{精}} \times 0.7=101.33+12 \times 0.9=112.13 \text{ kPa}$

精馏段平均压力 $\qquad p_{\text{Dm}}=(P_{\text{D}}+P_{\text{F}})/2=(101.33+112.13)/2=106.73 \text{ kPa}$

② 提馏段平均压力

进料板压力 $\qquad p_{\text{F}}=112.13 \text{ kPa}$

每层塔板压降 $\qquad \Delta p=0.9 \text{ kPa}$

塔底操作压力 $\qquad p_{\text{W}}=109.73+N_{\text{题}} \times 0.7=112.13+36 \times 0.9=144.53 \text{ kPa}$

提馏段平均压力 $\qquad p_{\text{Wm}}=(P_{\text{W}}+P_{\text{F}})/2=(112.13+144.53)/2=128.33 \text{ kPa}$

（2）平均摩尔质量

① 精馏段平均摩尔质量

a. 塔顶气相平均摩尔质量和液相平均摩尔质量

由 $x_D=0.938$，所以 $y_1=x_D=0.938$，再查气液平衡曲线图得

$y_1=0.938$；$x_1=0.863$；

$$M_{VDm}=y_1\times M_A+(1-y_1)\times M_B=0.938\times135.43+(1-0.938)\times170$$
$$=127.0333+10.54=137.573 \text{ kg/kmol}$$

$$M_{LDm}=x_1\times M_A+(1-x_1)\times M_B=0.863\times135.43+(1-0.863)\times170$$
$$=116.876+23.29=140.166 \text{ kg/kmol}$$

b. 进料板气相平均摩尔质量和液相平均摩尔质量

由图解理论板中可获得进料板处气相组成，查气液平衡曲线图得

$y_F=0.470$；$x_F=0.280$；

$$M_{VFm}=y_F\times M_A+(1-y_F)\times M_B=0.470\times135.43+(1-0.470)\times170$$
$$=63.652+90.1=153.752 \text{ kg/kmol}$$

$$M_{LFm}=x_F\times M_A+(1-x_F)\times M_B=0.280\times135.43+(1-0.280)\times170$$
$$=37.920+122.4=160.320 \text{ kg/kmol}$$

c. 精馏段平均摩尔质量

$$M_{Vm}=(M_{VDm}+M_{VFm})/2=(137.573+153.752)/2=145.663 \text{ kg/kmol}$$
$$M_{Lm}=(M_{LDm}+M_{LFm})/2=(140.166+160.320)/2=150.243 \text{ kg/kmol}$$

② 提馏段平均摩尔质量

a. 进料板气相平均摩尔质量和液相平均摩尔质量

$$M_{VFm}=y_F\times M_A+(1-y_F)\times M_B=153.752 \text{ kg/kmol}$$
$$M_{LFm}=x_F\times M_A+(1-x_F)\times M_B=160.320 \text{ kg/kmol}$$

b. 塔底气相平均摩尔质量和液相平均摩尔质量

由 $x_W=0.00125$，查气液平衡曲线图，得 $y_W=0.00271$

$$M'_{VWm}=y_W\times M_A+(1-y_W)\times M_B=0.00271\times135.43+(1-0.00271)\times170$$
$$=0.367+169.539=169.906 \text{ kg/kmol}$$

$$M'_{LWm}=x_W\times M_A+(1-x_W)\times M_B=0.00125\times135.43+(1-0.00125)\times170$$
$$=0.169+169.788=169.957 \text{ kg/kmol}$$

c. 提馏段平均摩尔质量

$$M'_{Vm}=(M_{VFm}+M'_{VWm})/2=(153.752+169.906)/2=161.829 \text{ kg/kmol}$$
$$M'_{Lm}=(M_{LFm}+M'_{LWm})/2=(160.320+169.957)/2=165.139 \text{ kg/kmol}$$

（3）平均温度

① 精馏段平均温度

根据塔顶、进料板的组成，再通过查 t-x-y 相图即可获得塔体各处的温度：

$y_D=0.938$　　　　$t_D=34.35℃$

$x_F=0.280$　　　　$t_F=47.69℃$

$$t_{\text{m精馏段}}=\frac{t_D+t_F}{2}=\frac{34.35+47.69}{2}=\frac{82.04}{2}=41.02℃$$

② 提馏段平均温度

根据进料板、塔底的组成，再通过查 t-x-y 相图即可获得塔体各处的温度：

$x_F = 0.280 \qquad t_F = 47.69℃$

$x_W = 0.00125 \qquad t_W = 56.75℃$

$$t_{m提馏段} = \frac{t_F + t_W}{2} = \frac{47.69 + 56.75}{2} = \frac{104.44}{2} = 52.22℃$$

（4）平均密度

① 精馏段平均密度

a. 精馏段气相平均密度

$$\rho_{Vm精馏段} = \frac{p_m M_{Vm}}{RT_m} = \frac{106.73 \times 145.663}{8.314 \times (273.15 + 41.02)} = \frac{15546.612}{2612.009} = 5.952 \text{kg/m}^3$$

b. 精馏段液相平均密度

精馏段液相平均密度的计算公式如下：

$$\rho_{Lm精馏段} = \frac{\rho_{LDm精馏段} + \rho_{LFm精馏段}}{2}$$

$\rho_{LDm精馏段}$（精馏段塔顶液相平均密度）和 $\rho_{LFm精馏段}$（提馏进料板液相平均密度）的计算公式如下：

$$\frac{1}{\rho_{Lm}} = \sum \frac{\alpha_i}{\rho_i} \text{ 或者 } \rho_{Lm} = 1/\left(\sum \frac{\alpha_i}{\rho_i}\right)$$

式中 $\quad \alpha_i$ —— i 组分质量分数；

$\qquad \rho_i$ —— i 组分的密度，kg/m^3；

$\qquad \rho_{Lm}$ ——液相平均密度，kg/m^3；

（a）塔顶液相平均密度 $\rho_{LDm精馏段}$ 的计算

由塔顶温度 $t_D = 34.35℃$，塔顶质量分率

$$\alpha_{DA} = \frac{x_A \times M_A}{(x_A \times M_A) + (x_B \times M_B)} = \frac{0.863 \times 135.43}{(0.863 \times 135.43) + (1 - 0.863) \times 170}$$

$$= \frac{116.876}{(116.876) + (23.29)} = 0.834$$

由此数据查《化工物性算图手册》得氯硅烷混合液密度：$\rho_{LDm进料板} = 1332 \text{ kg/m}^3$

（b）进料板液相平均密度 $\rho_{LFm进料板}$ 的计算

由进料板温度 $t_{进料板} = 47.69℃$，塔顶质量分率

$$\alpha_{DA} = \frac{x_A \times M_A}{(x_A \times M_A) + (x_B \times M_B)} = \frac{0.280 \times 135.43}{(0.280 \times 135.43) + (1 - 0.280) \times 170}$$

$$= \frac{37.920}{(37.920) + (122.4)} = 0.237$$

由此数据查《化工物性算图手册》得氯硅烷混合液密度：$\rho_{LFm进料板} = 1388 \text{ kg/m}^3$

所以 $\rho_{Lm精馏段} = \dfrac{\rho_{LDm精馏段} + \rho_{LFm进料板}}{2} = \dfrac{1332 + 1388}{2} = 1360 \text{ kg/m}^3$

② 提馏段平均密度

a. 提馏段气相平均密度

$$\rho_{Vm提馏段} = \frac{P_m M_{Vm}}{RT_m} = \frac{128.33 \times 161.829}{8.314 \times (273.15 + 52.22)} = \frac{20767.516}{2705.126} = 7.677 \text{kg/m}^3$$

b. 提馏段液相平均密度

提馏段液相平均密度的计算公式如下：$\rho_{Lm提馏段} = \dfrac{\rho_{LFm进料板} + \rho_{LWm提馏段}}{2}$

$\rho_{LFm进料板}$（提馏进料板液相平均密度）和 $\rho_{LWm提馏段}$（提馏段塔底液相平均密度）的计算公式如下：

$$\frac{1}{\rho_{Lm}} = \sum \frac{\alpha_i}{\rho_i} \text{ 或者 } \rho_{Lm} = 1/\left(\sum \frac{\alpha_i}{\rho_i}\right)$$

式中　α_i——i 组分质量分率；

　　　ρ_i——i 组分的密度，kg/m^3；

　　　ρ_{Lm}——液相平均密度，kg/m^3；

（a）进料板液相平均密度 $\rho_{LFm进料板}$ 的计算

由进料板温度 $t_{进料板} = 47.69℃$，塔顶质量分率

$$\alpha_{DA} = \frac{x_A \times M_A}{(x_A \times M_A) + (x_B \times M_B)} = \frac{0.280 \times 135.43}{(0.280 \times 135.43) + (1-0.280) \times 170} = \frac{37.920}{(37.920) + (122.4)} = 0.237$$

由此数据查《化工物性算图手册》得氯硅烷混合液密度：$\rho_{LFm进料板} = 1388 \text{ kg/m}^3$

（b）塔底液相平均密度 $\rho_{LWm提馏段}$ 的计算

由塔底温度 $t_W = 56.75℃$，塔顶质量分率

$$\alpha_{WA} = \frac{x_A \times M_A}{(x_A \times M_A) + (x_B \times M_B)} = \frac{0.00125 \times 135.43}{(0.00125 \times 135.43) + (1-0.00125) \times 170} = \frac{0.169}{(0.169) + (169.788)} = 0.000994$$

由此数据查《化工物性算图手册》得氯硅烷混合液密度：$\rho_{LWm提馏段} = 1402 \text{ kg/m}^3$

所以 $\rho_{Lm提馏段} = \dfrac{\rho_{LFm进料板} + \rho_{LWm提馏段}}{2} = \dfrac{1388 + 1402}{2} = 1395 \text{ kg/m}^3$

（5）平均表面张力

液相平均表面张力 σ_{Lm} 的计算关系如下：

$$\sigma_{Lm} = \sum (x_i \sigma_i)$$

式中　σ_{Lm}——物料表面张力，dyn/cm 或 mN/m；

　　　x_i——i 物料在液相中的摩尔分数；

　　　σ_i——i 物料的表面张力；

液相各物料表面张力的计算关系如下：

$$\sigma_i = a - bt$$

式中　σ_i——物料表面张力，dyn/cm 或 mN/m；

　　a、b——常数；

　　　t——温度，$℃$；

由《兰氏化学手册》可查得：

四氯硅烷　　$a = 20.78$　　$b = 0.09962$

三氯硅烷　　$a = 20.43$　　$b = 0.1076$

① 精馏段液相平均表面张力

a. 塔顶液相平均表面张力

由 $t_D=34.35℃$、$x_D=0.938$ 利用上述 $\sigma_i=a-bt$ 计算关系式计算得：

$$\sigma_{D,A}=a-bt=20.43-0.1076\times34.35=16.734\ mN/m$$

$$\sigma_{D,B}=a-bt=20.78-0.09962\times34.35=17.358\ mN/m$$

$$\sigma_{LDm}=\sum(x_i\times\sigma_i)=x_D\times\sigma_{D,A}+(1-x_D)\times\sigma_{D,B}$$

$$=0.938\times16.734+(1-0.938)\times17.358=15.696+1.076=16.772\ mN/m$$

b. 进料板液相平均表面张力

由 $t_F=47.69℃$、$x_F=0.280$ 利用上述 $\sigma_i=a-bt$ 计算关系式计算得：

$$\sigma_{F,A}=a-bt=20.43-0.1076\times47.69=15.299\ mN/m$$

$$\sigma_{F,B}=a-bt=20.78-0.09962\times47.69=16.029\ mN/m$$

$$\sigma_{LFm}=\sum(x_i\times\sigma_i)=x_F\times\sigma_{F,A}+(1-x_F)\times\sigma_{F,B}$$

$$=0.280\times15.299+(1-0.280)\times16.029=4.284+11.541=15.825\ mN/m$$

故精馏段平均表面张力

$$\sigma_{Lm精馏段}=\frac{\sigma_{LDm}+\sigma_{LFm}}{2}=\frac{16.772+15.825}{2}mN/m=16.299mN/m$$

② 提馏段液相平均表面张力

a. 进料板液相平均表面张力

由 $t_F=47.69℃$、$x_F=0.280$ 利用上述 $\sigma_i=a-bt$ 计算关系式计算得：

$$\sigma_{F,A}=a-bt=20.43-0.1076\times47.69=15.299\ mN/m$$

$$\sigma_{F,B}=a-bt=20.78-0.09962\times47.69=16.029\ mN/m$$

$$\sigma_{LFm}=\sum(x_i\times\sigma_i)=x_F\times\sigma_{F,A}+(1-x_F)\times\sigma_{F,B}$$

$$=0.280\times15.299+(1-0.280)\times16.029=4.284+11.541=15.825\ mN/m$$

b. 塔底液相平均表面张力

由 $t_W=56.75℃$、$x_W=0.00125$ 利用上述 $\sigma_i=a-bt$ 计算关系式计算得：

$$\sigma_{W,A}=a-bt=20.43-0.1076\times56.75=14.324\ mN/m$$

$$\sigma_{W,B}=a-bt=20.78-0.09962\times56.75=15.127\ mN/m$$

$$\sigma_{LWm}=\sum(x_i\times\sigma_i)=x_W\times\sigma_{W,A}+(1-x_W)\times\sigma_{W,B}$$

$$=0.00125\times14.324+(1-0.00125)\times15.127=0.0179+15.108=15.126\ mN/m$$

故提馏段平均表面张力

$$\sigma_{Lm提馏段}=\frac{\sigma_{LFm}+\sigma_{LWm}}{2}=\frac{15.825+15.126}{2}mN/m=15.476mN/m$$

（6）平均黏度

液体物料黏度的计算参考《气液物性估算手册》，计算方法大致有以下三种，：

方法 a 可利用 Andrade 方程其计算，其关系如下：

$$\lg\mu_T=A+\frac{B}{T}$$

式中，A 和 B 值可查 Barrer，Trans. Faraday Soc.；39，48（1943）。

方法 b 可利用 Vogel 方程计算，其关系如下：

$$\lg\mu = A + \frac{B}{T+C}$$

式中，A、B 和 C 值由 Golelz 和 Tassios（1977）给出。

方法 c 可利用 Lewis-Squires 关联式，其关系如下：

$$\mu_T^{-0.2661} = \mu_K^{-0.2661} + \frac{T+T_K}{233}$$

式中 μ_T——T 温度下的液相黏度，$Pa \cdot s$；

$\quad\quad\mu_K$——T_K 温度下的液相黏度，$Pa \cdot s$；

T、T_K——液相温度，℃和 K 均可。

根据 Andrade 方程 $\lg\mu = A + \frac{B}{T}$，通过两个温度下的物质黏度数据，可以获得此物质的系数 A 和 B。

三氯硅烷的黏度计算如下，查《兰氏化学手册》得：

0 ℃　　0.415 mPa·s

25℃　　0.326 mPa·s

将数据代入 Andrade 方程，解得：$A = -1.622$　　$B = 338.71$

即三氯硅烷的 Andrade 方程 $\lg\mu = -1.622 + \frac{338.71}{T}$

四氯硅烷的黏度计算如下，查《兰氏化学手册》得：

25 ℃　　99.4 mPa·s

50 ℃　　96.2 mPa·s

将数据代入 Andrade 方程，解得：$A = 1.816$　　$B = 53.85$

即四氯硅烷的 Andrade 方程是 $\lg\mu = 1.816 + \frac{53.85}{T}$

① 精馏段平均黏度

由塔顶温度 $t_D = 34.35℃$、$x_{A,D} = 0.938$、$x_{B,D} = 0.062$ 计算得：

$$\mu_{A,D} = 0.302\text{mPa} \cdot \text{s} \quad\quad \mu_{B,D} = 97.977\text{mPa} \cdot \text{s}$$

$\lg\mu_{LmD} = \mu_{A,D} x_A + \mu_{B,D} x_B = 0.302 \times 0.938 + 97.977 \times 0.062 = 0.283 + 6.075 = 6.358\text{mPa} \cdot \text{s}$

由进料板温度 $t_F = 47.69℃$、$x_{A,F} = 0.280$、$x_{B,F} = 0.720$ 计算得：

$$\mu_{A,进料板} = 0.271\text{mPa} \cdot \text{s} \quad\quad \mu_{B,进料板} = 96.348\text{mPa} \cdot \text{s}$$

$$\begin{aligned}\lg\mu_{Lm进料板} &= \mu_{A,进料板} x_A + \mu_{B,进料板} x_B = 0.271 \times 0.280 + 96.348 \times 0.720 \\ &= 0.07588 + 69.371 = 69.447\text{mPa} \cdot \text{s}\end{aligned}$$

精馏段的平均黏度为

$$\mu_{精馏段} = \frac{\mu_{LmD} + \mu_{Lm进料板}}{2} = \frac{6.358 + 69.447}{2} = 37.903\text{mPa} \cdot \text{s}$$

② 提馏段平均黏度

由进料板温度 $t_F = 47.69℃$、$x_{A,F} = 0.280$、$x_{B,F} = 0.720$ 计算得：

$$\mu_{A,进料板} = 0.271\text{mPa} \cdot \text{s} \quad\quad \mu_{B,进料板} = 96.348\text{mPa} \cdot \text{s}$$

$$\begin{aligned}\lg\mu_{Lm进料板} &= \mu_{A,进料板} x_A + \mu_{B,进料板} x_B = 0.271 \times 0.280 + 96.348 \times 0.720 \\ &= 0.07588 + 69.371 = 69.447\text{mPa} \cdot \text{s}\end{aligned}$$

由塔底温度 $t_w = 56.75℃$、$x_{A,W} = 0.00125$、$x_{B,W} = 0.99815$ 计算得：

$$\mu_{A,W}=0.254\text{mPa}\cdot\text{s} \qquad \mu_{B,W}=95.33\text{mPa}\cdot\text{s}$$

$$\lg\mu_{LmW}=\mu_{A,W}x_A+\mu_{B,W}x_B=0.254\times0.00125+95.33\times0.99815$$
$$=0.000318+95.154=95.154318\text{mPa}\cdot\text{s}$$

提馏段的平均黏度为

$$\mu_{\text{提馏段}}=\frac{\mu_{Lm\text{进料板}}+\mu_{LmW}}{2}=\frac{69.447+95.154}{2}=82.3005\text{mPa}\cdot\text{s}$$

3.7.2.4 塔体工艺尺寸

(1) 精馏塔的气液负荷

① 精馏段

$$L_s=38.835\text{kmol/h}=\frac{LM_{Lm}}{3600\rho_{Lm}}\text{m}^3/\text{s}=\frac{38.835\times150.243}{3600\times1360}=\frac{5834.687}{4896000}=0.00119\text{m}^3/\text{s}$$

$$V_s=50.952\text{kmol/h}=\frac{VM_{Vm}}{3600\rho_{Vm}}\text{m}^3/\text{s}=\frac{50.952\times145.663}{3600\times5.885}=\frac{7421.821}{21186}=0.3460\text{m}^3/\text{s}$$

② 提馏段

$$L_s'=75.718\text{kmol/h}=\frac{L'M_{Lm}'}{3600\rho_{Lm}'}\text{m}^3/\text{s}=\frac{75.718\times165.139}{3600\times1395}=\frac{12503.995}{5022000}=0.00249\text{m}^3/\text{s}$$

$$V_s'=50.952\text{kmol/h}=\frac{V'M_{Vm}'}{3600\rho_{Vm}'}\text{m}^3/\text{s}=\frac{50.952\times161.829}{3600\times7.318}=\frac{8245.511}{26344.8}=0.298\text{m}^3/\text{s}$$

(2) 塔径的计算

① 精馏段塔径的确定

初设塔板间距 $H_T=0.36m$，取板上液层高度 $h_L=0.06m$，则

$$H_T-h_L=(0.36-0.06)\text{m}=0.30\text{m}$$

$$\left(\frac{L_h}{V_h}\right)\left(\frac{\rho_L}{\rho_V}\right)^{1/2}=\left(\frac{0.00119}{0.346}\right)\times\left(\frac{1360}{5.952}\right)^{1/2}=0.0034\times228.495^{1/2}=0.0514$$

通过以上数据，查史密斯关联图得 $C_{20}=0.0625$

$$C=C_{20}\left(\frac{\sigma_m}{20}\right)^{0.2}=0.0625\times\left(\frac{16.299}{20}\right)^{0.2}=0.06$$

$$u_{max}=C\sqrt{\frac{\rho_L-\rho_V}{\rho_V}}=0.06\times\sqrt{\frac{1360-5.952}{5.952}}\text{m/s}=0.905\text{m/s}$$

$u=(0.6\sim0.8)u_{max}$，取 $u=0.7\times u_{max}=0.7\times0.905=0.634\text{m/s}$

$$\text{估算塔径 } D_{\text{精馏段}}=\sqrt{\frac{4V_s}{\pi u}}=\sqrt{\frac{4\times0.350}{3.14\times0.634}}\text{m}=0.84\text{m}$$

② 提馏段塔径的确定

初设塔板间距 $H_T'=0.36m$，取板上液层高度 $d=0.06\text{m}$，则

$$H_T'-h_L'=(0.36-0.06)\text{m}=0.30\text{m}$$

$$\left(\frac{L_h'}{V_h'}\right)\left(\frac{\rho_L'}{\rho_V'}\right)^{1/2}=\left(\frac{0.00249}{0.298}\right)\times\left(\frac{1395}{7.677}\right)^{1/2}=0.00836\times181.712^{1/2}=0.113$$

通过以上数据，查史密斯关联图得 $C_{20}=0.0575$

$$C=C_{20}(\frac{\sigma_m}{20})^{0.2}=0.0575\times(\frac{15.476}{20})^{0.2}=0.0546$$

$$u_{max}=C\sqrt{\frac{\rho_L-\rho_V}{\rho_V}}=0.0546\times\sqrt{\frac{1395-7.677}{7.677}}\,m/s=0.734m/s$$

$u'=(0.6\sim0.8)\,u'_{max}$，取 $u'=0.7\times u'_{max}=0.7\times0.734=0.514m/s$

估算塔径 $D_{提馏段}=\sqrt{\frac{4V'_s}{\pi u'}}=\sqrt{\frac{4\times0.298}{3.14\times0.514}}\,m=0.859m$

按照标准塔塔径对精馏塔全塔进行塔径圆整，圆整后精馏塔塔径为 $D=0.900m$

则塔截面积 　　　　　$A_T=\frac{\pi}{4}D^2=\frac{3.14}{4}\times0.9^2\,m^2=0.636m^2$

空塔气速 　　　　　$u=\frac{V_S}{A_T}=\frac{0.346}{0.636}\,m/s=0.544m/s$

（3）精馏塔有效高度

① 精馏段有效高度

$$Z_精=(N_精-1)H_T=11\times0.36m=3.96m$$

② 提馏段有效高度

$$Z_提=(N_提-1)H_T=35\times0.36m=12.6m$$

出于对设备维修的考虑，在进料板位置架设一人孔，其高度为 0.8 m，故精馏塔总的有效高度 $Z=Z_精+0.8+Z_提=3.96+0.8+12.6=17.36m$

3.7.2.5　溢流装置工艺尺寸

（1）精馏段溢流装置计算

选用单流型弓形降液管，不设进口堰，各项计算如下：

① 堰长 L_w

取 $L_w=0.7D=640mm=0.64m$

②溢流堰高度 h_w

由公式 $h_w=h_L-h_{ow}$ 进行计算，采用按照公式

$$h_{ow}=\frac{2.84}{1000}E(\frac{L_h}{L_w})^{2/3}$$

计算平直堰、堰上液层高度 h_{ow}，可近似取 $E=1$，因 $L_w=0.64m$

$$L_h=0.00119\times3600=4.284m^3/h,$$

故 　　　　　$h_{ow}=\frac{2.84}{1000}\times1\times(\frac{4.284}{0.64})^{2/3}=0.0101m$

取板上清液层高度 $h_L=60mm=0.06m$

$$h_w=h_L-h_{ow}=0.06-0.0101=0.0499m$$

③ 弓形降液管宽度 W_d 和面积 A_f

由 $L_w/D=0.7$，查弓形降液管的参数图得：

$$A_f/A_T=0.09,\ W_d/D=0.15$$

故 $A_f=0.09\times0.636\text{m}^2=0.057\text{m}^2$，$W_d=0.15\times0.9\text{m}=0.135\text{m}$

依据公式 $\tau=\dfrac{3600A_fH_T}{L_h}\geqslant3\sim5$

验证液体在降液管中的停留时间是否合理，即

$$\tau=\frac{3600A_fH_T}{L_h}=\frac{3600\times0.057\times0.36}{4.284}\text{s}=17.244\text{s}>5\text{s}$$

故可用。

④ 降液管底隙高度 h_o

根据公式 $h_o=\dfrac{L_h}{3600L_wu_o'}$

取 $u_o'=0.08\text{m/s}$，则

$$h_o=\frac{L_h}{3600L_wu_o'}=\frac{4.284}{3600\times0.64\times0.08}=0.0232\text{m}$$

$$h_w-h_o=0.0499-0.0232=0.0267\text{m}>0.006\text{m}$$

故降液管底隙高度设计合理。

（2）提馏段溢流装置计算

选用单流型弓形降液管，不设进口堰，各项计算如下：

① 堰长 L_w'

取 $L_w'=0.7D=640\text{mm}=0.64\text{m}$

② 溢流堰高度 h_w'

由公式 $h_w'=h_L'-h_{ow}'$ 进行计算，并且采用平直堰，堰上液层高度 h_{ow} 按照公式

$$h_{ow}'=\frac{2.84}{1000}E\left(\frac{L_h'}{L_w'}\right)^{2/3}$$

计算，可近似取 $E=1$，因 $L_w'=0.64\text{m}$，$L_h'=0.00249\times3600=8.964\text{m}^3/\text{h}$

故

$$h_{ow}'=\frac{2.84}{1000}\times1\times\left(\frac{8.964}{0.64}\right)^{2/3}=0.0165\text{m}$$

取板上清液层高度

$$h_L'=60\text{mm}=0.06\text{m}$$

$$h_w'=h_L'-h_{ow}'=0.06-0.0165=0.0435\text{m}$$

③ 弓形降液管宽度 W_d 和面积 A_f'

由 $L_w'/D=0.7$ 查《化工原理》弓形降液管的参数图得：

$$A_f'/A_T'=0.09,\quad W_d/D=0.15$$

故 $A_f'=0.09\times0.636=0.057\text{m}^2$，$W_d'=0.15\times0.9=0.135\text{m}$

依据公式 $\theta=\dfrac{3600A_f'H_T'}{L_h'}\geqslant3\sim5$，验证液体在降液管中的停留时间是否合理，即

$$\theta=\frac{3600A_f'H_T'}{L_h'}=\frac{3600\times0.057\times0.36}{8.964}=8.241\text{s}>5\text{s}，故可用。$$

④ 降液管底隙高度 h_o

根据公式 $h_o'=\dfrac{L_h'}{3600L_w'u_o'}$，取 $u_o'=0.12\text{m/s}$ 则

$$h_o^{'} = \frac{L_h^{'}}{3600 L_w^{'} u_o^{'}} = \frac{8.964}{3600 \times 0.64 \times 0.12} = 0.0324 \text{m}$$

$$h_w^{'} - h_o^{'} = 0.0435 - 0.0324 = 0.0111 \text{m} > 0.006 \text{m}$$

故降液管底隙高度设计合理。

3.7.2.6 塔板布置

(1) 塔板的分块

因为 $D \geqslant 800 \text{mm}$，故通过查塔板溢流类型图可得，适合采用 3 块式塔板。

(2) 边缘区域宽度确定

根据经验，取 $W_s = W_s^{'} = 0.065 \text{ m}$，$W_c = 0.035 \text{ m}$。

(3) 开孔区面积计算

开孔区面积 A_s 按照如下公式计算 $A_a = 2(x\sqrt{r^2 - x^2} + \frac{\pi r^2}{180} \arcsin \frac{x}{r})$

其中

$$x = \frac{D}{2} - (W_d + W_s) = \frac{0.900}{2} - (0.135 + 0.065) = 0.25 \text{m}$$

$$r = \frac{D}{2} - W_c = \frac{0.900}{2} - 0.035 = 0.415 \text{m}$$

故

$$A_a = 2(x\sqrt{r^2 - x^2} + \frac{\pi r^2}{180} \arcsin \frac{x}{r})$$

$$= 2 \times (0.25 \times \sqrt{0.415^2 - 0.25^2} + \frac{3.14 \times 0.415^2}{180} \arcsin \frac{0.25}{0.415})$$

$$= 2 \times (0.25 \times \sqrt{0.172 - 0.0625} + \frac{3.14 \times 0.172}{180} \times 37.0133)$$

$$= 0.3875 \text{m}^2$$

(4) 筛孔计算及其排列

本设计例题所处理的物系属于无腐蚀性体系，可选用 $\delta = 3 \text{ mm}$ 碳钢板，取筛孔直径 $d_o = 5 \text{ mm}$。筛孔按照正三角形排列，取孔中心距 t 为 $t = 3 \times d_o = 3 \times 5 = 15 \text{ mm}$

取筛孔数目 n 为

$$n = \frac{1.155 A_a}{t^2} = \frac{1.155 \times 0.3875}{0.015^2} = 1990$$

开孔率为

$$\varphi = 0.907 \left(\frac{d_o}{t}\right)^2 = 0.907 \left(\frac{0.005}{0.015}\right)^2 = 10.1\%$$

精馏段内气体通过筛孔的气速为 $u_o = \frac{V_s}{A_o} = \frac{0.346}{0.101 \times 0.3875} \text{m/s} = 8.841 \text{m/s}$

提馏段内气体通过筛孔的气速为 $u_o^{'} = \frac{V_s^{'}}{A_o^{'}} = \frac{0.298}{0.101 \times 0.3875} \text{m/s} = 7.614 \text{m/s}$

3.7.2.7 流体力学性能验算

(1) 流体力学性能

① 精馏段塔板压降 Δp_p

精馏塔塔板压强降计算公式如下：$\Delta p_p = h_p \rho_L g$

h_p 为精馏段塔板总阻力，其计算公式如下：$h_p = h_c + h_1 + h_\sigma$

a. 干板阻力 h_c

干板阻力 h_c 的计算关系式为

$$h_c = 0.051 \left(\frac{u_o}{c_o}\right)^2 \left(\frac{\rho_V}{\rho_L}\right) \left[1 - \left(\frac{A_o}{A_a}\right)^2\right]$$

通常，筛板的开孔率 $\phi = 10.1\% \leqslant 15\%$，故公式可简化为

$$h_c = 0.051 \left(\frac{u_o}{c_o}\right)^2 \left(\frac{\rho_V}{\rho_L}\right)$$

由于 $d_o < 10\text{mm}$，所以 c_o 可以通过干筛孔的流量系数图查得，$d_o/\delta = 1.67$，$c_o = 0.775$。

$$h_c = 0.051 \left(\frac{u_o}{c_o}\right)^2 \left(\frac{\rho_V}{\rho_L}\right) = 0.051 \times \left(\frac{8.841}{0.775}\right)^2 \times \frac{5.952}{1360} = 0.0290\text{m}$$

b. 气体通过板上液层的阻力 h_1

气体通过液层的阻力 h_1 由如下公式计算：$h_1 = \beta h_L = \beta (h_W + h_{oW})$

公式中的 β 为充气系数，其可以通过计算气相动能因子 F_a 由充气系数关联图来查得。

气相动能因子 F_a 计算如下：

$$u_a = \frac{V_S}{A_T - A_f} = \frac{0.346}{0.636 - 0.057} = 0.598\text{m/s}$$

$$F_a = u_a \sqrt{\rho_V} = 0.598 \times \sqrt{5.885952} = 1.474\text{m/s}$$

由 $F_a = 1.474$ m/s 查充气系数关联图得，充气系数 $\beta = 0.60$。

故气体通过液层的阻力为 $h_1 = \beta h_L = \beta (h_W + h_{oW}) = 0.60 \times 0.06 = 0.036\text{m}$

c. 液体表面张力造成的阻力 h_σ

阻力 h_σ 的计算公式如下：

$$h_\sigma = \frac{4\sigma_L}{\rho_L g d_o} = \frac{4 \times 16.299 \times 10^{-3}}{1360 \times 9.81 \times 0.005} = 0.000977\text{m}$$

总之，气体通过精馏段每层塔板的总阻力为

$$h_p = h_c + h_1 + h_\sigma = 0.0290 + 0.036 + 0.000977 = 0.066\text{m}$$

则气体通过精馏段每层塔板的总压降为

$$\Delta p_p = h_p \rho_L g = 0.066 \times 1360 \times 9.81 = 880.546\text{Pa} \approx 0.881\text{kPa} < 0.9\text{kPa}$$

满足设计允许条件。

② 提馏段塔板压降 $\Delta p_p'$

提馏塔塔板压强降计算公式如下：$\Delta p_p' = h_p' \rho_L g$

h_p' 为提馏段塔板总阻力，其计算公式如下：$h_p' = h_c' + h_1' + h_\sigma'$

a. 干板阻力 h_c'

干板阻力 h_c' 的计算关系式为

$$h_c' = 0.051 \left(\frac{u_o'}{c_o'}\right)^2 \left(\frac{\rho_V'}{\rho_L'}\right) \left[1 - \left(\frac{A_o'}{A_a'}\right)^2\right]$$

通常，筛板的开孔率 $\phi = 10.1\% \leqslant 15\%$，故公式可简化为

$$h'_c = 0.051 \left(\frac{u'_o}{c'_o}\right)^2 \left(\frac{\rho'_V}{\rho_L}\right)$$

由于 $d_o < 10\text{mm}$，所以 c'_o 可以通过干筛孔的流量系数图查得，$d_o/\delta = 1.67$，$c'_o = 0.775$。

$$h'_c = 0.051 \left(\frac{u'_o}{c'_o}\right)^2 \left(\frac{\rho'_V}{\rho_L}\right) = 0.051 \times \left(\frac{7.674}{0.775}\right)^2 \times \frac{7.677}{1395} = 0.0275m$$

b. 气体通过板上液层的阻力 h'_1

气体通过液层的阻力 h'_1 由如下公式计算：$h'_1 = \beta' h'_L = \beta'(h'_w + h'_{ow})$

公式中的 β' 为充气系数，其可以通过计算气相动能因子 F'_a 由充气系数关联图来查得。

气相动能因子 F'_a 计算如下：

$$u'_a = \frac{V'_s}{A'_T - A'_f} = \frac{0.298}{0.636 - 0.057} = 0.515\text{m/s}$$

$$F'_a = u'_a \sqrt{\rho'_V} = 0.515 \times \sqrt{7.674} = 1.427\text{m/s}$$

由 $F'_a = 1.427\text{m/s}$ 查充气系数关联图得，充气系数 $\beta' = 0.60$。

故气体通过液层的阻力为 $h'_1 = \beta' h'_L = \beta'(h'_w + h'_{ow}) = 0.60 \times 0.06 = 0.036\text{m}$

c. 液体表面张力造成的阻力 h'_σ

阻力 h'_σ 的计算公式如下：$h'_\sigma = \frac{4\sigma_L}{\rho_L g d_o} = \frac{4 \times 15.476 \times 10^{-3}}{1395 \times 9.81 \times 0.005} = 0.000905\text{m}$

总之，气体通过提馏段每层塔板的总阻力为

$$h'_p = h'_c + h'_1 + h'_\sigma = 0.0275 + 0.066 + 0.000905 = 0.0644\text{m}$$

则气体通过提馏段每层塔板的总压降为

$$\Delta p'_p = h'_p \rho_L g = 0.0644 \times 1395 \times 9.81 = 881.379\text{Pa} \approx 0.881\text{kPa} \approx 0.9\text{kPa}$$

基本满足设计允许条件。

(2) 液沫夹带现象

① 精馏段液沫夹带

液沫夹带量计算公式如下：$e_V = \frac{5.7 \times 10^{-6}}{\sigma_L} \left(\frac{u_a}{H_T - h_f}\right)^{3.2}$

$$h_f = 2.5 h_L = 2.5 \times 0.06 = 0.15\text{m}$$

故　　　$e_V = \frac{5.7 \times 10^{-6}}{\sigma_L} \left(\frac{u_a}{H_T - h_f}\right)^{3.2} = \frac{5.7 \times 10^{-6}}{16.299 \times 10^{-3}} \left(\frac{0.598}{0.36 - 0.15}\right)^{3.2}$

$$= 0.350 \times 10^{-3} \times 28.467 = 0.00997\text{kg 液/(kg 气)} < 0.1\text{kg 液/(kg 气)}$$

在本设计中液沫夹带量 e_V 在允许范围内。

② 提馏段液沫夹带

液沫夹带量计算公式如下：$e'_V = \frac{5.7 \times 10^{-6}}{\sigma'_L} \left(\frac{u'_a}{H'_T - h'_f}\right)^{3.2}$

$$h'_f = 2.5 h'_L = 2.5 \times 0.06 = 0.15\text{m}$$

故
$$e'_V = \frac{5.7 \times 10^{-6}}{\sigma'_L}\left(\frac{u'_a}{H'_T - h'_f}\right)^{3.2} = \frac{5.7 \times 10^{-6}}{15.476 \times 10^{-3}}\left(\frac{0.515}{0.36 - 0.15}\right)^{3.2}$$

$$= 0.368 \times 10^{-3} \times 17.65 = 0.006494 \text{kg 液}/(\text{kg 气}) < 0.1 \text{kg 液}/(\text{kg 气})$$

在本设计中液沫夹带量 e_V 在允许范围内。

（3）塔液泛现象

① 精馏段液泛现象

为防止塔内发生液泛，降液管内液层高度 H_d 应服从如下关系：

$$H_d \leqslant \varphi(H_T + h_W)$$

三氯硅烷-四氯硅烷物系具有一定的挥发性能，因而取其安全系数 $\varphi = 0.5$，即

$$\varphi(H_T + h_W) = 0.5 \times (0.36 + 0.499) = 0.206 \text{m}$$

降液管内液层高度 H_d 计算公式如下：$H_d = h_p + h_L + h_d$

由于板上不设进口堰，h_d 可由如下公式计算：

$$h_d = 0.153(u_o)^2 = 0.153 \times (0.08)^2 = 0.000979 \text{m}$$

$$H_d = h_p + h_L + h_d = 0.066 + 0.06 + 0.000979 = 0.205 \text{m}$$

由于
$$H_d \leqslant \varphi(H_T + h_W)$$

故精馏段内不会发生液泛现象。

② 提馏段液泛现象

为防止塔内发生液泛，降液管内液层高度 H'_d 应服从如下关系：$H'_d \leqslant \varphi'(H'_T + h'_W)$

三氯硅烷-四氯硅烷物系具有一定的挥发性能，因而取其安全系数 $\varphi = 0.5$，即

$$\varphi'(H'_T + h'_W) = 0.5 \times (0.36 + 0.0435) = 0.202 \text{m}$$

降液管内液层高度 H_d 计算公式如下：$H'_d = h'_p + h'_L + h'_d$

由于板上不设进口堰，h'_d 可由如下公式计算：

$$h'_d = 0.153(u'_o)^2 = 0.153 \times (0.12)^2 = 0.00220 \text{m}$$

$$H'_d = h'_p + h'_L + h'_d = 0.064 + 0.06 + 0.00220 = 0.126 \text{m}$$

由于
$$H'_d \leqslant \varphi'(H'_T + h'_W)$$

故提馏段内不会发生液泛现象。

（4）塔漏液现象

① 精馏段漏液现象

筛板塔漏液点气速 $u_{o,min}$ 计算公式如下：

$$u_{o,min} = 4.4 c_o \sqrt{(0.0056 + 0.13 h_L - h_\sigma)\frac{\rho_L}{\rho_V}}$$

$$= 4.4 \times 0.775 \times \sqrt{(0.0056 + 0.13 \times 0.06 - 0.000977) \times \frac{1360}{5.952}}$$

$$= 5.745 \text{m/s}$$

实际孔速 $u_o = 8.841 > u_{o,min}$，稳定系数为

$$K = \frac{u_o}{u_{o,min}} = \frac{8.841}{5.745} = 1.539 > 1.5$$

故本设计过程中会出现漏液现象。

② 提馏段漏液现象

筛板塔漏液点气速 $u_{o,min}$ 计算公式如下：

$$u'_{o,min} = 4.4c_o \sqrt{(0.0056 + 0.13h'_L - h'_\sigma)\frac{\rho_L}{\rho_V}}$$

$$= 4.4 \times 0.775 \times \sqrt{(0.0056 + 0.13 \times 0.06 - 0.000905) \times \frac{1395}{7.677}}$$

$$= 5.138 \text{m/s}$$

实际孔速 $u'_o = 7.614 > u'_{o,min}$，稳定系数为

$$K = \frac{u_o}{u_{o,min}} = \frac{7.614}{5.138} = 1.482 < 1.5$$

故本设计过程中会出现漏液现象。

3.7.2.8　塔板负荷性能图

（1）精馏段负荷性能图

① 漏液线

由

$$u_{o,min} = 4.4c_o \sqrt{(0.0056 + 0.13h_L - h_\sigma)\frac{\rho_L}{\rho_V}} = \frac{V_{s,min}}{A_o}$$

$$h_L = h_w + h_{ow}$$

$$h_{ow} = \frac{2.84}{1000}E\left(\frac{L_h}{L_w}\right)^{2/3}$$

得

$$V_{s,min} = u_{o,min} \times A_o = 4.4c_o \sqrt{(0.0056 + 0.13h_L - h_\sigma)\frac{\rho_L}{\rho_V}} \times A_o$$

$$= 4.4 \times 0.775 \times \sqrt{\left(0.0056 + 0.13 \times \left[0.0499 + \frac{2.84}{1000} \times 1 \times \left(\frac{3600L_s}{0.64}\right)^{2/3}\right] - 0.000977\right) \times \frac{1360}{5.952}}$$

$$\times 0.3875 \times 0.101 = 0.133 \times \sqrt{2.539 + 26.759L_s^{2/3}}$$

在操作范围内，任意取几个 L_s 值，由以上公式可计算出相对应的 V_s 数值，根据计算结果即可作出漏液线 1。

② 液沫夹带线

以 $e_V = 0.1 \text{kg}$ 液/kg 气为限，求 V_s-L_s 关系如下：

由

$$e_V = \frac{5.7 \times 10^{-6}}{\sigma_L}\left(\frac{u_a}{H_T - h_f}\right)^{3.2}$$

$$u_a = \frac{V_s}{A_T - A_f} = \frac{V_s}{0.636 - 0.057} = 1.727V_s$$

$$h_f = 2.5h_L = 2.5 \times (h_w + h_{ow})$$

$$h_w = 0.0499$$

$$h_{ow} = \frac{2.84}{1000}E\left(\frac{L_h}{L_w}\right)^{2/3} = \frac{2.84}{1000} \times 1 \times \left(\frac{3600L_s}{0.64}\right)^{2/3} = 0.901L_s^{2/3}$$

故 $h_f = 2.5h_L = 0.125 + 2.253L_s^{2/3}$

$$H_T - h_f = 0.235 - 2.253L_s^{2/3}$$

$$e_V = \frac{5.7 \times 10^{-6}}{\sigma_L} \left(\frac{u_a}{H_T - h_f}\right)^{3.2} = \frac{5.7 \times 10^{-6}}{16.299 \times 10^{-3}} \left(\frac{1.727 V_s}{0.22 - 2.253 L_s^{2/3}}\right)^{3.2} = 0.1$$

整理得
$$V_s = 0.797 - 7.640 L_s^{2/3}$$

在操作范围内，任意取几个 L_s 值，由以上公式可计算出相对应的 V_s 数值，根据计算结果即可作出液沫夹带线 2。

③ 液相负荷下限线

对于平直堰，取堰上液层高度 $h_{ow} = 0.006$m 作为液相负荷下限条件。利用 h_{ow} 计算公式：

$$h_{ow} = \frac{2.84}{1000} E \left(\frac{L_h}{L_w}\right)^{2/3} = \frac{2.84}{1000} \times E \times \left(\frac{3600 L_s}{0.64}\right)^{2/3} = 0.006$$

取 $E = 1$，$L_{s,min} = \left(\frac{0.006 \times 1000}{2.84 \times E}\right)^{3/2} \times \frac{L_w}{3600}$

$$= \left(\frac{0.006 \times 1000}{2.84 \times 1}\right)^{3/2} \times \frac{0.64}{3600} \text{m}^3/\text{s} = 0.000546 \text{m}^3/\text{s}$$

在操作范围内，由以上公式即可作出液相负荷下限线 3。

④ 液相负荷上限线

液体在降液管中停留时间公式如下：$\theta = \frac{A_f H_T}{L_s}$

根据经验，液体应保证在降液管中停留时间不低于 $3 \sim 5$s，以停留时间 $\theta = 5$s 作为液体在降液管中的停留时间的上限，则 $\theta = \frac{A_f H_T}{L_s} = 5$

$$L_{s,max} = \frac{A_f H_T}{5} = \frac{0.057 \times 0.36}{5} \text{m}^3/\text{s} = 0.0041 \text{m}^3/\text{s}$$

在操作范围内，由以上公式即可作出液相负荷上限线 4。

⑤ 液泛线

液泛线的确定可根据公式 $\quad H_d = \varphi(H_T + h_w)$

以及
$$H_d = h_p + h_L + h_d$$
$$h_p = h_c + h_1 + h_\sigma$$
$$h_1 = \beta h_L$$
$$h_L = h_w + h_{ow}$$

将这几个公式联立得 $\varphi H_T + (\varphi - \beta - 1) h_w = (\beta + 1) h_{ow} + h_c + h_d + h_\sigma$

忽略式中 h_σ，将 h_{ow} 与 L_s、h_d 与 L_s、h_c 与 V_s 的关系式代入上式，整理得 V_s 与 L_s 的如下关系式： $\quad a V_s^2 = b - c L_s^2 - d L_s^{2/3}$

式中
$$a = \frac{0.051}{(A_o C_o)^2} \left(\frac{\rho_V}{\rho_L}\right)$$

$$b = \varphi H_T + (\varphi - \beta - 1) h_w$$

$$c = \frac{0.153}{(L_w h_o)^2}$$

$$d = 2.84 \times 10^{-3} E (1 + \beta) \left(\frac{3600}{L_w}\right)^{2/3}$$

将有关数据代入得：

$$a = \frac{0.051}{(A_o C_o)^2} \left(\frac{\rho_V}{\rho_L}\right) = \frac{0.051}{(0.101 \times 0.3875 \times 0.775)^2} \times \left(\frac{5.952}{1360}\right) = 0.243$$

$$b = \varphi H_T + (\varphi - \beta - 1) h_w = 0.5 \times 0.36 + (0.5 - 0.60 - 1) \times 0.0499 = 0.125$$

$$c = \frac{0.153}{(L_w h_o)^2} = \frac{0.153}{(0.64 \times 0.0232)^2} = 693.994$$

$$d = 2.84 \times 10^{-3} E (1+\beta) \left(\frac{3600}{L_w}\right)^{2/3} = 2.84 \times 10^{-3} \times 1 \times (1+0.60) \left(\frac{3600}{0.64}\right)^{2/3} = 1.441$$

故　　　　　　　$0.240 V_s = 0.125 - 693.994 L_s^2 - 1.441 L_s^{2/3}$

或　　　　　　　$V_s = 0.514 - 2855.94 L_s^2 - 5.9301 L_s^{2/3}$

在操作范围内，任意取几个 L_s 值，由以上公式可计算出相对应的 V_s 数值，根据计算结果即可作出液泛线 5。

根据以上五条线的函数关系在图 3-44 中分别作出的其对应的图形关系。

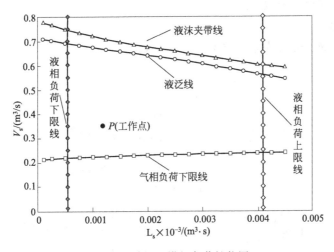

图 3-44　精馏段塔板负荷性能图

由塔板负荷性能图上可以看出：

a. 任务规定的气、液负荷下的操作点 P（设计点），不处于适合操作区内适中位置，发生严重的漏液现象，需要进行设计修正。

b. 塔板的气相负荷上限由液泛线控制，操作下限由液漏线控制。

c. 按照规定的液气比，由附图查出：

塔板的气相负荷上限 $V_{s,max} = 0.435 \mathrm{m^3/s}$，

气相负荷下限 $V_{s,min} = 0.221 \mathrm{m^3/s}$，

故操作弹性为

$$\frac{V_{s,max}}{V_{s,min}} = \frac{0.435}{0.221} = 1.968$$

（2）提馏段负荷性能图

① 漏液线

由

$$u'_{o,min}=4.4c'_o\sqrt{(0.0056+0.13h'_L-h'_\sigma)\frac{\rho_L}{\rho_V}}=\frac{V'_{s,min}}{A'_o}$$

$$h'_L=h'_w+h'_{ow}$$

$$h'_{ow}=\frac{2.84}{1000}E(\frac{L'_h}{L'_w})^{2/3}$$

得

$$V'_{s,min}=u'_{o,min}\times A'_o=4.4c'_o\sqrt{(0.0056+0.13h'_L-h'_\sigma)\frac{\rho_L}{\rho_V}}\times A'_o$$

$$=4.4\times0.775\times\sqrt{[0.0056+0.13\times(0.0435+\frac{2.84}{1000}\times1\times(\frac{3600L'_s}{0.64})^{2/3})-0.000905]\times\frac{1395}{7.677}}$$

$$\times0.3875\times0.101=0.133\times\sqrt{1.881+21.280L'^{2/3}_s}$$

在操作范围内，任意取几个 L'_s 值，由以上公式可计算出相对应的 V'_s 数值，根据计算结果即可作出漏液线1。

② 液沫夹带线

以 $e'_V=0.1$kg 液/kg 气为限，求 V'_s-L'_s 关系如下：

由

$$e'_V=\frac{5.7\times10^{-6}}{\sigma'_L}(\frac{u'_a}{H'_T-h'_f})^{3.2}$$

$$u'_a=\frac{V'_s}{A'_T-A'_f}=\frac{V'_s}{0.636-0.057}=1.727V'_s$$

$$h'_f=2.5h'_L=2.5\times(h'_w+h'_{ow})$$

$$h'_w=0.0435$$

$$h'_{ow}=\frac{2.84}{1000}E(\frac{L'_h}{L'_w})^{2/3}=\frac{2.84}{1000}\times1\times(\frac{3600L'_s}{0.64})^{2/3}=0.901L'^{2/3}_s$$

故

$$h'_f=2.5h'_L=0.109+2.253L'^{2/3}_s$$

$$H'_T-h'_f=0.251-2.253L'^{2/3}_s$$

$$e'_V=\frac{5.7\times10^{-6}}{\sigma'_L}(\frac{u'_a}{H'_T-h'_f})^{3.2}=\frac{5.7\times10^{-6}}{15.476\times10^{-3}}(\frac{1.727V'_s}{0.251-2.253L'^{2/3}_s})^{3.2}=0.1$$

整理得

$$V'_s=0.837-7.517L'^{2/3}_s$$

在操作范围内，任意取几个 L'_s 值，由以上公式可计算出相对应的 V'_s 数值，根据计算结果即可作出液沫夹带线2。

③ 液相负荷下限线

对于平直堰，取堰上液层高度 $h'_{ow}=0.006$m 作为液相负荷下限条件。利用 h_{ow} 计算公式：

$$h'_{ow}=\frac{2.84}{1000}E(\frac{L'_h}{L'_w})^{2/3}=\frac{2.84}{1000}\times E\times(\frac{3600L'_s}{0.64})^{2/3}=0.006$$

取 $E=1$，$L'_{s,min}=(\frac{0.006\times1000}{2.84\times E})^{3/2}\times\frac{L'_w}{3600}$

$$=\frac{0.006\times1000^{3/2}}{2.84\times1}\times\frac{0.64}{3600}=0.000546\mathrm{m}^3/\mathrm{s}$$

在操作范围内，由以上公式即可作出液相负荷下限线 3。

④ 液相负荷上限线

液体在降液管中停留时间公式如下：$\theta'=\dfrac{A_\mathrm{f}'H_\mathrm{T}'}{L_\mathrm{s}'}$

根据经验，液体应保证在降液管中停留时间不低于 3～5s，以停留时间 $\theta'=5\mathrm{s}$ 作为液体在降液管中的停留时间的上限，则 $\theta'=\dfrac{A_\mathrm{f}'H_\mathrm{T}'}{L_\mathrm{s}'}=5$

$$L_\mathrm{s,max}'=\frac{A_\mathrm{f}'H_\mathrm{T}'}{5}=\frac{0.057\times0.36}{5}=0.0041\mathrm{m}^3/\mathrm{s}$$

在操作范围内，由以上公式即可作出液相负荷上限线 4。

⑤ 液泛线

液泛线的确定可根据公式　$H_\mathrm{d}'=\varphi'(H_\mathrm{T}'+h_\mathrm{w}')$

以及

$$H_\mathrm{d}'=h_\mathrm{P}'+h_\mathrm{L}'+h_\mathrm{d}'$$

$$h_\mathrm{p}'=h_\mathrm{c}'+h_\mathrm{l}'+h_\sigma'$$

$$h_\mathrm{l}'=\beta'h_\mathrm{L}'$$

$$h_\mathrm{L}'=h_\mathrm{w}'+h_\mathrm{ow}'$$

将这几个公式联立得 $\varphi'H_\mathrm{T}'+(\varphi'-\beta'-1)h_\mathrm{w}'=(\beta'+1)h_\mathrm{ow}'+h_\mathrm{c}'+h_\mathrm{d}'+h_\sigma'$

忽略式中 h_σ'，将 h_ow' 与 L_s'、h_d' 与 L_s'、h_c' 与 V_s' 的关系式代入上式，整理得 V_s' 与 L_s' 的如下关系式：$a'V_\mathrm{s}'^2=b'-c'L_\mathrm{s}'^2-d'L_\mathrm{s}'^{2/3}$

式中

$$a'=\frac{0.051}{(A_\mathrm{o}'c_\mathrm{o}')^2}\left(\frac{\rho_\mathrm{V}'}{\rho_\mathrm{L}'}\right)$$

$$b'=\varphi'H_\mathrm{T}'+(\varphi'-\beta'-1)h_\mathrm{w}'$$

$$c'=\frac{0.153}{(L_\mathrm{w}'h_\mathrm{o}')^2}$$

$$d'=2.84\times10^{-3}E(1+\beta')\left(\frac{3600}{L_\mathrm{w}'}\right)^{2/3}$$

将有关数据代入得：

$$a'=\frac{0.051}{(A_\mathrm{o}'C_\mathrm{o}')^2}\left(\frac{\rho_\mathrm{V}'}{\rho_\mathrm{L}'}\right)=\frac{0.051}{(0.101\times0.3875\times0.775)^2}\times(677)=0.305$$

$$b'=\varphi'H_\mathrm{T}'+(\varphi'-\beta'-1)h_\mathrm{w}'=0.5\times0.36+(0.5-0.60-1)\times0.0435=0.132$$

$$c'=\frac{0.153}{(L_\mathrm{w}'h_\mathrm{o}')^2}=\frac{0.153}{(0.64\times0.0324)^2}=355.829$$

$$d'=2.84\times10^{-3}E(1+\beta')\left(\frac{3600}{L_\mathrm{w}'}\right)^{2/3}=2.84\times10^{-3}\times1\times(1+0.60)\left(\frac{3600}{0.64}\right)^{2/3}=1.441$$

故　　　　　　　　$0.305V_\mathrm{s}'=0.132-355.829L_\mathrm{s}'^2-1.441L_\mathrm{s}'^{2/3}$

或　　　　　　　　$V_\mathrm{s}'=0.433-1166.652L_\mathrm{s}'^2-4.725L_\mathrm{s}'^{2/3}$

在操作范围内，任意取几个 L'_s 值，由以上公式可计算出相对应的 V'_s 数值，根据计算结果即可作出液泛线5。

根据以上五条线的函数关系在图 3-45 分别作出其对应的图形关系。精馏塔设计计算结果汇总于表 3-6。

由塔板负荷性能图上可以看出：

a. 任务规定的气、液负荷下的操作点 P（设计点），不处于适合操作区内适中位置，发生严重的漏液现象，需要进行设计修正。

b. 塔板的气相负荷上限由液泛线控制，操作下限由液漏线控制。

c. 按照规定的液气比，由附图查出：

塔板的气相负荷上限 $V'_{s,max} = 0.330 \text{m}^3/\text{s}$

气相负荷下限 $V'_{s,min} = 0.196 \text{m}^3/\text{s}$，

故操作弹性为

$$\frac{V'_{s,max}}{V'_{s,min}} = \frac{0.330}{0.196} = 1.684$$

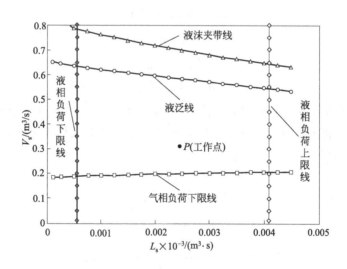

图 3-45　提馏段塔板负荷性能图

表 3-6　精馏塔设计计算结果汇总

项　目		符　号	单　位	计算数据	
				精馏段	提馏段
各段平均压强		p_m	kPa	106.73	128.33
各段平均温度		t_m	℃	41.02	52.22
平均流量	气相	V_s	m^3/s	0.346	0.298
	液相	L_s	m^3/s	0.00119	0.00249
实际塔板数		N	块	12	36
板间距		H_T	m	0.36	0.36
塔的有效高度		Z	m	3.96	12.6
塔径		D	m	0.900	0.900
空塔气速		u	m/s	0.725	0.725
塔板液流形式				单溢流	单溢流

项目		符　号	单位	计算数据	
				精馏段	提馏段
	溢流管形式			弓形	弓形
溢流装置	堰长	L_w	m	0.64	0.64
	堰高	h_w	m	0.0499	0.0435
	堰上液层高度	h_{ow}	m	0.0101	0.0165
	弓形降液管宽度	W_d	m	0.135	0.135
	降液管底隙高度	h_o	m	0.0232	0.0324
	板上清液层高度	h_L	m	0.06	0.06
	孔径	d_o	mm	5.0	5.0
	孔间距	t	mm	15.0	15.0
	孔数	n	个	1990	1990
	开孔面积	A_s	m²	0.3875	0.3875
	筛孔气速	u_o	m/s	8.841	7.614
	每层塔板平均压降	p_p	kPa	0.881	0.881
	液体在降液管中停留时间	θ	s	17.244	8.241
	液沫夹带	e_V	kg液/kg气	0.00997	0.00649
	负荷上限控制类型			液泛控制	液泛控制
	负荷下限控制类型			漏液控制	漏液控制
	气相最大负荷	$V_{s,max}$	m³/s	0.435	0.330
	气相最小负荷	$V_{s,min}$	m³/s	0.221	0.196
	操作弹性			1.968	1.684

3.7.2.9　热负荷及各管径尺寸

（1）热负荷

本设计采用全凝器进行冷却处理，全凝器使塔顶的蒸气冷凝为液体，其中部分回流，部分作为产品。全凝器选用列管式固定管板换热器。

对全凝器作热量衡算，以 1h 为计算基准，并忽略热量损失。则

$$Q_C = VI_{VD} - (LI_{LD} + DL_{LD})$$

因 $V = L + D = (R+1)D$，代入上式并整理得

$$Q_C = (R+1)D(I_{VD} - I_{LD})$$

又

$$I_{VD} - I_{LD} = r$$

全凝器中冷却介质取地下深井水，深井水走管程，蒸气走壳程，逆流流动进行传热。地下深井水的进口温度为 $t_1 = 4℃$，由经验数据取出口温度 $t_2 = 20℃$。

查《化学化工物性数据手册》可获得塔顶温度 $t_D = 34.35℃$ 时，$SiHCl_3$ 气化热为 26.71 kJ/mol，$SiCl_4$ 气化热为 29.09 kJ/mol。根据塔顶组成 $x_D = 0.938$，可计算得塔顶混合物的气化热：

$$r = 0.938 \times 26.71 + 0.062 \times 29.09 = 26.86 kJ/mol$$

当 $t_1 = 4℃$ 时，深井水的比热容 $C_{pc_1} = 4.206 kJ/(kg \cdot ℃)$

当 $t_2 = 20℃$ 时，深井水的比热容 $C_{pc_2} = 4.183 kJ/(kg \cdot ℃)$

故平均比热容

$$C_{pc} = \frac{C_{pc_1} + C_{pc_2}}{2} = \frac{4.206 + 4.183}{2} = 4.195 kJ/(kg \cdot ℃)$$

所以热负荷 $Q_C=Vr=50.952\times10^3\times26.86=1.369\times10^6$ kJ/h

（2）接管选型

各接管直径由流体速度及其流量，按如下关系进行计算：$d=\sqrt{\dfrac{4V_s}{\pi u}}$

① 塔顶蒸气出口管径

工业蒸气的经验流速范围为 $10\sim20$ m/s，所以取蒸汽速度 $u_D=12$m/s，则管径

$$d_D=\sqrt{\frac{4V_s}{\pi u_D}}=\sqrt{\frac{4\times0.346}{3.14\times12}}\,\mathrm{m}=0.192\mathrm{m}$$

查 GB 8163—1987，选用 $\Phi219$mm$\times6$mm 的热轧无缝钢管。

② 回流液管径

由于靠重力回流，所以选用回流液流速为 $u_R=0.3$m/s，则管径

$$d_R=\sqrt{\frac{4L_s}{\pi u_R}}=\sqrt{\frac{4\times0.00119}{3.14\times0.3}}\,\mathrm{m}=0.0711\mathrm{m}$$

查 GB 8163—1987 可知，选用 $\Phi89$mm$\times5.5$mm 的热轧无缝钢管。

③ 进料管径

由于用泵进料，根据工业中流体的一般流速范围，进料流速取为 $u_F=1.0$m/s。而

$$F_s=\frac{FM_{LF}}{3600\rho_{LF}}=\frac{36.883\times160.320}{3600\times1388}=1.18\times10^{-3}\mathrm{m}^3/\mathrm{s}$$

则管径

$$d_F=\sqrt{\frac{4F_s}{\pi u_F}}=\sqrt{\frac{4\times1.18\times10^{-3}}{3.14\times1.0}}=0.0388\mathrm{m}$$

查 GB 8163—1987，选用 $\Phi45$mm$\times3$mm 的热轧无缝钢管。

④ 釜液排出管径

釜液流出速度取 $u_W=0.5$m/s。又

$$W_s=\frac{WM_{LW}}{3600\rho_{LW}}=\frac{24.766\times169.957}{3600\times1402}=8.34\times10^{-4}\mathrm{m}^3/\mathrm{s}$$

则管径

$$d_{W,L}=\sqrt{\frac{4W_s}{\pi u_W}}=\sqrt{\frac{4\times8.34\times10^{-4}}{3.14\times0.5}}=0.046\mathrm{m}$$

查 GB 8163—1987，选用 $\Phi57$mm$\times4$mm 的热轧无缝钢管。

⑤ 塔釜进气管径

由于操作条件下，进气量 $V'=50.952$kmol/h，取 $u=10$m/s，又 $V'_s=0.298$m^3/s
则管径

$$d_{W,v}=\sqrt{\frac{4V_s}{\pi u}}=\sqrt{\frac{4\times0.298}{3.14\times10}}=0.195\mathrm{m}$$

查 GB 8163—1987，选用 $\Phi219$mm$\times6$mm 的热轧无缝钢管。

经过以上各步计算，将计算结果汇总于表 3-7 中。

（3）板式塔的塔高

取塔顶空间（包括人孔和封头）$H_D=1.5$m；塔底空间（包括一个人孔）$H_B=1.9$m；

在提馏段中部开设一人孔，人孔处的板间距为 $H_P=0.800\text{m}$；进料位置板间距（包括一个人孔）$H_F=0.800\text{m}$；裙座高度 $H_座=2D=2\times0.9=1.8\text{m}$，所以塔高

$$H=(N_p-N_F-n-1)H_T+N_F\times H_F+n\times H_P+H_D+H_B+H_座$$
$$=48-1-1-1\times0.36+1\times0.800+1\times0.800+1.5+1.9+1.8$$
$$=23.0\text{m}$$

精馏塔接管尺寸见表 3-7。

表 3-7　精馏塔接管尺寸表

序号	名称	选定流速/(m/s)	管规格
1	塔顶蒸气出口管	4	$\Phi219\text{mm}\times6\text{mm}$
2	回流液接管	0.3	$\Phi89\text{mm}\times5.5\text{mm}$
3	进料接管	1.0	$\Phi45\text{mm}\times3\text{mm}$
4	釜液排出管	0.5	$\Phi57\text{mm}\times4\text{mm}$
5	塔釜进气管	4	$\Phi219\text{mm}\times6\text{mm}$

3.8　板式精馏塔设计任务

（1）苯-氯苯连续精馏塔的工艺设计

设计任务：年处理苯-氯苯混合液 10/20/50 万吨，原料中氯苯含量为 20%/30%/40%（质量分数，下同），塔顶流出液中氯苯含量不高于 1.0%，塔底残液中氯苯含量不低于 99.5%。

操作条件：塔顶压强 4kPa（表压）；单板压降≤0.7kPa；泡点进料；塔釜加热蒸汽压强0.5MPa（表压）；冷却水温度 25℃。塔板采用筛板或浮阀塔板（F1 型）；年操作时间每年300d，每天 24h 连续运行。

设计内容：完成精馏工艺设计及优化；精馏塔设计和有关附属设备的设计及选用；编写设计说明书；绘制精馏塔工艺流程图；塔板工艺结构条件图及塔板负荷性能图。

已知：苯-氯苯饱和蒸气压、表面张力数据见表 3-8 与表 3-9。

表 3-8　苯-氯苯饱和蒸气压数据

温度/℃		80	90	100	110	120	130	131.8
p°/kPa	苯(A)	101.3	136.6	179.9	234.6	299.9	378.5	386.5
	氯苯(B)	19.7	27.3	39.1	53.3	72.4	95.8	101.3
相对挥发度		5.14	5.00	4.60	4.40	4.14	3.95	3.82

表 3-9　苯-氯苯表面张力数据

温度/℃		80	85	110	115	120	131.8
$\sigma/$	苯(A)	21.2	20.6	17.3	16.8	16.3	15.3
(mN/m)	氯苯(B)	26.1	25.7	22.7	22.2	21.6	20.4

（2）乙醇-水连续精馏塔的工艺设计

设计任务：年处理乙醇-水混合液 5 / 10 / 15 万吨，原料中乙醇含量为 15%/25%/35 %（质量分数，下同），塔顶流出液中乙醇含量不低于 95%，塔底残液中乙醇含量不高于0.2%。乙醇回收率取 98%。

操作条件：塔顶压强 4kPa（表压）；单板压降≤0.7kPa；泡点进料；塔釜加热蒸汽压强0.5MPa（表压）；冷却水温度 25℃。塔板采用筛板或浮阀塔板（F1 型）；年操作时间每年

330d，每天24h连续运行。

设计内容：完成精馏工艺设计及优化；精馏塔设计和有关附属设备的设计及选用；编写设计说明书；绘制精馏塔工艺流程图；塔板工艺结构条件图及塔板负荷性能图。

已知：乙醇-水饱和蒸气压、表面张力与密度数据见表3-10与表3-11。

表3-10　乙醇-水饱和蒸气压数据

沸点/℃	乙醇摩尔分数		沸点/℃	乙醇摩尔分数	
	液相	气相		液相	气相
100.0	0.000	0.000	81.5	0.327	0.583
95.5	0.019	0.170	80.7	0.397	0.612
89.0	0.072	0.389	79.8	0.508	0.656
86.7	0.097	0.438	79.7	0.520	0.660
85.3	0.124	0.470	79.3	0.573	0.684
84.1	0.166	0.509	78.74	0.676	0.739
82.7	0.234	0.545	78.41	0.747	0.782
82.3	0.261	0.558	78.15	0.894	0.894

表3-11　乙醇-水表面张力与密度数据

温度/℃		20	30	40	50	60	70	80	90	100	110
σ/ (mN/m)	乙醇(A)	22.3	21.2	20.4	19.8	18.8	18.0	17.15	16.2	15.2	14.4
	水(B)	72.67	71.20	69.63	67.67	66.20	64.33	62.57	60.71	58.84	56.88
ρ/ kg/m³	乙醇(A)	795	785	777	765	755	746	735	730	716	703
	水(B)	998.2	995.7	992.2	988.1	983.2	977.8	971.8	965.3	958.4	951.0

（3）环己醇-苯酚连续精馏塔的工艺设计

设计任务：年处理环己醇-苯酚混合液 2/5/8 万吨，原料中环己醇醇含量为 20％/ 25％/ 30％（质量分数，下同），塔顶流出液中环己醇含量不低于99％，塔底残液中环己醇含量不高于0.5％。环己醇回收率取99％。

操作条件：塔顶压强4kPa（表压）；单板压降≤0.7kPa；泡点进料；塔釜加热采用260℃预热油；塔顶冷却水温度25℃。塔板采用筛板或浮阀塔板（F1型）；年操作时间每年300d，每天24h连续运行。

设计内容：完成精馏工艺设计及优化；精馏塔设计和有关附属设备的设计及选用；编写设计说明书；绘制精馏塔工艺流程图；塔板工艺结构条件图及塔板负荷性能图。

已知：环己醇-苯酚饱和蒸气压数据见表3-12。

表3-12　环己醇-苯酚饱和蒸气压数据

沸点/℃	环己醇摩尔分数		沸点/℃	环己醇摩尔分数	
	液相	气相		液相	气相
182.1	0.00	0.000	165.7	0.55	0.688
179.7	0.05	0.110	164.8	0.60	0.726
177.6	0.10	0.202	163.9	0.65	0.762
175.7	0.15	0.281	163.1	0.70	0.798
174.0	0.20	0.350	162.3	0.75	0.833
172.5	0.25	0.411	161.5	0.80	0.867
171.1	0.30	0.466	160.8	0.85	0.900
169.9	0.35	0.517	160.1	0.90	0.934
168.7	0.40	0.563	159.4	0.95	0.967
167.7	0.45	0.607	158.7	1.00	1.000
166.6	0.50	0.648			

第**4**章
填料吸收塔工艺设计

4.1 概述

4.1.1 吸收过程及其应用

吸收是依据混合气体各组分在液体吸收剂中物理溶解度或化学反应活性的不同而实现分离的传质单元操作。前者称为物理吸收,后者称为化学吸收。它在天然气、石油化工及环境工程中有极其广泛的应用,按工程目的可归纳为以下几点:

① 净化原料气,精制气体产品。

② 分离气体混合物,以获得需要的目标组分。

③ 制取气体的溶液作为产品或中间产品。

④ 治理有害气体的污染,保护环境。

从传质角度而言,吸收完成了溶质由气相到液相的传递,但尚未得到纯度较高的气体溶质,因此工业上除了制取液态产品为目的的吸收外,大都要将吸收液进行解吸,它既可以获得纯度较高的气体溶质,同时又使吸收剂再生,可以循环使用。实现吸收和解吸过程合理匹配的流程,所用设备、机、泵、管线等总体构成了吸收装置,其中主体设备为吸收塔和解吸塔。

4.1.2 吸收过程对塔设备的要求

吸收(或解吸)过程通常在塔设备中进行,常用塔设备可分为板式塔和填料塔两大类,为实现经济的分离,塔设备应满足以下主要要求:

① 生产能力大,即单位塔横截面气、液两相通过能力大,而又保证不发生过量液沫夹带和液泛等不正常流体力学现象。

② 流体阻力小,主要是指气体流经塔设备的压力降要小,以节省动力、降低操作费用,对于真空气体解吸尤其应考虑这一点。

③ 分离效率尽可能高。塔设备要为气、液两相创造良好的流动与接触条件,使之具有较高的分离效率,并节省设备投资。

④ 操作弹性好。当气、液两相负荷有较大幅度变化时,仍能保持两相间的正常接触传质,维持较高的分离效率而稳定操作。

⑤ 结构简单,造价低廉,耐腐蚀性好,安全可靠。

4.2 设计方案的确定

对给定的吸收分离任务和要求,首要的任务是确定经济合理的设计方案。

4.2.1 吸收剂和吸收方法

(1) 吸收剂的选择依据

吸收剂的选择是吸收操作的关键问题,根据吸收剂与溶质间有无化学反应发生,决定了是物理吸收还是化学吸收。在这种意义上讲吸收剂的选择和吸收方法的选择,有着一定的联系。选择吸收剂时,首先要考虑前后工序对吸收操作提供的条件和要求,其次从吸收过程的基本原理出发,考虑主要技术、经济指标加以选择,具体为:

① 溶质的溶解度大,选择性好。

② 利于再生,循环使用,化学吸收剂应与溶质发生可逆反应,以利于再生。

③ 蒸气压低,黏度宜小,不易发泡,以减少溶剂损失,实现高效稳定操作。

④ 具有较好的化学稳定性和热稳定性。

⑤ 对设备的腐蚀性宜小,尽可能无毒。

⑥ 价廉易得。

实际上很难选到一种能全面满足上述要求的理想吸收剂,能满足主要要求即可。

(2) 吸收方法和工业常用吸收剂

完成同一吸收任务,可选用几种不同的吸收剂,从而构成了不同的吸收方法,如以合成氨厂变换气脱 CO_2 为例。若配合焦炉气为原料的制氢工艺,宜选用水、碳酸丙烯酯、冷甲醇等作为吸收剂,它既能脱 CO_2,又能脱除有机杂质,后继配以碱洗和低温液氮洗构成了一个完整的净化体系。若以天然气为原料制 H_2 和 N_2 时,选用催化热碳酸钾溶液作为吸收剂,净化度高,后继配以甲烷化法,经济合理。可见,前者为物理吸收,后者则为化学吸收。一般而言,当溶质含量较低,而要求净化度又高时,宜采用化学吸收法,如果溶质含量较高,而净化度要求又不很高时,宜采用物理吸收法 (表 4-1)。

表 4-1 工业吸收中常用的吸收剂

溶质	吸收剂
CO_2 H_2S	化学吸收剂:胺基醇水溶液
	一乙醇胺
	二乙醇胺
	二异丙醇胺
	改进热碳酸钾(有机、无机促进剂)
	物理化学吸收剂:
	环丁砜-二异丙醇胺
	物理吸收剂:水
	聚乙二醇二乙醚
	环丁砜
	N-甲基吡咯烷酮
	冷甲醇

溶质	吸收剂
SO_2 COS	浓硫酸 石灰/石灰石在水中的浆状物(石灰乳) 硫酸钠 亚硫酸盐溶液 柠檬酸钠溶液 磷酸钠溶液
NH_3 HCl NO_2 NO_x 苯蒸气 丁二烯 三氯乙烯 $C_2 \sim C_5$ 烃类	水、稀硫酸 水 水、稀 HNO_3 水、Na_2CO_3 水溶液 洗油 乙醇、乙腈 煤油 碳六油

（3）物理吸收剂和化学吸收剂的各自特性

物理吸收剂的特性如下：

① 吸收容量（溶解度）正比于溶质分压。

② 吸收热效应很小（近于等温）。

③ 常用降压闪蒸解吸。

④ 适用于溶质含量高，而净化程度要求不太高的场合。

⑤ 对设备腐蚀性小，不易变质。

化学吸收剂的特性如下：

① 吸收容量对溶质分压不太敏感。

② 吸收热效应显著。

③ 用低压蒸气提解吸。

④ 适用于溶质含量不高，而要求净化程度很高的场合。

⑤ 对设备腐蚀性大，不易变质。

4.2.2　吸收操作条件的选择

（1）操作压力的选择

对于物理吸收，加压既能提高溶质溶解度和传质速率，又能减小塔径和吸收剂用量，但压力过高会使塔造价增加，同时惰性组分的溶解损失亦会增大，对于物理解吸而言，减压是最常用的方法之一，可一次或逐次减至常压乃至于真空。

对于化学吸收，其速率可为扩散速率控制，也可为化学反应速率控制，加压能提高溶质溶解度，利于前者，对后者影响不大，但是加压总是可以减小塔设备尺寸。工程上必须考虑吸收过程与前后工序间压力条件的联系与制约，以求得总体与局部的协调一致。

（2）操作温度的选择

操作温度条件一方面影响气液平衡关系，另一方面影响过程速率。

对物理吸收，选择较低的操作温度是有利的，具体温度值应考虑吸收剂特性和前后工序温度条件的配合而定。如用水和碳酸丙烯酯脱 CO_2 宜选择常温，若用甲醇脱 CO_2 宜选择 $-70℃\sim-30℃$ 低温。解吸可为常温或稍加升温。

化学吸收的温度应由保持合适的化学吸收速率而定，对于发生可逆化学反应的化学吸收液，通常是以减压加热的方法解吸。工程上，吸收剂通常要循环使用，为此，吸收和解吸的温度条件必须统筹考虑。实践表明，等温下的吸收和解吸流程及过程能耗将最省。

（3）吸收因子 A 的选值

吸收因子 A（L/mG）是吸收（或解吸）操作中的重要参数。其几何意义为操作线斜率（L/G）与平衡线斜率（m）之比。因此 A 值综合反映了操作液气比和平衡关系对传质过程的影响。

对于给定的吸收任务，A 值过大，吸收剂用量必然很大，操作费用增加，若 A 值过小，则过程推动力小，塔必然很高。A 值的合理选择实质上是将设备投资和操作费用总体优化的结果。在不具备优化条件时，可按不同情况经验取值。

对于净化气体提高溶质回收率的吸收：$1.2 < A < 2.0$，一般取 $A = 1.4$；

对于制取液体产品的吸收：一般取 $A<1$；

对于解吸操作：$1.2 < A < 2.0$，一般取 $1/A = 1.4$。

当然对于特殊的气-液物系，如有特殊传质要求时，吸收因子 A 的选择需具体考虑。

4.2.3　确定吸收工艺流程

完成给定的气体净化任务，可以采用一种吸收剂实行一步吸收，也可以选用两种吸收剂实行两步吸收。根据吸收过程的特点和要求，可以选用单塔流程，有时也需采用多塔流程，因此工业上具体的吸收流程可能有以下几种。

（1）一步吸收和两步吸收

当溶质浓度较低而吸收率又要求不太高时，可以采用一种吸收剂由一步吸收完成。当溶质浓度较高（20％～30％以上），而吸收率又要求很高时，往往采用两步法吸收。第一步以物理吸收法吸收绝大部分溶质，第二步以化学吸收法吸收剩余的少量溶质，保证较高的吸收率。

（2）单塔吸收流程

① 单塔逆流吸收流程，如图 4-1 所示。这是最常见的吸收流程，其特点是在气液两相进出塔浓度一定时，逆流的传质平均推动力大，从而传质速率快；逆流操作具有多个理论级的分离能力，但是气、液负荷要受液泛条件的限制，压力降较大。

② 单塔并流吸收流程，如图 4-2 所示。其特点是气、液负荷大，不受液泛条件的限制；压力降低；只具有一个理论级的分离能力，适用于易溶气体吸收。

③ 单塔逆流（或并流）、部分吸收液再循环的吸收流程，如图 4-3 所示。部分吸收液再循环的重要作用是：除去吸收热，维持较合适的温度；提高液体喷淋密度，以保证填料较完全的润湿；调节溶液产品的浓度。

吸收液部分循环的流程，主要用于热效应十分显著或液体喷淋密度很小的吸收操作。对于等温的物理吸收而言，吸收液的部分循环势必降低传质推动力，不利于吸收。然而对于热效应十分显著的化学吸收，吸收液的部分再循环会带走大量吸收热，维持较合理的温度条件。与吸收液不循环的流程相比，平衡线下移的幅度可能比操作线的大，就是说传质推动力反而有可能提高。此外，液体喷淋量的增加会改善填料润湿情况，可使 $K_L a$（或 $K_X a$）增大。对于热效应不大的吸收，采用部分吸收液的再循环，一定会降低传质推动力，但有可能为体积传质系数的增大所补偿。

④ 单塔两股吸收剂进料的逆流吸收流程如图 4-4 所示。

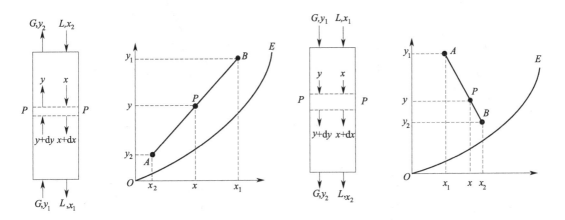

图 4-1　单塔逆流吸收流程　　　　　　　图 4-2　单塔并流吸收流程

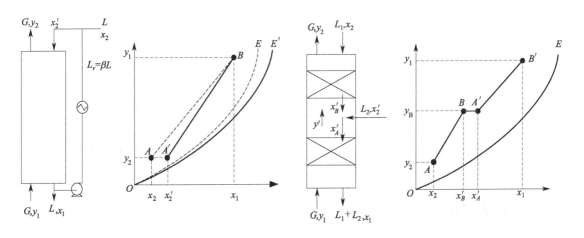

图 4-3　部分吸收液再循环流程　　　图 4-4　单塔两股吸收剂进料的逆流吸收流程

（3）多塔吸收流程

若分离过程所需填料层高度过高或处理气量扩大，使用单塔不方便时，可考虑多塔吸收流程。

① 多塔逆流串联流程

多塔逆流串联流程又可细分为不带吸收液部分再循环和带吸收液部分再循环两种。其流程和操作线示于图 4-5。其中虚线 AB 表示不带吸收液部分再循环的多塔串联操作线，相当于一个吸收塔。图中实线为各塔吸收液部分再循环时的操作线。工程上为节省管线，还常设计多塔串联组合逆、并流操作流程。

② 多塔错流组合逆流操作如图 4-6 所示。

③ 多塔并联组合逆流操作如图 4-7 所示。

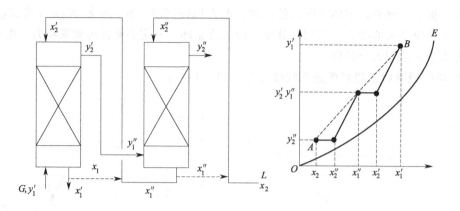

图 4-5　多塔逆流串联吸收流程

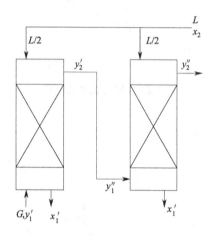

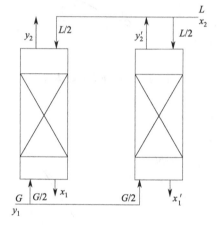

图 4-6　多塔错流组合逆流吸收流程　　　　图 4-7　多塔并联组合逆流吸收流程

根据吸收工艺的具体要求和特殊的考虑，可以设计成不同的流程。

4.2.4　解吸方法与流程

对于吸收剂循环使用的吸收装置，需设置解吸塔，解吸方法与流程如下。

（1）解吸方法

① 减压解吸　将加压吸收液一次或逐次减至常压，常压吸收液减至真空。对于减压解吸过程无须外加能量，而应该考虑的是如何合理回收利用加压吸收液的机械能。

② 加热解吸　加热方法可分为直接蒸汽加热和间接蒸汽加热。热电厂锅炉用软化水的热力脱氧是蒸汽直接加热解吸的典型事例。

③ 加热-减压联合解吸　先将吸收液升温继而减压，在升温、减压的联合作用下，可显著提高解吸速率和溶质的解吸程度。

④ 气提解吸　以惰性气体（或溶剂蒸汽）作为汽提气自塔底入，与由上流下的吸收液逆流接触，在解吸推动力的作用下，不断将溶质解吸，常用的汽提气为空气、氮气、二氧化碳、水蒸气及溶剂蒸气等。

（2）解吸流程

① 多级减压解吸流程，如图 4-8 所示。

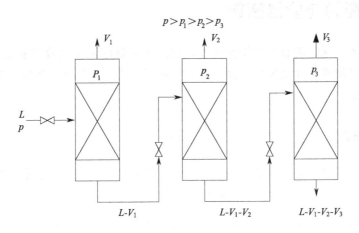

图 4-8　多级减压解吸流程

② 汽提逆流解吸流程，如图 4-9 所示。

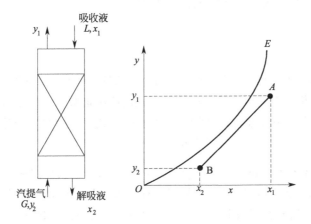

图 4-9　汽提逆流解吸流程

4.2.5　能量的合理利用

吸收装置设计中必须考虑能量的合理利用，以实现经济生产。

① 尽量减少吸收塔（解吸）的压力降，压力降是主要的操作能耗指标，选用低阻力、大通量的塔、设计低压力降的弹力件是设备节能的核心内容。

② 对加压吸收、减压解吸的吸收流程中，物流历经升压到减压，为回收工艺流体放出的机械能，可以设置液力透平回收。

③ 对于用水蒸气的汽提解吸过程，需设塔底再沸器和塔顶冷凝器，合理选择温位恰当、廉价的加热介质和冷却介质是重要的节能内容。此外，解吸前的富液待加热，而吸收后出塔贫液待冷却，因此可将两者匹配换热，以合理利用工艺流体自身的能量。

4.3　物料衡算与能量衡算

根据吸收任务，选定吸收剂和操作条件，按照工艺顺序可对吸收装置的各步工艺过程，作物料衡算和能量衡算。其结果作为设计吸收（解吸）塔、换热器、釜和冷凝器以及选用其他辅助设备的依据。

4.3.1　物料衡算

根据质量守恒定律，对于连续稳态操作过程，输入的质量流率等于输出的质量流率，即

$$\sum m_i = \sum m_0$$

按上式可做总物料衡算，也可做某一组分的物料衡算，当涉及相平衡过程时，应引入相平衡方程：

$$y_e = mx$$

由此可确定进出各化工设备的物料流量和组成。

4.3.2　能量衡算

根据能量守恒定律，可对每一步工艺过程进行能量衡算，对于等温过程，主要表现为机械能衡算，从而确定需外加机械能数值或系统向外界提供的机械能数值，对于有热能交换的变温过程，主要体现为热量衡算。就连续稳定的变温过程而言，则输入的热流率必等于输出的热流率。

$$\sum Q_i = \sum Q_0$$

其输入项中应包含溶质溶解热、化学反应热，输出项应包括热损失。

对于变温条件下的化学吸收解吸，过程吸收往往在加压、较低温度下进行，而解吸在减压和较高温度下进行，这样在吸收和解吸过程之间存在着机械能和热能的合理利用和回收问题。对加热解吸的过程，又需确定解吸塔再沸器热负荷和加热介质（水蒸气）用量、塔顶冷凝器的热负荷和冷却介质（水）的用量等。合理选择加热介质和冷却介质种类及温位，恰当地将吸收与解吸间能量利用加以匹配是实现经济合理操作的关键。

4.4　塔填料性能及选择

塔填料是填料塔的核心内件，其作用在于为气液两相提供充分而密切的接触，以实现相间的传质、传热过程，塔填料的结构形式（图 4-10）和性能决定着填料塔的通过能力、分离效率和过程能耗等技术经济指标。

4.4.1　填料的基本要求和几何特性

（1）塔填料基本要求
① 具有较大的比表面积和较高的空隙率。

② 填料的几何结构要有利于气液流体的均布和接触，具有良好的刚性和一定的强度。

③ 填料选材对工艺流体有良好的耐腐蚀性能、润湿性能和热稳定性能。

④ 廉价耐用。

（2）填料塔的几何特性

① 公称直径 d_p。

② 比表面积 a_t，m^2/m^3。散装填料 $a_t = 80 \sim 250 m^2/m^3$，金属规整填料 $a_t = 80 \sim 250 m^2/m^3$。

③空隙率 ε，ε 一般取 $0.7 \sim 0.98$。

④填料因子 Φ。它反映一定结构和尺寸的填料在气液接触操作中的综合流体力学性能。Φ 值低者，通量大，阻力小，因此填料因子 Φ 可作为评价不同填料通量和压降性能的依据，应该指出文献中还常提到干填料因子，就目前研究，干填料因子已很少有实用意义，有实用价值的是实验测定的填料因子 Φ，也称之湿填料因子。

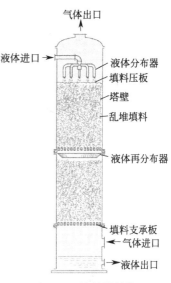

图 4-10　填料塔结构

4.4.2　填料的分类与特性

按填料元件的结构和使用方式，可分为散堆和规整两大类。随着科技进步，对塔填料的几何结构、选材、制作方法以及性能测试等方面做了大量富有成效的研究，至今塔填料已经形成了多品种、多种规格的系列化产品，在每一系列中，基于减小压力降、增大比表面积、增加流体扰动和改善表面润湿性能的要求，又构成了各自的发展序列。

（1）散堆填料及其特性

散堆填料指以单体结构散装于塔内的颗粒状填料，工业填料的公称尺寸为 25mm、38mm、50mm、75mm 几种，它可用陶瓷、金属、塑料、玻璃、石墨等制造。按其基本构型可划分为环形填料、鞍形填料、环鞍形填料和球形填料（图 4-11）。

① 环形填料

拉西环［Rasching Ring，图 4-11（a）］是于 1941 年最早开发的人造填料，其形体为高度与外径相等的圆环。尺寸小于 50mm，多散装；尺寸大于 50mm，多为整砌。由于空隙率小，散堆床层的空隙率又不均匀，致使气液通过能力低，且液体的沟通及壁流现象严重，因而传质效率较低，而且随塔径和床层高度的增加，效率下降更显著，近年来它的使用范围逐渐在减小。人们对它的研究比较全面和充分，常以其作为比较其他填料性能优劣的基准，对拉西环结构与性能关系的剖析，也启迪了新型填料开发的思路。

近年人们研究发现，拉西环的流体阻力较小而传递效率却较高，为了增大比表面积和提高抗压强度，在拉西环内夹"—"字形隔板，称为列辛环，加"＋"字形隔板称为十格环，加螺旋形隔板称为螺旋环等。

不同尺寸的陶瓷拉西环和钢拉西环的特性数据列于表 4-2 和表 4-3。

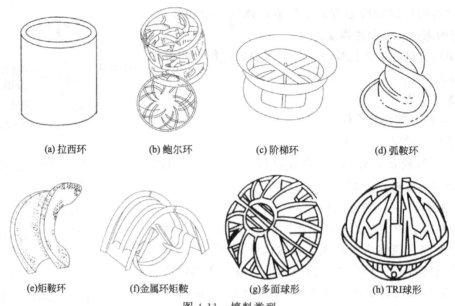

(a) 拉西环　　　　(b) 鲍尔环　　　　(c) 阶梯环　　　　(d) 弧鞍环

(e)矩鞍环　　　(f)金属环矩鞍　　　(g)多面球形　　　(h)TRI球形

图 4-11　填料类型

表 4-2　陶瓷拉西环特性参数（散堆）

外径 d_p/ mm	高×厚($H×δ$)/ mm×mm	比表面积 a_t/ (m³/m²)	空隙率 $ε$/ (m³/m²)	堆积个数/(n/ m³)	堆积密度 $ρ_p$/ (kg/m³)	干填料因子 $a_t/ε^3$/ m⁻¹	湿填料因子 $Φ$/ m⁻¹
6.4	6.4×0.8	789	0.73	3110000	737	2030	2400
8	8×1.5	570	0.64	1465000	600	2170	2500
10	10×1.5	440	0.70	720000	700	1280	1500
15	15×2	330	0.70	250000	690	960	1020
16	16×2	305	0.73	192500	730	784	900
25	25×2.5	190	0.78	49000	505	400	400
40	40×4.5	126	0.75	12700	577	305	350
50	50×4.5	93	0.81	6000	457	177	220
80	80×9.5	76	0.68	1910	714	243	280

表 4-3　钢拉西环特性参数（散堆）

外径 d_p/ mm	高×厚($H×δ$)/ mm×mm	比表面积 a_t/ (m³/m²)	空隙率 $ε$/ (m³/m²)	堆积个数/(n/ m³)	堆积密度 $ρ_p$/ (kg/m³)	干填料因子 $a_t/ε^3$/ m⁻¹	湿填料因子 $Φ$/ m⁻¹
6.4	6.4×0.8	789	0.73	3110000	2100	2030	2500
8	8×0.3	630	0.91	1550000	750	1140	1580
10	10×0.5	500	0.88	800000	960	740	1000
15	15×0.5	350	0.92	248000	660	460	600
25	25×0.8	220	0.92	55000	640	290	390
35	15×1	150	0.93	19000	570	190	260
50	50×1	110	0.95	7000	430	130	175
76	76×1.6	68	0.95	1870	400	80	105

　　鲍尔环（Pall Ring）是于 1948 年开发成功的开孔环形填料。开孔切开的窗叶片一边与

环壁母体相连，另一端弯向环内，在环中心几乎对接，上下两层叶片的弯曲方向相反。由于它特定的开孔结构，沟通了环内外表面和空间，显著地改善了填料层的空隙和均匀程度。尽管其空隙率和比表面积与公称尺寸相同的拉西环相比无法改变，然而液体的均布性能明显改善，气体阻力显著降低，流体通过能力和体积传热系数均有显著提高，鲍尔环于 20 世纪 50～60 年代被国内外公认为优良的散堆塔填料，目前它仍不失为使用最多的填料品种之一。

金属和塑料鲍尔环的特性数据列于表 4-4 及表 4-5。

表 4-4 金属鲍尔环特性参数

	外径 d_p/ mm	高×厚 ($H×δ$)/ mm×mm	比表面积 a_t/ (m^3/m^2)	空隙率 $ε$/ (m^3/m^2)	堆积个数/ (n/m^3)	堆积密度 $ρ_p$/ (kg/m^3)	干填料因子 $a_t/ε^3$/m^{-1}	湿填料因子 $Φ$/ m^{-1}
国内数据	38	38×0.8	129	0.945	13000	365	153	130
	50	50×1	112.3	0.949	6500	395	131	140
国外数据	16	16×0.46	341	0.93	209000	593	424	230
	25	25×0.6	207	0.94	49600	481	249	158
	38	38×0.76	128	0.95	13300	417	149	92
	50	50×0.9	102	0.96	6040	385	119	66

表 4-5 塑料鲍尔环特性参数

	外径 d_p/ mm	高×厚 ($H×δ$)/ mm×mm	比表面积 a_t/ (m^3/m^2)	空隙率 $ε$/ (m^3/m^2)	堆积个数/ (n/m^3)	堆积密度 $ρ_p$/ (kg/m^3)	干填料因子 $a_t/ε^3$/m^{-1}	湿填料因子 $Φ$/ m^{-1}
国内数据	25	24.2×1	194	0.87	53500	101	294	320
	38	38.5×1	155	0.89	15800	98	220	200
	50	48×1.8	106.4	0.90	7000	87.5	146	120
国外数据	16	16	341	0.87	214000	116	518	318
	25	25	207	0.90	50100	88	284	171
	38	38	128	0.91	13600	76	170	105
	50	50	102	0.92	6360	72	131	82

阶梯环（Cascade Mini-ring）是在鲍尔环结构基础上开发的新型环状填料。环高约为直径的 1/3～1/2。环壁上亦开有一层或两层窗孔，环内有弯曲的窗叶片或筋条，但环的一端制成喇叭口形，其高度约为环高的 1/5。缩小了的高径底和喇叭口结构，使填料之间多呈点式接触，床层均匀，空隙率大，利于液体的均布和频繁的分散与汇聚，致使传质表面不断更新。与鲍尔环相比，其通过能力可提高 10%～20% 压力，将可降低 20% 左右，传质效率也有提高，阶梯环自 20 世纪 70 年代初问世以来，被视为环形填料发展的新突破，是当前综合性能最好的散堆填料之一。

金属、瓷和塑料阶梯环的特性数据列于表 4-6～表 4-8 中。

表 4-6 金属阶梯环特性参数

外径 d_p/ mm	高×厚($H×δ$)/ mm×mm	比表面积 a_t/ (m^3/m^2)	空隙率 $ε$/ (m^3/m^2)	堆积个数/ (n/m^3)	堆积密度 $ρ_p$/ (kg/m^3)	干填料因子 $a_t/ε^3$/ m^{-1}	湿填料因子 $Φ$/ m^{-1}
25	12.5×0.6	220	0.93	97160	439	273.5	230
38	19×0.6	154.3	0.94	31890	475.5	185.8	118
50	25×1.0	109.2	0.95	11600	400	127.4	82

注：堆积密度对碳钢和不锈钢适用。

表 4-7 瓷阶梯环特性参数

外径 d_p/ mm	高×厚($H×\delta$)/ mm×mm	比表面积 a_t/ (m^3/m^2)	空隙率 ε/ (m^3/m^2)	堆积个数/ (n/m^3)	堆积密度 ρ_p/ (kg/m^3)	干填料因子 a_t/ε^3/ m^{-1}	湿填料因子 Φ/ m^{-1}
50	30×5	108.8	0.787	9091	516	223	—
50(#)	30×5	105.6	0.774	9300	483	278	—
76	45×7	63.4	0.795	2517	420	126	—

表 4-8 塑料阶梯环特性参数

外径 d_p/ mm	高×厚($H×\delta$)/ mm×mm	比表面积 a_t/ (m^3/m^2)	空隙率 ε/ (m^3/m^2)	堆积个数/ (n/m^3)	堆积密度 ρ_p/ (kg/m^3)	干填料因子 a_t/ε^3/ m^{-1}	湿填料因子 Φ/ m^{-1}
25	12.5×1.4	228	0.9	81500	97.8	312.8	172
38	19×1.0	132.5	0.91	27200	57.5	175.8	116
50	25×1.5	114.2	0.927	10740	54.3	143.1	100
76	37×3.0	90	0.929	3420	68.4	112.3	—

② 鞍形填料

弧鞍填料又称贝尔鞍（Barl Saddle）填料，它是最早（1931年）开发的鞍形填料，形如马鞍，它的表面全部敞开，结构对称。与拉西环相比，表面利用率高，液体沿鞍形表面分布均匀，气体流动阻力小，然而两侧对称的结构导致堆放时相邻填料间容易发生叠合，这样不但减少了暴露表面，而且破坏了填料层的均匀性，影响了它的性能，近年来已为结构改进的矩鞍填料所代替。

矩鞍填料，又称英特洛克斯（Intalox Saddle）填料，它是于1950年问世的改进鞍形填料。其两面不对称，堆积时不能互相重叠。因此填料层的空隙率均匀。用陶瓷制造的散堆填料中，矩鞍阻力小，通过能力大，液体分布比较均匀，液相体积传质系数较高，是一种综合性能优良的陶瓷材料。

国内矩鞍填料的特性参数列入表4-9。

表 4-9 国内矩鞍填料特性参数（散堆）

材质	公称尺寸/ mm	外径×高×厚 ($d×H×\delta$)/ mm×mm×mm	比表面积 a_t/ (m^3/m^2)	空隙率 ε/ (m^3/m^2)	堆积个数/ (n/m^{-3})	堆积密度 ρ_p/ (kg/m^3)	干填料因子 a_t/ε^3/m^{-1}	湿填料因子 Φ/m^{-1}
陶瓷	16	26×12×2.2	378	0.710	269896	686	1055	1000
	25	40×20×3.0	200	0.772	58230	544	433	300
	38	60×30×4.0	131	0.804	19680	502	252	270
	50	75×45×5.0	103	0.782	8710	470	216	122
	76	119×53×9.0	76.3	0.752	2400	537.7	179.4	—
塑料	16	24×12×0.69	461	0.806	365099	167	879	1000
	25	38×19×1.05	283	0.847	97680	133	473	320
	76		200	0.885	3700	104.4	289	96

海涅尔（Hydronyl）填料又称超级弧鞍填料，是由塑料或轻质陶瓷制得，带有开孔和飞翅的弧鞍形填料。质轻，强度高，具有防腐蚀和抗震等性能。

金属丝网鞍形填料又称麦克马洪（MaMahon）填料。它由100目金属丝网压制而成，尺寸一般较小（6mm），丝网能增加比表面积，增加液体润滑性能和扰动，因此传质性能优异，属高效填料之一。

③ 环鞍形填料

这类填料有环和鞍两种形体结合而成，兼备了环形填料通量大、鞍形填料布液均匀的优点，是综合性能优良的散堆塔填料之一。

金属环矩鞍填料（Intalox Metal Tower Packing）由美国 Norton 公司于 1976 年开发成功，它由开孔半环和开孔矩鞍结合而成，通常用薄金属片冲制成整体结构，耗材少，刚性好，特定的几何结构使得堆积后的填料层空隙率大且均匀，因此气液通量大、阻力小，在散堆填料中，其流体力学性能最优，液相传质性能稍逊于阶梯环，属目前综合性能优良的散堆填料之一。

金属环矩鞍填料特性参数见表 4-10。

表 4-10　金属环矩鞍填料特性参数

公称尺寸/ mm	外径×高×厚 ($d \times H \times \delta$)/ mm×mm×mm	比表面积 a_t/ (m^3/m^2)	空隙率 ε/ (m^3/m^2)	堆积个数/ (n/m^3)	堆积密度 ρ_p/ (kg/m^3)	干填料因子 a_t/ε^3/ m^{-1}	湿填料因子 Φ/ m^{-1}
25	25×20×0.6	185	0.96	101160	119	209.1	138
38	38×30×0.8	112	0.96	24680	365	126.6	93.4
50	50×40×1.0	74.9	0.96	10400	291	84.7	71
76	76×60×1.2	57.6	0.97	3320	244.7	63.1	36

国内在 Norton 公司英特洛克斯填料启发下，开发有环矩鞍和双弧鞍填料。

金属双弧鞍填料与金属英特洛克斯填料的特性数据列表 4-11 和表 4-12。

表 4-11　金属双弧鞍填料特性参数（散堆）

公称尺寸/ mm	填料尺寸/ mm×mm	比表面积 a_t/ (m^3/m^2)	空隙率 ε/ (m^3/m^2)	堆积个数/ (n/m^3)	堆积密度 ρ_p/ (kg/m^3)	干填料因子 a_t/ε^3/ m^{-1}	湿填料因子 Φ/ m^{-1}
25	25×0.5	170.6	0.96	81620	321.4	58	—
40	40×0.5	143.5	0.972	35800	213.5	86	—
50	50×0.5	86.6	0.971	11133	225	94.6	—

表 4-12　金属英特洛克斯（I. M. T. P）填料特性参数

公称尺寸/ mm	堆积个数/ (n/m^3)	空隙率 ε/ (m^3/m^2)	湿填料因子 Φ/m^{-1}
25	168428	0.967	135
40	50140	0.973	89
50	14685	0.978	59
70	4625	0.981	—

莱瓦帕克（LevaPak）填料酷似从轴向切开的半个鲍尔环，开孔的半环壁和向内弯曲的舌叶组成了鞍拱结构，是环形和鞍形的一种结合，国内简称为半环填料。由于它的环壁和内弯叶片均敞开，增加了表面利用率，环壁和内弯叶片都与相邻填料接触，形成空隙均匀、接触点众多的床层，因此流量流体通量比鲍尔环大，而阻力较小。据报道在氢氧化钠溶液吸收二氧化碳实验中，半环填料的效率比同尺寸鲍尔环增加 25%～30%。

莱瓦帕克填料的特性数据列于表 4-13。

表 4-13 莱瓦帕克填料特性参数

型号	壁厚 δ/ mm	堆积个数/ (n/m^3)	堆积密度 ρ_p/ (kg/m^3)	湿填料因子 Φ/m^{-1}
1# 38mm	0.5 碳钢 0.4 不锈钢	33500	305 240	95
2# 50mm	0.64 碳钢 0.53 不锈钢	7950	216 176	59

④ 球形填料

圆球填料，常用塑料制成中空球，作为湍球塔中的浮动填料，用陶瓷制成实心球作为固定床填料，或用于固定床反应器底支承催化剂，同时起分布气流的作用。

开孔球形填料，如用塑料注塑的 TRI 球形填料和多面球填料等。它比不开孔球显著增大了比表面积和空隙率，球形填料多用于气体的冷却、洗涤塔中。

泰勒花环（TellerRosette）填料，它是由数个小圆环绕结组成的花环型填料，由塑料注塑成型。其突出特点是通量大、阻力低、不易堵塞，多用于气体洗涤冷却过程。

泰勒花环填料的特性数据见表 4-14。

应指出除工业用大尺寸填料外，还有 16mm 以下的各种小型塔填料如 θ 环填料、θ 网环填料、压延孔环填料、三角形弹簧填料、螺旋丝填料等，他们主要装于小塔中，由于尺寸小、比表面积大，可获得很高的分离效率，多用于分离过程的开发研究和精细化工产品的提纯和精制。

表 4-14 泰勒花环填料特性参数

型号	外形/ mm	高度/ mm	环壁厚/ mm	环数	材质	堆积个数/ (n/m^3)	比表面积 a_t/ (m^3/m^2)	堆积密度 ρ_p/ (kg/m^3)	空隙率 ε/ (m^3/m^2)
S	47	19	3 3	9	PP PE PPC	32500	185	110 119 206	0.88
M	73	27.5	3 4	12	PP PE PPC	8000	127	102 102 149	0.89
L	95	37	3 6	12	PP PE PPC	3600 3900 3600	94 102 94	88 95 105	0.90

（2）规整填料及其特性

为了克服散堆填料层中由于空隙率不均匀所造成的液体壁流和沟流现象，人们将颗粒填料单体规则排列或制成填料单元规整地排列于塔中，于是就开发了规整填料塔。在规整填料塔中，由于特定结构的填料单元及其一定的排列方式，就人为地规定了气、液通路和两相流动及接触方式。这样卓有成效地提高了填料塔的通量，显著克服了放大效应，从而提高了大塔的分离效率。尤其是多种规整塔填料相继开发使用，与散装填料平行发展，它们各有长短，各有适用范围。这两类塔填料（图 4-12）组成了适应性广泛、具有广谱分离性能的填料塔系列，在与板式塔竞相发展中，使填料塔展现出更加令人瞩目的优点。

① 垂直波纹元件规整填料

这类填料的波纹元件垂直放置，气液两相呈膜式接触传质。

a. 金属丝网波纹填料　苏尔采填料（Sulzer Packing）是 20 世纪 60 年代由 Sulzer 公司研究和生产的一种金属丝网波纹填料，简称为丝网波纹填料。它是由若干平行的波纹状丝网片排列组合的圆盘单体。波纹对称轴成 45°（或 60°）倾角，装配时相邻两丝网片的倾角反向叠靠，单体垂直置放于塔内，相邻两排波纹片排列方向依次错开 90°角，人为的通道结构，使气体和液体呈 Z 字形流动，流动中又在两波纹片波峰的交汇点处不断改变流向，并重新分布。气体在片间平行向上流动的同时，也与盘间进行横向混合，因此使流体均布性能好，由于丝网的毛细作用，即使是少量的液体也会布满整个塔截面，均布于全部丝网表面上。由此决定了它具有阻力低、效率高（$HETP = 0.1 \sim 0.25\text{m}$）、放大效应小等特性。故特别适用于相对挥发度 $\alpha \approx 1$ 的物系，热敏物系以及高纯产品的精密精馏及真空蒸馏。但造价较高，易堵塞，怕污染。

b. 金属孔板波纹填料　麦勒帕克（Mellapak）是瑞士 Sulzer 公司产品，有 12 种规格；弗来克帕克（Flaxipak）是美国 Koch 公司买 Sulzer 公司 Mellapak 制造板的产品；吉姆帕克（Gempak）是美国 Glitsch 公司于 1982 年开发的产品，有 5 种规格。这些孔板波纹填料的主体结构相同，均为在薄金属板上先冲孔，后压制成波纹制成波纹片，再将其平行叠合而组成圆盘单体，其不同公司产品的微小差异在于波纹片上的细致结构不尽相同。因此大体来说，不同公司的金属孔板波纹填料的性能基本一样，孔板波纹填料不但具有丝网波纹填料流体通量大、阻力小、效率较高的优点，而且造价低，制造方便，抗污染能力强。孔板波纹填料的开发使用标志着规整填料向化工、石油化工和炼油工业的通用化方向、大型化方向发展。

c. 瓷制波纹板填料　Sulzer 公司的产品 Kerapak 填料，用薄的硅铝基陶瓷波纹板制成。国内已开发有同类产品，其突出的优点在于耐各种有机酸、无机酸和含氯化合物的腐蚀，而分离效率又较高。

(a) 板波纹填料　　　　　　　(b) 网波纹填料

图 4-12　波纹填料

② 水平波纹元件规整填料

这类填料用金属网（或压延金属板）做成波纹元件，水平置于塔内。气液间以液膜和喷雾相结合的方式传质，且以喷雾为主。因此适宜在较高的气速下操作，气速越高，效率也越高。具体种类有：帕纳帕克（Panapak）填料、斯普雷帕克（SprayPak）填料、波弗姆（Perform）填料等。

③ 格栅元件规定填料

普通格栅由木材、竹子等做成栅格叠合于塔中，这种格栅填料多用于洗涤塔和冷却塔，结构简单，有防腐蚀、防堵能力。格利希格栅（Glitsch Grid）是 Glitsch 公司的专利产品。它的元件长 1500（或 2000）mm，宽 67mm，高 60mm，厚度为 2mm，由垂直的、水平的和倾斜的三种金属嵌板组成。在垂直嵌板上设有左右交替排列的水平突边，整片格栅是由数个格栅元件点焊而成的，在组装时相邻两层格栅依次按顺时针方向旋转45°，上下叠合。水平板随机搭接形成Z字形通道，液体沿格栅板形成液膜，而后再滴落到下一层格栅上，气体沿Z字形通道上升，与液膜和液滴湍动接触实现传质。这种填料空隙率大且均匀，因此不但通量大，而且压力将非常低，此外抗污染与防阻塞性能好。多用于3m以上大直径塔中，国外平均塔径在7m以上，最大的真空蒸馏塔径达10m。

④ 单体散装填料整砌成规整填料

为了获得空隙率均匀的填料层，常将50mm以上的单体散装填料（拉西环、鲍尔环）按一定方式整砌于塔中形成一种规整的填料结构。而德国于1976年开发的脉冲填料，其元件由两个三棱空心锥组成一个细腰椎体。按一定方式将缩腰锥体元件堆砌成规整的床层，气液通过数个先逐渐收缩而后又逐渐扩大的棱锥空间，在其缩腰的腰部气液呈脉冲喷射式接触，其余呈膜式接触，两相可实现完全逆流，这种填料阻力小，传质效率较高。

瓷拉西环整砌时的特性数据列入表4-15。

表 4-15　瓷拉西环特性参数（整砌）

外径 d_p/mm	高×厚($H×\delta$)/ mm×mm	比表面积 a_{t1}/ (m^3/m^2)	空隙率 ε/ (m^3/m^2)	堆积个数/ ($n m^3$)	堆积密度 ρ_p/ (kg/m^3)	干填料因子 $a_t/\varepsilon^3/m^{-1}$
25	25×2.5	241	0.73	62000	720	629
40	40×4.5	197	0.60	19800	898	891
50	50×4.5	124	0.72	8830	673	339
80	80×9.5	102	0.57	2580	962	564
100	100×13	65	0.72	1060	930	172
125	125×14	51	0.68	530	825	165
150	150×16	44	0.68	318	802	142

4.4.3 填料塔传质性能

4.4.3.1 传质特性参数

① 体积传质系数，k_La、k_Ga 或 K_La、K_Ga。这是将体积系数和传质比表面积合在一起的总传质性能参数，易于测定和使用。

② 传质单元高度，H_L、H_G 或 H_{OL}、H_{OG}。它是建立在传质单元概念上的传质动力学特性参数，单位为m，数值约为0.15～2m，变化不大，便于使用。

③ 真实传质系数 k_L、k_G 或 K_L、K_G，和相际传质有效比表面积 a，这是从传质的双膜模型出发，分析和计算相际传质特性参数，它们是将体积传质系数分解而得。

④ 理论板当量高度（HETP），是建立在理论板概念基础之上的传质动力学特性参数，一般用于表征填料精馏塔的动力学特性。

以上四种表示填料塔传质特性的各参数之间相互是联系的，彼此是相通的，在气-液两相间传质数据关联中，体积传质系数法和传质单元高度法比较更普遍使用。

4.4.3.2 传质特性参数的关联

传质特性参数（传质系数或传质单元高度）一般都是通过实验测定获得原始数据，而后整理成经验关联式。经验式可分为两类：一类是针对某种物系，在一定规格填料层中改变操作条件而获得的经验公式，这种经验式形式比较简单，局限性较大，但是比较可靠，准确性较高，另一类是以准数方程的形式，综合各种物系在不同材料中所获得的数据，可以适用较宽的范围，但是偏差较大。

值得注意的是气-液相际传质过程十分复杂，物系特性、操作参数和塔填料的结构等各种因素都有影响，对传质动力学因素的影响远不如对传热过程动力学因素研究的透彻，因此欲获得准确的参数，必须进行实验测定。实验多数在实验室的小塔中进行，而随着工业放大后，其传质效率会随塔径的放大而降低，这就是通常所说的放大效应，因此当采用小塔实验数据进行工业大塔设计时，宜取一定的安全系数。此外可以查阅化工手册、专著及研究文献，以通过相应的关联式计算传质动力学参数。

（1）针对具体情况的经验公式

① 用水吸收空气中的氨

不同种类和尺寸的塔填料，在氨-空气-水系统中的传质特性文献中已做过广泛研究，获得了许多实验结果。如 Fellinger 给出了 H_{OG} 与气速和液体喷淋密度关系曲线，可供查取。

在水中氨属于易溶气体，一般来说吸收的主要阻力集中在气膜中，但并非说液膜阻力为零，它占有相当的比例，少则占 5%，多则可占 20%～40%，视吸收条件而异。根据双膜模型，计算水吸收氨的气膜体积传质系数经验式为：

$$k_G a = 6.07 \times 10^{-4} G^{0.9} W^{0.39}$$

式中　$k_G a$——气模体积传质系数，$kmol/(m^3 \cdot h \cdot kPa)$；

　　　G——气体空塔质量速度，$kg/(m^2 \cdot h)$；

　　　W——液体空塔质量速度，$kg/(m^2 \cdot h)$。

适用于 $d_p = 12.5mm$ 陶瓷环形填料。

② 用水吸收二氧化碳

Koch 等研究了 9.4mm、12.5mm、18.8mm 和 25mm 等瓷拉西环填料用水吸收空气中二氧化碳的传质性能，其传质阻力主要集中于液膜中。

a. 常压下经验式

$$k_L a = 2.57 L^{0.96} \qquad L/h$$

式中　L——水喷淋密度，$m^3/(m^2 \cdot h)$。

实验条件：$L=3～20 m^3/(m^2 \cdot h)$；气体空塔质量流速为 $130～580 kg/(m^2 \cdot h)$；填料 $10～32mm$ 陶瓷环，温度 21～27℃。

b. 加压下经验式

$$k_L a = \frac{136L}{1+0.00109pL}$$

式中　p——总压，atm；

　　　L——水喷淋密度，$m^3/(m^2 \cdot h)$。

实验条件：填料 21mm 陶瓷环，空塔气速 0.16m/s；温度 5～12℃。

$k_L a$ 与温度 t 的关系：$k_L a = 28.5 + 1.94t$。

实验条件：$L=130 m^3/(m^2 \cdot h)$；空塔气速 0.36m/s；压力 $p=16atm$；填料 50mm 陶瓷环。

③ 用水吸收空气中的二氧化硫

二氧化硫在水中具有中等溶解度，因此用水吸收空气中二氧化硫的过程中，气-液两膜阻力均占有相当的比例，Whitney 和 Vivian 通过实验获得如下公式：

$$k_{G}a = 9.81 \times 10^{-4} G^{0.7} W^{0.25}$$

$$k_{L}a = \alpha L^{0.82}$$

在假定气体流速对液相传质系数没有影响的条件下导得：

$$\frac{1}{k_{L}a} = \frac{1}{\alpha L^{0.82}} + \frac{H'}{0.099 G^{0.7} L^{0.25}}$$

式中 $k_{L}a$——液相总体积传质系数，h^{-1}；

   G——气体质量速度，$kg/(m^2 \cdot h)$；

   L——液体质量速度，$kg/(m^2 \cdot h)$；

   α——常数，其值随温度而变（表 4-16）；

   H'——校正后的亨利系数，$kg/(m^2 \cdot atm)$，其值随温度而变（表 4-16）。

适用条件：25mm 陶瓷拉西环，$4500 < L < 57100$，$320 < G < 3900$。

表 4-16　不同温度下的 α、H' 值

温度/℃	10	15.6	21.1	26.7	32.3
α	0.0093	0.0104	0.0120	0.0132	0.0152
H'	2.61	2.08	1.71	1.44	1.22

不同塔填料，对具体物系，在不同操作条件范围里，均可由实验测得特定的特性数据，并获得相应的经验关联式。

（2）Sherwood 关联式

Sherwood 和 Holloway 根据用空气解吸水中溶解 O_2、CO_2 及 H_2 的实验数据，研究了不同尺寸瓷拉西环、瓷弧鞍填料的传质性能，提出如下经验关联式：

$$\frac{k_{L}a}{D_{L}} = \alpha \left(\frac{L}{\mu_{L}}\right)^{1-n} \left(\frac{\mu_{L}}{D_{L}\rho_{L}}\right)^{\frac{1}{2}}$$

式中 $k_{L}a$——液相总体积传质系数，h^{-1}；

   D_{L}——溶质在液相中的扩散系数，m^2/h；

   α，n——关联常数。

Sherwood 关联式只适合于低黏度（与水接近）、高表面张力的水溶液系统。不同填料的 a、n 值列入表 4-17。

表 4-17　不同填料的 α、n 值

填料类型	尺寸/mm	物系	α	n
瓷拉西环	50	CO_2、H_2、O_2 水溶液脱吸	341	0.22
	25	CO_2、H_2、O_2 水溶液脱吸	426	0.22
	38	CO_2 水溶液脱吸	426	0.26
	25	CO_2 水溶液脱吸	402	0.20
瓷矩鞍	38	CO_2 水溶液脱吸	406	0.24
	25	CO_2 水溶液脱吸	339	0.22
	16	CO_2 水溶液脱吸	524	0.25
瓷短拉西环	25	CO_2 水溶液	435	0.20
	16	CO_2 水溶液	378	0.29
塑料鲍尔环	50	CO_2 水溶液	1337	0.36
		CO_2 水溶液脱吸	499	0.26

填料类型	尺寸/mm	物系	α	n
塑料阶梯环	50	CO_2 水溶液脱吸	792	0.30
塑料矩鞍	25	CO_2 水溶液脱吸	760	0.29
金属鲍尔环	33	CO_2 水溶液脱吸	461	0.25
	16	CO_2 水溶液脱吸	694	0.27

（3）恩田模型的准数经验关联式

① 恩田（Onda）模型关联式

恩田（Onda）等将填料润湿表面作为有效传质面积，依次提出了分别计算填料润湿比表面积 a_w 和传质系数 k_G、k_L 的一组准数关联式。

a. 填料润湿比表面积 a_w 关联式

用物理或化学着色法测定了流体力学条件下，液体物性对各种不同材质填料表面的润湿率。考虑到液体与填料材质间润湿特性对 a_w 的影响，于是在关联式中引进了 σ_c/σ。具体关联式为：

$$\frac{a_w}{a_t} = 1 - \exp\left(-1.45 Re_L^{0.1} Fr_L^{-0.05} We_L^{0.2} \left(\frac{\sigma_c}{\sigma}\right)^{0.75}\right)$$

式中　Re_L——液体沿填料表面流动状态的雷诺数，$Re_L = \dfrac{L'}{a_t \mu_L}$；

Fr_L——重力影响的弗雷德准数，$Fr_L = \dfrac{L'^2 a_t}{\rho_L^2 g}$；

We_L——液体表面张力影响的韦伯准数，$We_L = \dfrac{L^2}{\rho_L \sigma a_t}$；

$\dfrac{\sigma_c}{\sigma}$——填料材质与液体间物质性能影响的准数；

a_w，a_t——单位体积填料层的润湿表面积和几何表面积，m^2/m^3；

L'——液体通过单位空塔截面的质量流速，$kg/(m^2 \cdot s)$；

μ_L——液体黏度，$Pa \cdot s$；

ρ_L——液体密度，kg/m^3；

σ——液体的表面张力，N/m；

σ_c——填料材质的临界表面张力，是表示填料材质表面能大小的参数，即液体与填料表面上能完全润湿的最大表面张力值，不同材料填料的临界表面张力列于表 4-18。

表 4-18　不同材料填料的临界表面张力 σ_c 值

材质	表面涂蜡	聚乙烯	聚氯乙烯	石墨	陶瓷	玻璃	钢
$\sigma_c/(dyn/cm)$	20	33	40	56	61	73	75

b. 液相传质系数关联式

$$k_L \left(\frac{\rho_L}{\mu_L g}\right)^{\frac{1}{3}} = 0.0051 (Re'_L)^{\frac{2}{3}} Sc_L^{-0.5} (a_t d_p)^{0.4}$$

式中　k_L——传质系数，m/s；

$k_L\left(\dfrac{\rho_L}{\mu_L g}\right)$——包括待定 k_L 的无因次准数；

$$Re'_L = \frac{L'}{a_w \mu_L}$$ ——流体流动的雷诺准数；

$$Sc_L = \frac{\mu_L}{\rho_L D_L}$$ ——反应物性影响的施密特准数；

$a_t d_p$ ——表示填料结构特性影响的几何定数式或形状系数，不同形状填料的几何定数式见表4-19；

D_L ——溶质在液相中的扩散系数，m^2/s；

d_p ——填料公称尺寸，m。

表 4-19　不同形状填料的几何定数式的值

填料类型	圆球	圆棒	拉西环	贝尔鞍	陶瓷鲍尔环
$a_t d_p$	3.1	3.5	1.7	5.6	5.9

c. 气相传质系数关联式

$$Sh = C Re_G^{0.7} Sc_G^{\frac{1}{3}} (a_t d_p)^{0.4}$$

$$Sh = \frac{k'_G RT}{a_t D_G} = \frac{k_G RT}{a_t D_G} \frac{p_{Bm}}{P}$$

式中　　Sh ——包括待定 k_G 的舍伍德准数；

$$Re_G = \frac{G'}{a_t \mu_G}$$ ——反映气体流动状态影响的雷诺准数；

$$Sc_G = \frac{\mu_G}{\rho_G D_G}$$ ——反映气体物性影响的施密特准数；

C ——关联系数，对于一般尺寸的环形和鞍形填料，C 取 5.23，小于 15mm 者取 2.0；

k'_G ——按等分子反向扩散剂的气相传质系数，$kmol/(m^2 \cdot s \cdot kPa)$；

k_G ——组分 A 通过停滞组分 B 的传质系数，$kmol/(m^2 \cdot s \cdot kPa)$；

G' ——气体质量流速，$kg/(m^2 \cdot s)$；

D_G ——溶质在气相中的扩散系数，m^2/s。

μ_G ——气体黏度，$Pa \cdot s$；

ρ_G ——气体密度，kg/m^3。

根据这组准数关联式，可分别求得 a_w、k_L、k_G，进而可以得到体积传质系数 $k_L a$、$k_G a$、$K_G a$ 值。

适用范围：拉西环、贝尔鞍、球、棒填料及陶瓷鲍尔环。

准数范围：$0.04 < Re_L < 500$，$2.5 \times 10^{-9} < Fr_L < 1.8 \times 10^{-2}$，

$$1.2 \times 10^{-8} < We_L < 0.27，0.3 < \frac{\sigma_c}{\sigma} < 2.0$$

② 修正的恩田模型关联式

天津大学化工系根据实验数据采用恩田模型，但提出用填料形状系数 ψ 代替恩田原模型中的 $(a_t \cdot d_p)$ 值，获得如下修正关联式：

$$\frac{a_w}{a_t} = 1 - \exp\left(-1.45 Re_L^{0.1} Fr_L^{-0.05} We_L^{0.2} \left(\frac{\sigma_c}{\sigma}\right)^{0.75}\right)$$

$$k_G = 0.237 \left(\frac{G}{a_t \mu_G} \right)^{0.7} \left(\frac{\mu_G}{\rho_G D_G} \right)^{\frac{1}{3}} \left(\frac{a_t D_G}{RT} \right)$$

$$k_L = 0.0095 \left(\frac{L}{a_w \mu_L} \right)^{\frac{2}{3}} \left(\frac{\mu_L}{\rho_L D_L} \right)^{-\frac{1}{2}} \left(\frac{\mu_L g}{\rho_L} \right)^{\frac{1}{3}}$$

则

$$k_G a = k_G a_w \psi^{1.1}$$
$$k_L a = k_L a_w \psi^{0.4}$$

式中　ψ——填料形状系数；

　G、L——气体、液体质量速度，kg/（$m^2 \cdot$ h）；

　　a_t——填料的比表面积，m^2/m^3；

　　a_w——填料润湿比表面积，m^2/m^3；

　　d_p——填料直径，m。

不同形状填料的形状系数列于表 4-20。

表 4-20　不同形状填料的形状系数值

填料类型	圆球	圆棒	拉西环	弧鞍	开孔环
ψ	0.72	0.75	1.0	1.19	1.45

当 $u > 0.50 u_f$ 操作时，需考虑气速对体积传热系数的增强作用。

$$k_L' a = k_L a \Phi_L$$
$$k_G' a = k_G a \Phi_G$$

其中 $\Phi_L = 1 + 2.6 \left(\frac{u}{u_f} - 0.5 \right)^{2.2}$，$\Phi_G = 1 + 9.5 \left(\frac{u}{u_f} - 0.5 \right)^{1.4}$

以上各修正关联式适用于工业尺寸的鲍尔环、阶梯环和环矩鞍等开孔环形填料。

（4）等板高度法

等板高度或称理论板当量高度（HETP），其完成一个理论板分离任务所需的填料层高度作为一个理论板当量高度值（HETP），则计算填料层高度的公式为

$$h_o = HETP \times N_T$$

式中，N_T 为理论板数，其已在化工原理教材中详细讲述。

等板高度 HETP 与许多因素有关，不仅取决于填料的类型和尺寸，而且受系统物系、操作条件及设备尺寸的影响，目前尚无准确可靠的方法计算填料的 HETP 值。

一般的方法是通过实验测定，或从工业应用的实际经验中选取 HETP 值。某些填料在一定条件下的 HETP 值可从有关填料手册中查取。近年来研究者通过大量数据回归得到了常压蒸馏时的关联式如下：

$$\ln(HETP) = A - 1.292 \ln\sigma_L + 1.47 \ln\mu_L$$

式中，σ_L 为液体的表面张力，N/m；μ_L 为液体黏度，Pa·s；A 为常数，其值见表 4-21。

上关联式考虑了液体黏度及表面张力的影响，其适用范围为：

$$10^{-3} N/m < \sigma_L < 3.6 \times 10^{-2} N/m$$

$$8 \times 10^{-5} Pa \cdot s < \mu_L < 8.3 \times 10^{-4} Pa \cdot s$$

采用上述方法计算出填料层高度后，还应留出一定的安全系数。根据设计经验，填料层

的设计高度一般为$h_o' = (1.2 \sim 1.5) h_o$。

表 4-21 HETP 关联式中 A 值

填料类型	A 值	填料类型	A 值
DN25 金属环矩鞍填料	6.8505	DN50 金属鲍尔环	7.3781
DN40 金属环矩鞍填料	7.0382	DN25 瓷环矩鞍填料	6.8505
DN50 金属环矩鞍填料	7.2883	DN38 瓷环矩鞍填料	7.1079
DN25 金属鲍尔环	6.8505	DN50 瓷环矩鞍填料	7.4430
DN38 金属鲍尔环	7.0779		

4.4.4 填料塔流体力学性能

填料层的流体力学性能主要包括填料层的持液量、填料层的压降、液泛、填料表面的润湿及返混等，其中液泛速度决定塔的直径；压降决定吸收塔的动力消耗，在真空蒸馏中又是判断填料是否适用的主要指标；持液量则直接影响液泛速度、压降及塔的动态特性。

（1）填料层持液量

填料层的持液量是指在一定操作条件下，在单位体积填料层内所积存的液体体积，以 m^3 液体/m^3 填料表示。持液量可分为静持液量 h_s、动持液量 h_o 和总持液量 h_t。静持液量是指当填料被充分润湿后，停止气液两相进料，并经排液至无滴液流出时存留于填料层中的液体量，取决于填料和流体的特性，与气液负荷无关。动持液量是指填料塔停止气液两相进料时流出的液体量，它与填料、液体特性及气液负荷有关。总持液量是指在一定操作条件下存留于填料层中的液体总量。显然，总持液量为静持液量和动持液量之和。

$$h_t = h_o + h_s$$

填料层的持液量可由实验测出，也可由经验公式计算。此处仅给出填料在载点以下持液量的计算公式，其他情况下的持液量计算，请参阅有关文献。

在载点以下：

$$h_t = C \left(\frac{Fr_L}{Re_L} \right)^n$$

规整填料 $n = 2/3$，散装填料 n 的计算公式如下：

$$n = \left(\frac{\rho_D}{\alpha} \right)^{1/4} \left(\frac{h + d_o}{2} \right)^{1/2}$$

式中，$Fr_L = U_L^2 \alpha / g$ 为液体弗鲁德数；$Re_L = U_L \rho_L / (\alpha \mu_L)$ 为液体雷诺数；U_L 为液体喷淋密度，$m^3 / (m^2 \cdot s)$；μ_L 为液体黏度，$Pa \cdot s$；ρ_D 为填料装填密度，$1/m^3$；α 为填料比表面积，m^3 / m^2；h 为填料颗粒高度，m；d_o 为填料外径，m；C 为填料特性参数，见表 4-22。

上式适用范围为 $Re_L \geqslant 10$，由此来计算填料的持液量比较准确，平均误差只有 5.2%，能够满足工业设计的要求，而且所需的参数也较全面。

表 4-22 填料特性参数 C 值

填料	材质	10mm	15mm	25mm	35mm	38mm	50mm
鲍尔环	金属		20.17	31.74	43.12		51.70
鲍尔环	塑料			22.22	49.18		67.95
鲍尔环	陶瓷						70.29
拉西环	陶瓷	28.16	29.16	50.04			
弧鞍	陶瓷			53.25			
阶梯环	金属			13.97		121.62	

填料	材质	10mm	15mm	25mm	35mm	38mm	50mm
Montz	金属	B1-100 97.05	B1-200 52.33	B1-300 34.80			
Mellapak	塑料				250Y 43.97		

（2）填料塔压降

① 压力降实验曲线

对每种塔填料，都可以用实际操作的气液物系（或空气-水）测定压力降和空塔气速的关系，而后以液体喷淋密度为参量，将压力降与气体质量流速或空塔气速等进行标绘，得到压力降实验曲线，如图 4-13 所示。

据此，可以确定填料在操作气、液负荷下的压力降，在给定液体喷淋密度下的载点和泛点等数据，为填料塔设计提供了依据。

② 泛点气速通用关联式

Bain. W. A. 和 hougen. O. A. 对 Sherwood 和 Holloway 最早提出的散堆填料泛点气速关联式作以修正，提供了如下关联方程：

$$\lg\left[\frac{u_f^2}{g}\left(\frac{a_t}{\varepsilon^3}\right)\frac{\rho_G}{\rho_L}\mu_L^{0.2}\right]=A-1.75\left(\frac{L}{G}\right)^{\frac{1}{4}}\left(\frac{\rho_G}{\rho_L}\right)^{\frac{1}{8}}$$

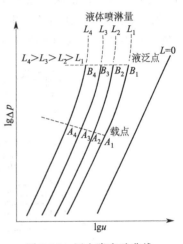

图 4-13　压力降实验曲线

式中　u_f——泛点空塔气速，m/s；

　　a_t/ε^3——干填料因子，m^{-1}；

　　ρ_G、ρ_L——气相、液相密度，kg/m^3；

　　μ_L——液体黏度，mPa·s；

　　G、L——气相、液相质量流量，kg/s；

　　A——关联常数，决定于填料的类型及材质，不同类型及材质填料的 A 值列于表4-23。

表 4-23　关联常数 A 值

填料	材质	瓷质				塑料		金属		
	类型	拉西环	弧鞍环	矩鞍环	阶梯环	鲍尔环	阶梯环	鲍尔环	阶梯环	矩鞍环
A		0.022	0.26	0.176	0.2943	0.0942	0.204	0.100	0.106	0.0623

③ 埃克特泛点气速和压力降通用关联式

埃克特（Eckert J. S）在 Sherwood T. K 及 Leva. M 等提出的通用关联式模式基础上，引入实验填料因子 Φ 代替干填料因子 a_t/ε^3，以表征不同填料的结构与尺寸对其流体力学性能的综合影响，从而提出通用关联式：

$$\frac{u_f^2\Phi\psi}{g}\left(\frac{\rho_G}{\rho_L}\right)\mu_L^{0.2}=f\left[\left(\frac{G_L}{G_G}\right)\left(\frac{\rho_G}{\rho_L}\right)^{0.5}\right]$$

式中　u_f——泛点空塔气速，m/s；

　　Φ——实验填料因子，m^{-1}；

$\psi = \dfrac{\rho_{水}}{\rho_L}$——液相密度校正因子，无因次；

G_G、G_L——气相、液相的质量流速，$kg/(m^2 \cdot s)$。

将通用关联式的左端作为纵坐标，右端作为横坐标，可绘制 Eckert 通用关联式。

图 4-14 中的横坐标为无因次数群又称液气流动参数，纵坐标数群中若将 μ_L 视为液体黏度与20℃水的黏度（$\mu_{水} = 1\ mPa \cdot s$）之比，则纵坐标数群也是无因次的。图中一组光滑曲线为一系列等压降线，其中上边一条为散堆填料泛点等压降线，其余各线为操作等压降线。该图既关联了填料层的泛点压力降特性，也关联了操作压力降特性，其通用性在于适用于不同类型和尺寸的散堆塔填料，适用于性质各异的气-液系统。不但可用于填料塔的设计，也可用于填料塔操作的分析。在设计时，已知气液流动参数值由散堆填料泛点线可查得纵坐标值，进而可计算出液泛气速 u_f，取操作气速 $u = (0.5 \sim 0.85)\ u_f$，以此可计算塔径；根据气-液流动参数和操作时的纵坐标值可确定操作状态点，计算填料层的压力降。对操作的填料塔，利用此图可以确定操作泛点率、操作压力降和调整操作参数后的流体力学特性。

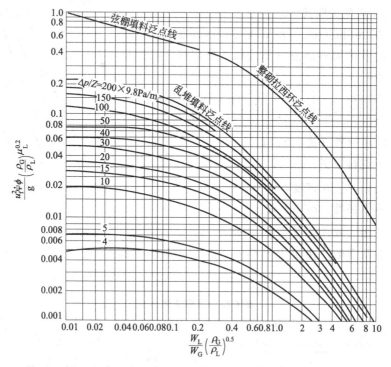

图 4-14　埃克特泛点气速和压力降通用关联图

（3）液体喷淋密度

填料表面的润湿状况是传质的基础，为保持良好的传质性能，每种填料应维持一定的液体润湿速率（或喷淋密度），m^2/s。

$$润湿速率 = \frac{液体喷淋密度(L)}{填料比表面积(a_t)} = \frac{液体体积流量}{填料横截面上周边长}$$

一般认为填料润湿速率不应小于合理的最小润湿速率（$M.W.R$），一般填料取 $M.W.R = 0.08\ m^3/m \cdot h$。直径大于 75mm 的拉西环或间距大于 50mm 的栅板填料取 $M.W.R = 0.12\ m^3/m \cdot h$，则最小喷淋密度为：

$$L_{min} = (M.W.R) \cdot a_t$$

考虑到不同材质填料表面对液体的润湿性能不同，于是提出按填料材质规定最小合理的喷淋密度指标，列于表 4-24。

设计塔操作的液体喷淋密度 L 必须大于合理的最小喷淋密度 L_{min} 值，否则应增大操作液气比 L/G，甚至考虑部分吸收液再循环使用。

表 4-24　某些填料材质表面合理的最小喷淋密度

表面	$L_{min}/$ $[m^3/(m^3 \cdot h)]$	材料
未上釉陶瓷	0.5	化学陶瓷
氧化了的金属	0.7	碳钢、铜
经表面处理的金属	1.0	蚀刻不锈钢
上釉陶瓷	2.0	
玻璃	2.5	
光亮金属	3.0	不锈钢、钽
聚氯乙烯-聚二氯乙烯	3.5	
聚丙烯	4.0	
聚四氟乙烯-聚全氟丙烯	5.0	

（4）液体初始分布点密度

液体在填料层中的均布，不但保证了填料表面的润湿，也保证了气体的均匀分布。因此液体在塔顶的初始均布是保证填料塔达到预期分离效果的重要条件。

据 Eckert 建议，常用散堆填料喷淋点密度指标为：

$D \approx 400mm$，330 点/m^2 塔横截面积

$D \approx 750mm$，170 点/m^2 塔横截面积

$D \geqslant 1200mm$，42 点/m^2 塔横截面积

对于规整填料，Sulzer 公司建议：

Mellapak-250Y，$>$ 100 点/m^2 塔截面积

BX、CY 丝网填料，$>$300 点/m^2 塔截面积

（5）填料塔的分段

$D/d_p \geqslant 8$，视填料而异。填料分段高度推荐值列于表 4-25，按此推荐值将填料层分段安装，在段间设置液体再分布器。

表 4-25　填料分段高度推荐值

散装填料分段高度推荐值			规整填料分段高度推荐值	
填料类型	h/D 值	h_{max}/m	填料类型	分段高度/m
拉西环	2.5～3	$<$ 4m	250Y 板波纹填料	6.0
矩鞍	5～8	$<$ 6m	500Y 板波纹填料	5.0
鲍尔环	5～10	$<$ 6m	500(BX) 丝网波纹填料	3.0
阶梯环	8～15	$<$ 6m	750(CX) 丝网波纹填料	1.5
环矩鞍				

4.4.5　填料的选择

无论是对新填料塔的设计，还是将现有塔设备改造成新型填料塔，都会遇到塔填料的选

择问题。为此要从分离工艺的特点和要求出发，对可选用的各种塔填料做较全面的技术经济评价，以选择在完成同一规定分离任务时，能够用较少的投资获得较好的生产技术经济指标的填料。具体来说，选择填料时必须综合考虑生产能力、效率、压力降、操作弹性以及耐腐蚀性能、价格等。

（1）填料的用材选择

选塔填料时，首先应根据工艺物料的腐蚀性和操作温度确定填料用材，一般可选塑料、金属和陶瓷等。

常用于制作填料的塑料有聚丙烯、聚乙烯、聚氯乙烯及其增强塑料。其中聚丙烯使用最为普遍，一是耐腐蚀性好，可耐一般无机酸、碱和有机溶剂；二是质轻、易于注塑成型，价格低。纯聚丙烯可长期在100℃以下使用，玻璃纤维增强的聚丙烯可在120℃以下长期使用。但应注意，它在0℃以下时具有冷脆性，宜慎用，此时可选用耐低温性能好的聚乙烯塑料的填料。塑料填料多用于操作温度较低的吸收、解吸、洗涤、除尘的过程，便于装卸和重复使用，能节省设备的投资和操作费用。

塑料填料表面有憎水特性，这使之不易被水所润湿，因此使用初期有效润湿比表面小，传质效果较差，改善的方法：一种是进行表面处理，以改善表面对工艺流体的润湿性能，另一种是自然时效，经过10～15d操作可使天然的分离效率达到正常值，此外使用、检修时严防塑料填料超温、蠕变甚至熔融以至起火燃烧等现象发生。

金属材质主要是碳钢、铝及合金、低合金钢及不锈钢等。材料多为薄金属片冲压制成，空隙率高，通量大，流体阻力小，特别适用于真空解吸或蒸馏，在某些场合下金属填料塔较板式塔更为优越。目前已有许多以金属填料塔取代板式塔，获得优质、低能耗的经济效益。

瓷制填料历史最悠久，具有很好的耐腐性，应用面最广，一般能耐除氢氟酸以外常见的各种无机酸、有机酸以及各种有机溶剂的腐蚀，对强碱性介质可选用耐碱配方制的耐碱瓷制填料。瓷制填料耐温性能较好，价廉，因此它仍为优先考虑选用的填料材质，缺点是质脆、易破碎。

（2）填料尺寸选择

填料的外径要与塔径相匹配，以使填料床层空气均匀，以保证气-液两相流体能均匀分布、良好密切接触，这是填料塔实现大通量、低阻力、高效率分离的必要条件之一，而对不同填料，一般推荐的塔径与填料公称尺寸比如表4-26所示。

表4-26 塔径与填料公称尺寸比

材质	拉西环	矩鞍	鲍尔环	阶梯环、环矩鞍
D/mm	≥20～30	≥15	≥10～15	≥8

对于一定的塔径，满足以上径比的填料尺寸（表4-27）可能有几种，因此尚需进一步按经济因素加以比较再选择，一般说填料尺寸大，成本低，通量大而效率低。工业厂使用50mm以上的大尺寸材料带来的成本的降低和通量的提高，往往不能补偿分离效率的降低，故大型塔中最常用的是公称尺寸为50mm的填料。大可达75mm。反之，用较小尺寸填料效率虽将提高，但成本贵且通量降低，在大塔中使用25mm以下的小材料时，则效率的提高弥补不了通量降低和造价增高的缺点，因此25mm以下的材料很少使用。

表 4-27　常用填料尺寸

塔径/mm	$D \leqslant 300$	$300 \leqslant D \leqslant 900$	$D \geqslant 900$
填料公称尺寸/mm	20～25	25～38	50(75)

（3）填料的通量与比较

填料的通量即单位塔界面的生产能力，其极限值是由泛点空塔气速决定的。在给定液体负荷条件下，不同尺寸各种填料的相对通量大小可以通过对比其泛点气速（或泛点填料因子）求得。几种常用填料在相同压降条件下的相对通量如表 4-28 所示。

表 4-28　相对通量比较

填料类型	公称尺寸 d_p/mm		
	25	38	50
拉西环	100	100	100
矩鞍	132	120	123
鲍尔环	155	160	150
阶梯环	170	176	165
环矩鞍	205	202	195

塔的实际通量是由设计的空塔气速决定的，填料塔设计空塔气速通常按 $u = (0.5 \sim 0.85) u_f$ 确定，因此也可以根据推荐的气体动能因子的设计值计算。常用填料的气体动能因子设计值见表 4-29。

表 4-29　常用填料的气体动能因子设计值（$F = u_0 \rho^{0.5}$）

填料类型	公称尺寸 d_p/mm		
	25	38	50
矩鞍	1.19	1.45	1.70
鲍尔环	1.35	1.83	2.00
环矩鞍	1.76	1.97	2.20

（4）填料传质效率与比较

在吸收过程中，填料的传质效率多用传质单元高度和体积传质系数表示。在精馏过程中，填料传质效率则用理论板当量高度来表示。由于影响填料传质效率的因素十分复杂，设计中最好取实验实测值较为可靠，假如不便实验测定，可按具体经验值或按通用的总数公式估算值。但公式计算值与实测值往往相差较大，在设计裕量中要给予恰当考虑。

① 常用散堆填料的相对效率见图 4-15。

② 在蒸馏过程中，若液相黏度不高，表面张力不大，并保证较好的气液分布，则不同塔填料的理论板当量高度值参考表 4-30。

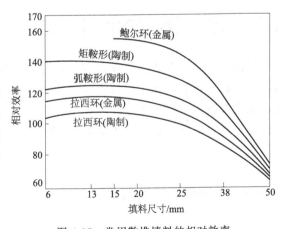

图 4-15　常用散堆填料的相对效率

表 4-30 不同塔填料的 HETP 值

填料类型	公称尺寸/d_p/mm		
	25	38	50
矩鞍	430	550	750
鲍尔环	420	540	710
环矩鞍	430	530	650

（5）填料压力降与比较

气体通过单位高度填料层的压力降是填料塔设计的重要参数，尤其对真空操作解吸或蒸馏塔，往往以压力降的限定值作为设计的依据。一般填料塔的动力消耗，主要取决于气相在全塔的总压力降。低压力降是填料塔的独特优点之一，因此在分离过程节能改造中采用填料塔是最好的选择。

为便于选择填料，需对其压力降作以比较，在相同塔径、相同操作气速下，几种填料的压力降与鲍尔环的相对比值列于表 4-31。

表 4-31 常用填料与鲍尔环的相对压力降　　　　　　　单位：Pa/m

填料类型	公称尺寸/d_p/mm		
	25	38	50
矩鞍	1.69	3.06	2.64
鲍尔环	1.00	1.00	1.00
环矩鞍	0.50	0.52	0.43

几种填料在相应气体动能因子设计值下的压力降数据列于表 4-32。

表 4-32 在气体动能因子设计值下的压力降　　　　　　　单位：Pa/m

填料类型	公称尺寸/d_p/mm		
	25	38	50
矩鞍	520	530	410
鲍尔环	470	450	380
环矩鞍	430	280	240

4.5 填料吸收塔的设计

根据选定的吸收剂（或吸收方法）、选定的塔填料、选定的吸收温度、压力等条件等，可进行填料吸收塔的化工设计，具体的程序和内容为：查取气液平衡关系，确定吸收塔流程，决定吸收剂用量（部分循环量）和吸收液出塔浓度，计算塔径，计算填料层高度，计算气体通过填料塔的总阻力，计算吸收剂循环所需功率以及选择风机和泵，进行主要设计指标的核算。

4.5.1 气液平衡关系的获取

气液平衡关系是最基础的化工热力学数据，针对具体溶质组分在选定吸收剂种类和操作温度、压力条件后，则获取气-液平衡关系数据对吸收塔设计是至关重要的。平衡关系数据可以通过以下途径取得。

① 查阅气体溶解度数据与相平衡数据。

② 若为理想溶液，则相平衡常数可根据拉乌尔定律估算。

$$m = \frac{y_e}{x} = \frac{p_0}{p}$$

式中，p_0 为溶质在操作温度下的饱和蒸气压。

若系统为高压，则用溶质在系统总压下的逸度 f_V 代替 p，用溶质在其饱和蒸气压下的逸度 f_L 代替 p_0 的计算，可参考化工热力学相关专著。

③ 若为非理想溶液，可进行如下计算。

a. 气体稀溶液，则相平衡关系可用亨利定律表示。

$$E = \frac{p_e}{x}$$

$$m = \frac{E}{p}$$

b. 非气体稀溶液，则引入活度系数 γ，于是

$$m = \frac{y_e}{x} = \frac{\gamma p_0}{p}$$

④ 进行实验测定，这是获取相平衡数据最可靠、最直接的方法。一般在不便实测时，才查取经验公式进行估算。

4.5.2　确定吸收塔流程

根据吸收任务的要求和特点，可以确定具体的气-液流程，一般以净化、回收溶质组分为目的的吸收过程，都需要多个理论版，因此多采用气-液逆流的吸收流程，以下均按逆流吸收流程讨论。

4.5.3　吸收剂用量及出塔吸收液浓度

（1）全塔物料衡算

稳态逆流操作吸收塔气-液两相的流率和组成如图 4-16 所示。

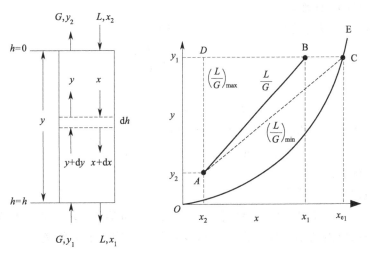

图 4-16　低浓度气体逆流吸收塔的物流及操作线

图中，G 为通过塔横截面的气体摩尔流率，$kmol/(m^2 \cdot s)$；L 为通过塔横截面的液体摩尔流率，$kmol/(m^2 \cdot s)$；y_1，y_2 为进、出塔气体中溶质的浓度，摩尔比；x_2，x_1 为进、出塔液体中溶质的浓度，摩尔比。

对于低浓度气体（<10%）的吸收过程，可认为 G、L 值为常数，于是对 dh 微分填料段作溶质物料衡算。

$$G\mathrm{d}y = L\mathrm{d}x$$

对上式由塔顶至塔底积分，全塔的溶质物料衡算式：

$$G(y_1 - y_2) = L(x_1 - x_2)$$

溶质回收率

$$\eta = \frac{y_1 - y_2}{y_1}$$

（2）操作液气比和吸收剂用量

① 最小液气比或最小液体用量

$$\frac{L}{G} = \frac{y_1 - y_2}{x_1 - x_2}$$

对一定的气体量和吸收要求，当吸收剂用量为无穷多时，则出塔吸收液浓度为最低（$x_1 = x_2$）。操作线为垂直线。当吸收剂量逐渐减小、塔底吸收液浓度逐渐增加时，塔底操作点沿 $y = y_1$ 线由左向右移动。当吸收剂量减少到恰好使塔的操作点移至平衡线 OE 上的 C 点时，则此时的吸收剂量为最小，而出塔吸收剂浓度为最大，与入塔气相组成相平衡，即 $x_1 = x_{1\max} = x_{e1}$。于是

$$\left(\frac{L}{G}\right)_{\min} = \frac{y_1 - y_2}{x_{e1} - x_2}$$

或

$$L_{\min} = G\left(\frac{y_1 - y_2}{x_{e1} - x_2}\right)$$

此种工况对吸收操作没有实际意义，然而对分析操作极限、确定适宜液气比 L/G 提供了依据。

② 吸收剂用量 L 的确定

通常以液气比 L/G 作为操作参数，据经验取值。

$$\frac{L}{G} = (1.1 \sim 2.0)\left(\frac{L}{G}\right)_{\min}$$

或

$$L = (1.1 \sim 2.0)L_{\min}$$

也可以吸收因子 A 为综合参数，据经验取值。

$$1.2 < A < 2.0 \quad （一般取 A = 1.4）$$

据此可确定吸收剂用量 L。

（3）吸收液出塔浓度计算

根据确定的吸收剂用量，代入溶质物料衡算式中，可确定出塔吸收液的浓度 x_1。

常引用出塔吸收液的饱和度概念，表示吸收剂吸收溶质能力距离饱和（平衡）状态的程度。

$$溶液饱和度 = \frac{x_1}{x_{e1}} \times 100\%$$

对于高浓度（>10%）气体的吸收过程，气液两相流率沿填料层高度变化较大，不能视为常量。而惰性气体流率 G_B，$kmol/(m^2 \cdot s)$ 和吸收剂流率 L_S，$kmol/(m^2 \cdot s)$ 沿填料层高度保持不变，相应采用摩尔比浓度 $Y = \frac{y}{1-y}$，$X = \frac{x}{1-x}$，此时物流、组成及操作线如图 4-17 所示。

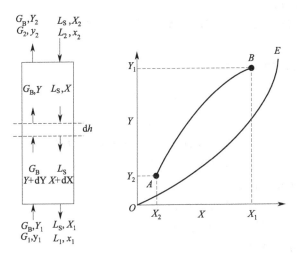

图 4-17　高浓度气体逆流吸收塔的物流、组成及操作线

全塔的溶质物料衡算式：

$$G_B(Y_1 - Y_2) = L_S(X_1 - X_2)$$

或

$$G_B\left(\frac{y_1}{1-y_1} - \frac{y_2}{1-y_2}\right) = L_S\left(\frac{x_1}{1-x_1} - \frac{x_2}{1-x_2}\right)$$

液气比 L_S/G_B 为：

$$\frac{L_S}{G_B} = \frac{Y_1 - Y_2}{X_1 - X_2}$$

吸收剂用量为

$$L_S = G_B\left(\frac{Y_1 - Y_2}{X_1 - X_2}\right)$$

4.5.4　塔径的确定

根据气体处理量、气液物系的发泡性和选定的塔填料，确定一个合适的操作气速，按下式计算塔径：

$$D = \sqrt{\frac{4V_S}{\pi u}}$$

式中　V_S——气体流量，m^3/s；

　　　u——气操作空塔气速，m/s。

一般取 $u = (0.5 \sim 0.85)u_f$，对易发泡物系取偏低值，对不易发泡的物系取偏高值，按上式算得的塔径要按标准塔径圆整。

4.5.5 填料层高度计算

填料层是填料塔完成传质实现分离任务的场所，其高度的计算实质是计算过程所需相际传质面积的问题，它涉及过程的物料衡算、传质速率和相平衡关系，以下按低浓度气体吸收和高浓度气体吸收分别讨论。

（1）低浓度气体（<10%）的吸收时填料层高度计算

① 传质系数法

对 dh 微元填料层列物料衡算式：

$$dG_A = G\Omega dy = L\Omega dx$$

列传质速率方程式：

$$dG_A = N_A dA = K_y(y - y_e)a\Omega dh$$
$$dG_A = N_A dA = K_x(x_e - x)a\Omega dh$$

式中 Ω——塔横截面积，m^2；

    a——填料层中有效传质比表面积，m^2/m^3；

  dG_A——经 dh 微元填料层传递的溶质量，$kmol/s$。

联立上两式，积分，整理可得：

$$h = \frac{G}{K_y a}\int_{y_2}^{y_1}\frac{dy}{y - y_e}$$

$$h = \frac{L}{K_x a}\int_{x_2}^{x_1}\frac{dx}{x_e - x}$$

式中 $K_y a$——气相总体积传质系数，$kmol/(m^3 \cdot s)$；

    $K_x a$——液相总体积传质系数，$kmol/(m^3 \cdot s)$。

总传质系数表达式及相互换算见表 4-33。

表 4-33　总传质系数表达式及相互换算

相平衡关系	$p_e = Hc$ 或 $p_e = Hc + a$	$y_e = mx$ 或 $y_e = mx + b$
总传质系数式	$\dfrac{1}{K_G} = \dfrac{1}{k_G} + \dfrac{H}{k_L}$ $\dfrac{1}{K_L} = \dfrac{1}{k_L} + \dfrac{1}{Hk_G}$	$\dfrac{1}{K_y} = \dfrac{1}{k_y} + \dfrac{m}{k_x}$ $\dfrac{1}{K_x} = \dfrac{1}{k_x} + \dfrac{1}{mk_y}$
分传质系数间换算		$k_x = ck_L$ $k_y = pk_G$
总传质系数间换算	$K_y = pK_G$ $K_x = cK_L$	$mK_y = K_x$ $HK_G = K_L$

② 传质单元法

Chilton T. K. 和 Colburn A. P. 对传质单元高度和传质单元数作了定义：

$$H_{OG} \equiv \frac{G}{K_y a} \quad \text{气相总传质单元高度，m}$$

$N_{OG} \equiv \int_{y_2}^{y_1} \dfrac{dy}{y - y_e}$ 液相总传质单元数，无因次

于是 $h = H_{OG} \cdot N_{OG}$

$H_{OL} \equiv \dfrac{L}{K_x a}$ 液相总传质单元高度，m

$N_{OL} \equiv \int_{x_2}^{x_1} \dfrac{dx}{x_e - x}$ 液相总传质单元数，无因次

于是 $h = H_{OL} N_{OL}$

当平衡线和操作线均为直线时，可以采用平均推动力法和吸收因子法计算传质单元数。

a. 平均推动力法

$$\int_{y_2}^{y_1} \dfrac{dy}{y - y_e} = \dfrac{y_1 - y_2}{\Delta y_m}$$

$$\Delta y_m = \dfrac{\Delta y_1 - \Delta y_2}{\ln \dfrac{\Delta y_1}{\Delta y_2}}$$

同理有

$$\int_{x_2}^{x_1} \dfrac{dx}{x_e - x} = \dfrac{x_1 - x_2}{\Delta x_m}$$

$$\Delta x_m = \dfrac{\Delta x_1 - \Delta x_2}{\ln \dfrac{\Delta x_1}{\Delta x_2}}$$

若 $\dfrac{\Delta x_1}{\Delta x_2} < 2$ 或 $\dfrac{\Delta y_1}{\Delta y_2} < 2$，则可用算术平均值代替。

b. 吸收因子法

$$N_{OG} = \dfrac{1}{1 - \dfrac{1}{A}} \ln\left[\left(1 - \dfrac{1}{A}\right)\dfrac{y_1 - mx_2}{y_1 - mx_2} + \dfrac{1}{A}\right]$$

式中 $A = L/mG$

同理

$$N_{OL} = \dfrac{1}{A - 1} \ln\left[\left(1 - \dfrac{1}{A}\right)\dfrac{y_1 - mx_2}{y_2 - mx_2} + \dfrac{1}{A}\right]$$

传质单元高度和传质单元数表达式及相互换算见表 4-34。

表 4-34　传质单元高度和传质单元数表达式及相互换算

填料层高度/m	传质单元高度/m	传质单元数	换算关系
$h = H_{OG} \times N_{OG}$	$H_{OG} = \dfrac{G}{K_y a}$	$N_{OG} = \int_{y_2}^{y_1} \dfrac{dy}{y - y_e}$	$N_{OG} = A N_{OL}$
$h = H_{OL} \times N_{OL}$	$H_{OL} = \dfrac{L}{K_x a}$	$N_{OL} = \int_{x_2}^{x_1} \dfrac{dx}{x_e - x}$	$H_{OG} = \dfrac{1}{A} H_{OL}$

续表

填料层高度/m	传质单元高度/m	传质单元数	换算关系
$h = H_G \times N_G$	$H_G = \dfrac{G}{k_y a}$	$N_G = \displaystyle\int_{y_2}^{y_1} \dfrac{\mathrm{d}y}{y - y_i}$	$H_{OG} = H_G + \dfrac{1}{A} H_L$
$h = H_L \times N_L$	$H_L = \dfrac{L}{k_x a}$	$N_L = \displaystyle\int_{x_2}^{x_1} \dfrac{\mathrm{d}x}{x_i - x}$	$H_{OL} = A H_G + H_L$

c. 图解（或数值）积分法（图 4-18）

当平衡线为曲线时，可以采用图解（或数值）积分法和近似梯级图解法来计算传质单元数。

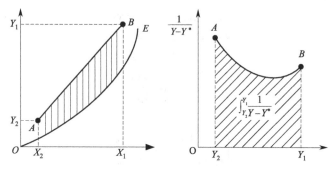

图 4-18　图解积分法

若平衡线为一曲线，由积分式可知，N_{OG} 应是 $1/(Y-Y^*) \sim Y$ 曲线在 Y_2 到 Y_1 范围内的面积。

图解积分法的操作步骤如下所示。

（a）在 $Y\text{-}X$ 相图上做平衡线和操作线；

（b）在 Y_1、Y_2 间任取 n 个值，读出 $Y-Y^*$ 值；

（c）列表计算 $1/(Y-Y^*)$ 值；

（d）绘制 $1/(Y-Y^*) \sim Y$ 关系图；

（e）计算曲线下阴影面积 N_{OG}。

数值积分法的操作步骤如下所示。

（a）在 $Y\text{-}X$ 相图上做平衡线和操作线；

（b）在 Y_1、Y_2 间作偶数等分 n；

（c）对每一个 Y 值计算 $f(Y) = 1/(Y-Y^*)$ 值；

（d）辛普森法（Simpson 法）计算 N_{OG}。

$$N_{OG} = \int_{Y_0}^{Y_n} f(Y)\mathrm{d}Y = \frac{\xi}{3}(f_0 + 4f_1 + 2f_2 + 4f_3 + 2f_4 + \cdots + 2f_{n-2} + 4f_{n-1} + f_n)$$

式中，ξ 为步长，$\xi = \dfrac{Y_n - Y_0}{n}$；$n$ 为偶数，n 取值越大越精确；Y_0 为塔顶组成（Y_2）；Y_n 为塔底组成（Y_1）。

③ 理论板当量高度法

对填料吸收塔，为完成给定的分离任务，可以求得所需理论塔板数 N。若已知完成一个理论板分离任务，所需的填料层高度——理论板当量高度（$HETP$）值，则：

$$H = N \times HETP$$

对低浓度气体吸收，若平衡关系符合亨利定律，操作线又为直线，且 $A \neq 1$，则理论板数可按下式计算。

$$N = \frac{1}{\ln A} \ln \left[\left(1 - \frac{1}{A}\right) \frac{y_1 - mx_2}{y_2 - mx_2} + \frac{1}{A} \right]$$

若 $A = 1$ 时，按下式计算：

$$\frac{1}{N+1} = \frac{y_2 - mx_2}{y_1 - mx_2}$$

（2）高浓度气体（>10%）的吸收时填料层高度计算

① 填料层高度计算通式

将 dh 微元填料层的物料衡算式和气膜传质速率式联立，经积分，可推导得出：

$$h = \int_{y_2}^{y_1} \frac{G \, dy}{k_y a (1-y)(y - y_i)}$$

式中　$k_y a$——气膜体积传质系数，$kmol/(m^3 \cdot s)$。

② 填料层高度计算

一般认为 $\frac{G}{K_y a}$ 沿塔高变化并不大，可取塔顶、塔底的平均值，因此上式可简化为：

$$h = \frac{G}{K_y a (1-y)_m} \int_{y_2}^{y_1} \frac{(1-y)_m \, dy}{(1-y)(y - y_i)}$$

令

$H_G \equiv \dfrac{G}{K_y a (1-y)_m}$，高浓度气体吸收的气相传质单元高度，m

$N_G \equiv \displaystyle\int_{y_2}^{y_1} \frac{(1-y)_m \, dy}{(1-y)(y - y_i)}$，高浓度气体吸收的气相传质单元数

若将任一塔横截面上气膜两侧惰性气体的平均浓度值近似用算术平均值代替，即

$$(1-y)_m \approx \frac{1}{2} \left[(1-y) + (1-y_i) \right] = (1-y) + \frac{1}{2}(y - y_i)$$

代入积分式得

$$N_G = \int_{y_2}^{y_1} \frac{dy}{y - y_i} + \frac{1}{2} \ln \frac{1-y_2}{1-y_1}$$

于是　　$h = H_G N_G$

根据公式计算出的填料层高度再加上 10%～20% 的裕度作为填料层设计高度。

4.5.6　填料塔总阻力计算

气体通过填料塔的总阻力主要包括填料层的阻力 Δp_1、通过液体初始分布器和再分布器的阻力 Δp_2、通过气体分布器的阻力 Δp_3、通过除雾层的阻力 Δp_4 以及气体入塔、出塔的局部阻力 Δp_5。

计算填料层阻力的方法有阻力系数法和通用关联图法。关联图法是根据操作的气液参数

及物性数据、填料特性数据，由 Eckert 图查得每米填料层的压降，再乘以填料层的设计高度，即可得填料层阻力 Δp_1。

气体通过液体初始分布器和再分布器的阻力按分布的具体结构和操作条件计算。

大型塔器入口需设分布器以保持均布，气体通过分布器有阻力，要消耗能量，可根据广义的范宁公式按分布器结构及操作参数来计算。

气体入塔、出塔的局部阻力可由下式计算：

$$\Delta P_5 = \zeta_i \frac{u_i^2}{2g} + \zeta_0 \frac{u_0^2}{2g}$$

气体通过填料塔总阻力为

$$\Delta p_{总} = \Delta p_1 + \Delta p_2 + \Delta p_3 + \Delta p_4 + \Delta p_5$$

根据塔的总阻力和气体流量，可以计算气体通过塔消耗的功率。根据气体种类、流量、需要的压头（风压）及功率可以选择动力机械。

4.5.7　循环功率计算和泵的选择

（1）吸收剂输送管路直径计算

$$D = \sqrt{\frac{4q_v}{\pi u}}$$

选定流速 u 计算塔内径，并按标准圆整。

（2）管路总阻力及所需输送压头计算

由平立面布置图可以确定管路的具体长度和局部阻力的当量长度，按范宁公式计算阻力。

$$\sum H_f = \sum \lambda \cdot \frac{l + \sum l_e}{d} \cdot \frac{u^2}{2g}$$

根据管路的总能量衡算可求得所需的压头 H_e。

（3）泵的选择

根据吸收剂种类及性质，吸收剂用量，所需压头等数据选择循环泵的类型、型号。根据液体密度确定轴功率。

有效功率

$$P_e = q_v \rho g H_e$$

轴功率

$$P = \frac{P_e}{\eta} = \frac{q_v \rho g H_e}{\eta}$$

4.6　填料塔附属内件选型

合理选择和设计填料塔的附属内件，对于保证填料塔正常操作，充分发挥通量大、压降低、效率高、弹性好等性能至关重要。主要附属内件有填料支承板，压板或床层限制板，液体初始分布器和再分布器，气体入塔分布器以及除沫器等。

4.6.1　填料支承板

填料支承板用于支承填料层及操作中所持液体的质量,同时应具有足够的开孔率以供气-液两相流体顺利通过,为此,首先应有足够的刚性和强度,其次,开孔率要大于填料层的空隙率,否则将会在此发生液泛;再次,选材要耐腐蚀。常用支承板的结构有栅板型、波纹型、升气管型和梁型等,如图 4-19 所示。

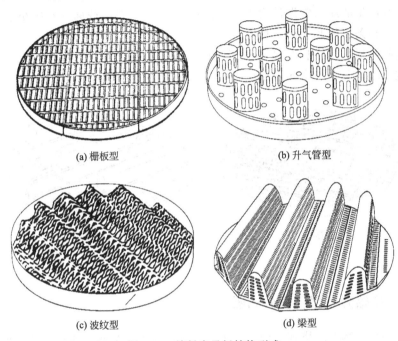

(a) 栅板型　　　　　　　　　　　　(b) 升气管型

(c) 波纹型　　　　　　　　　　　　(d) 梁型

图 4-19　填料支承板结构型式

栅板型支承板用得较多,直径 $D < 500$mm 可制成整块;$D = 600 \sim 800$mm 时,可分成两块;$D = 900 \sim 1200$mm 时,分成三块。一般每块的宽度约在 $300 \sim 400$mm 之间,以便于从人孔装卸。栅条间距约为填料外径的 $0.6 \sim 0.8$,以防填料掉落,在大塔中,当填料尺寸较小时,也可采用较大间距的栅板,在其上预先布满一层大尺寸的填料,而后再放置尺寸较小的塔填料,这样栅板自由截面率大,制作又简单。

对升气管型和梁型支承板,气体呈喷射方式通过,又称气体喷射式支承板。它对气体和液体提供了不同的通道,不但避免了液体在板上的积聚,利于液体的均匀分布,而且也利于气体均匀地进入填料层,升气管型适用 $D < 0.6$ 米小塔,梁型支承板则既适用于小塔,更适用于大塔。多梁型支承板又称为驼峰型支承板,它可制成整体,更多的是分块组装,这种支承板由若干条支承梁组成,每条梁由 $3 \sim 4$mm 不锈钢板按规定尺寸冲出许多长圆孔,再压制成波形。其特点:可提供 100% 塔横截面的气体通道,保证气体通量大,阻力小;液体不但可由盘上的开孔排出,而且还可从条与条间的间隙流下,与气体无干扰,液流通量大[145 ~ 200m³/(m²·h)];波形结构,刚性好,承载能力强(分块式最大承载能力 40kPa)。梁型支承板是适应高空隙率、大增量、高效率的新型塔填料的使用而开发的,是性能最优的支承板。

填料支承板在塔内安装在支持圈上,支持圈型式基本可分两种:一种是扁钢支持圈或加支承板的扁钢支持圈，另一种是角钢支持圈，采用扁钢支持圈者为多。

4.6.2 压板或床层限制板

为防止填料层在气体压力差和负载波动引起的冲击作用下发生窜动和膨胀，对任何填料塔都必须安装填料压板或床层限制板，以保持固定的填料层的高度和均匀的结构。

填料压板如图 4-20 所示，适用于固定陶瓷填料层，凭自身的重量限制填料松动，无须固定于塔壁，其产生的压力常设计为 1100Pa 左右，此外，自由截面率不应小于 70％以减少阻力，其型式分栅条压板和丝网压板等。

床层行程限制板，其结构与填料压板类似，但其产生压力只为 300Pa 左右，安装于塔内时必须固定于塔内壁上，由此限制填料层高度，防止其松动。

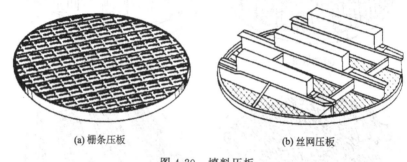

(a) 栅条压板　　　　　　　　　(b) 丝网压板

图 4-20　填料压板

4.6.3 液体初始分布器和再分布器

填料塔的传质过程要求塔任一横截面上气、液两相均匀分布、密切接触，而气体分布均匀与否主要又取决于液体分布的均匀程度，以往将小塔实验结果推广到大塔时，常常发生传质效率明显降低的所谓放大效应现象，除填料自身结构不完善外，液体初始分布不均匀是重要的原因。因此液体初始分布器和再分布器的设计质量对保证填料塔的分离效果是至关重要的。

（1）液体初始分布器

理想的液体分布器应该是布液均匀、自由截面率大、操作弹性宽、不易堵塞、各部件可通过人工安装与拆卸。为适应于各种塔径、不同塔填料、不同液体负荷以及不同特点分离过程的要求，液体分布器有多种不同的结构型式。但若按布液作用原理来分，主要有靠压力差分布的多孔型和靠重力分布的溢流型两大类。

① 多孔型分布器

它靠孔口以上的液柱静压或管路中静压迫使液体从均布的小孔（$\Phi 3 \sim 8$）流出，分布于填料层横截面上。分布器的送液能力按下式计算：

$$V_L = \frac{\pi}{2} d^2 n \Phi \sqrt{2gh}$$

式中，d 为小孔直径，m；n 为孔数；Φ 为小孔流量系数，一般 $\Phi = 0.6 \sim 0.26$；h 为分布器的工作压头，$h = \dfrac{p_2 - p_1}{\rho g}$，$p_2$ 为分布器内的工作压力，p_1 为塔内压力。

　　为保证液体分布均匀，多孔间尺寸偏差宜小，均布，安装时力求水平。为防止堵孔，在液体进口管路上应设置过滤器。

　　多孔型液体分布器有以下几种：

　　a. 排管式多孔分布器

　　孔径、孔数由液体负荷而定，孔径一般为 $\Phi 3\sim5mm$，每根支管口开 $1\sim3$ 排小孔。小孔中心线与垂线夹角可为 $15°$、$30°$、$45°$ 等。按液体引入排管的方式，可分水平主管一侧（或两侧）进入或垂直中心管引入。如图 4-21 所示。

　　当液体负荷低于 $25m^3/(m^3 \cdot h)$ 时，按参考数据设计的排管式多孔分布器可提供良好的分布效果，此时，液体从孔口高速喷出，易形成雾状，影响效果。

　　对于散堆填料塔，排管式分布器的安装位置至少高于填料表面 $150\sim200mm$，对于规整的波纹填料塔，可用支承梁将分布器直接放置填料层表面上，此种分布器的应用较为广泛。

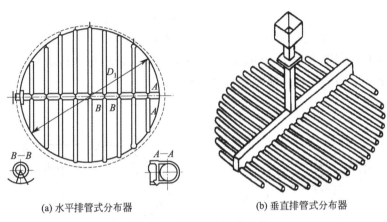

(a) 水平排管式分布器　　　　(b) 垂直排管式分布器

图 4-21　排管式多孔分布器

　　b. 环管式多孔分布器

　　按照塔径及液体均布的要求，可分别制成单环管和多环管及螺旋盘管。多环管分布器的结构如图 4-22 所示。最外层环管的中心圆直径一般取塔径的 $0.6\sim0.8$。

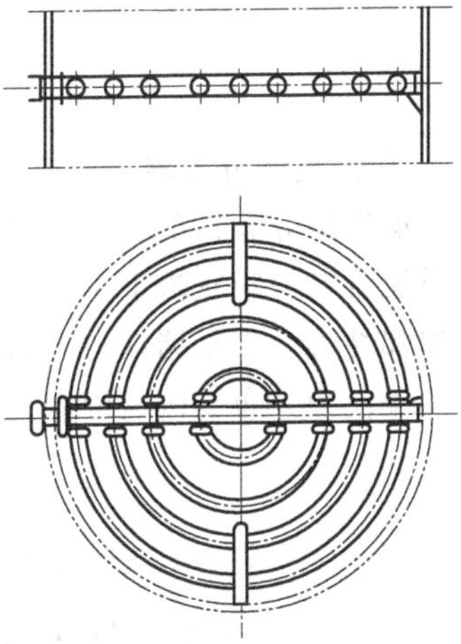

　　c. 筛孔盘式分布器

　　筛孔盘式分布器由分布板及围环组成结构。板上按正三角形（或正方形）排孔，孔径 $\Phi 3\sim10mm$，孔数按喷淋点数确定。根据气体负荷大小，在分布盘上安装升气管，其直径 Φ 大于 $15mm$，$400mm$ 以下小塔也可不设升气管。

　　液体由位于分布盘上方的中心管输入盘内中心，管口高于外环上缘 $50\sim200mm$，为防止冲击，维持盘上液面的稳定，中心管中的液体流速不宜很高，大直径塔需增设进液缓冲管。

　　分布盘直径 $D_T = (0.85\sim0.88)D$。塔内径与分布盘定位块外廓间留 $3\sim12mm$ 间隙。塔径大于 $600mm$ 时，分布盘常设计成分块结构，安装时应保持盘面水平。

图 4-22　多环管分布器

　　该种分布器的气相阻力较大，不适用于大气量操作，在应用上不及排管式普遍。

d. 莲蓬头式多孔分布器

莲蓬头式多孔分布器如图 4-23 所示。分布孔开在球面上,借助压差使液体喷出,其送液能力也可按上式计算。需要指出的是流量系数 $C_0=0.6\sim0.85$,开孔率小取前者,开孔率大取后者。通过莲蓬头的压差一般为 $0.98\sim9.8$kPa。喷洒角 $\alpha\leqslant80°$,喷头直径 $d=(1/3\sim1/5)D$,球面半径为 $(0.3\sim1.0)d$。小孔直径 $\Phi=3\sim10$mm。喷洒外圆圈距塔壁 $X=70\sim100$mm。莲蓬头安装高度(球面中心距填料层表面距离)$Y=(0.5\sim1.0)D$。具体 Y 值可由下式计算:

$$Y=r\cdot\mathrm{ctg}\frac{\alpha}{2}+\frac{gr^2}{2u_0^2\sin\frac{\alpha}{2}}$$

式中,r 为喷洒圆半径,m;α 为喷洒角;u_0 为小孔流出速度,m/s;

小孔多采用同心圆方式排布,其总数为:

$$n=1+n_1+2n_1+3n_1+\cdots+mn_1$$

式中,n_1 为第一圈圆周上的孔数;m 为同心圆圈数。

莲蓬头式多孔分布器多用于 600mm 以下塔中,缺点是小孔容易堵塞,雾沫夹带严重,操作性能(喷液量、喷洒半径)随喷射压差而变。

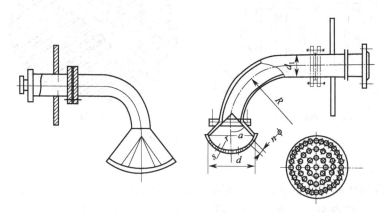

图 4-23　莲蓬头式多孔分布器

② 溢流型分布器

溢流型分布器的工作原理是当液面超过堰口高度时,依靠液体自重通过堰口内流出,沿着溢流管壁呈膜状流下,喷洒至填料层上。这种分布器特别适用于大型材料塔,它的优点是操作弹性大、不易堵塞,可靠性好,便于分块安装。

溢流型分布器的送液能力:

$$V_L=\frac{2}{3}C_0bh\sqrt{2gh}$$

式中　V_L——液体流量,$\mathrm{m^3/s}$;

　　　　b——溢流周边长,m;

　　　　h——堰液头高度(溢流管口以上液层高度),m;

　　　　C_0——流量系数,$C_0\approx0.6$。

溢流型分布器分为溢流盘式和溢流槽式等结构,如图 4-24 所示。

a. 溢流盘式分布器

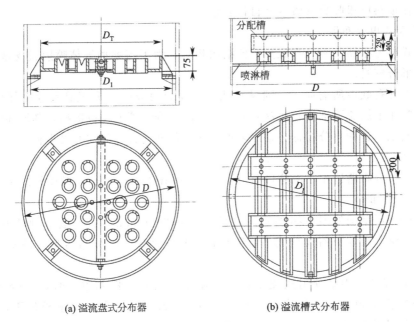

(a) 溢流盘式分布器　　　　　　　(b) 溢流槽式分布器

图 4-24　溢流分布器

溢流盘式分布器由底板、围环和溢流-升气管三部分组成。溢流-升气管数目应按要求的液体喷淋点数来设计。它作为气液两相共同通道（但分路通过）。故管径至少大于 15mm，管子在底板上可按正三角形（或正方形）排布，底面上还应开有 $\Phi 3mm$ 的内孔，以便停工时排放板上积液。

液体应由盘中间上方进入，最大给液速度为 3m/s，进料口位置高于围环上缘 50～200mm。为增加溢流管的溢流量，并降低对溢流管口安装水平度的敏感性，常在溢流管上端开三角形（或槽形）缺口，管子的下缘需伸出底板，最好也制成三角形缺口，以均布液流。

b. 溢流槽式分布器

溢流槽式分布器由分配槽及其下方的若干条溢流-喷淋槽组成。在溢流槽两侧开有三角形、矩形或梯形堰口，各堰口下缘应位于同一水平面上，堰口的总数应满足喷淋点密度的要求。分配槽数目由塔径和液体负荷而定，在 1～3 间选用。槽内液体流速不高于 0.24～0.3m/s，槽宽＞120mm，高度≥350mm。从分配槽送入各溢流槽中的流量借分配槽底的给液孔数来调节。

溢流槽式分布器不易堵塞，自由截面率大，适应性能好，处理量大，操作弹性好。为达到均匀分布液体常采用三层槽式，然而都需较大的塔内空间。

(2) 液体再分布器

为防止液体的壁流现象，高的填料层需分段装填。在段间区设置液体再分布器以收集上段来液，并为下一段创造均匀分布液体的条件。常用的结构有截锥式、多孔盘式及梁式。

① 截锥式再分布器

这是一种最简单的液体再分布器，若只将截锥体焊（或搁置）在塔中，截锥上下仍能放满填料，不占空间。若在截锥上架设支承板，截锥下方要隔一段距离再装填料，截锥体与塔壁的夹角一般为 35°～45°。截锥下口直径 $D_1 = (0.7～0.8)D$。

改进截锥式再分布器，又称罗赛脱型再分布器，如图 4-25 所示，它通量大，不影响填料装填，放在填料层里收集壁流液体自行分布。

② 多孔盘式再分布器

多孔盘式再分布器与多孔盘式分布器结构相近，为了与梁型气体喷射式支承板相配合，常采用长方形升气管。

分布盘上开孔数由所需而定，喷淋点孔径为 $\Phi3\sim10\text{mm}$。升气管尺寸应尽可能大，减少阻力。为防止上层流下液体直接落入升气管，故在升气管上均设遮帽，其流通截面积应大于升气管截面积。这种再分布器必采用多点进料，各升气管之间均应设进料口，进料管内液速应小于 1.2m/s。

多孔盘式再分布器适用于液体负荷范围是 $8\sim145\text{m}^3/(\text{m}^2\cdot\text{h})$，操作弹性为 3。

③ 梁形再分布器

梁形再分布器结构如图 4-26 所示，适用于 $D>1200\text{mm}$ 的大塔，操作弹性为 4。为便于制造和安装，整个在分布器设计成多条梁形构件拼装而成，在分布器与支持圈之间用卡子连接。

梁形再分布器与梁型喷射式支承板配套使用，当支承板无主梁时，在分布器的升气管上缘至填料支承板下缘的距离宜小于 $75\sim100\text{mm}$，以防止从支承板流下的液体进入升气管中，影响再分布效果。如果结构上必须超过上述距离，则适宜在升气管上方加设帽盖。

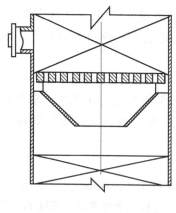

图 4-25　截锥式再分布器

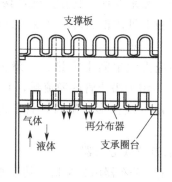

图 4-26　梁型再分布器

4.6.4　其他附件

填料塔的附件及附属设备，如气体进出口接管、液体进出口接管、除沫器、塔裙座、人孔和手孔等可参照第 3 章板式塔的附件内容。

4.7　氨气吸收填料塔的设计示例

4.7.1　设计任务

填料塔吸收氨气混合气，进料气体组成：氨气 5%（质量百分数）、空气 95%（质量百分数），气体处理量 $10000m^3/h$，年开工时间 300 天，操作压力 $130kPa$，分离要求：塔顶 NH_3 含量 $\leqslant 0.02\%$（质量分数），回收率 95%。

4.7.2　设计方案

用水吸收 NH_3 属于易溶气体的吸收，为了提高传质效率，应该选用逆流吸收流程。用水作为吸收剂廉价、经济。对于水吸收氨气的过程，操作温度、操作压力较低，工业上常选用聚丙烯散装阶梯环填料。在聚丙烯散装填料中，聚丙烯阶梯环填料的整合性能较好，故选用 DN38 聚丙烯阶梯环填料。

4.7.3　设计步骤

4.7.3.1　基础物性数据

（1）液相物性数据

对低浓度吸收过程，溶液的物性数据可以近似地取纯水的物性数据，由手册查得 $20℃$ 时的水的有关物性如下：

密度为 $\rho_L = 998.2kg/m^3$

黏度为 $\mu_L = 0.001Pa \cdot s = 3.6kg/(m \cdot h)$

表面张力 $\sigma_L = 72.6dyn/cm = 940896kg/h^2$

NH_3 在水中的扩散系数为 $D_L = 1.76 \times 10^{-5}cm^2/s = 6.34 \times 10^{-6}m^2/h$

（2）气相物性数据

混合气体的平均摩尔质量为

$$M_{Vm} = \sum y_i M_i = 17 \times 0.05 + 0.95 \times 29 = 28.4$$

混合气体的平均密度为

$$\rho_{Vm} = \frac{PM_{Vm}}{RT} = \frac{130 \times 28.4}{8.314 \times 293} = 1.52kg/m^3$$

混合气体的黏度可近似取为空气的黏度，查手册得 $20℃$ 空气的黏度为

$$\mu_V = 1.81 \times 10^{-5}Pa \cdot s = 0.065kg/(m \cdot h)$$

查手册得氨气在空气中的扩散系数为

$$D_V = 0.17cm^2/s = 0.0612m^2/h$$

（3）气液相平衡数据

查手册得氨气的溶解度系数为

$$H = 0.725kmol/(kPa \cdot m^3)$$

计算得亨利系数为

$$E = \rho_L/HM_S = 998.2/(0.725 \times 18.02) = 76.41kPa$$

相平衡常数为

$$m = E/p = 76.41/130 = 0.588$$

4.7.3.2 物料衡算

进塔气体摩尔比为 $Y_1 = y_1/(1-y_1) = 0.05/(1-0.05) = 0.0526$

出塔气体的摩尔比 $Y_2 = Y_1(1-\Phi_A) = 0.0526(1-0.95) = 0.00263$

进塔惰气流量为

$$V = \frac{10000}{22.4} \times \frac{273}{273+20} \times \frac{130}{101} \times (1-0.05) = 508.6 \text{kmol/h}$$

该吸收过程属于低浓度，平衡关系为直线，最小液气比按下式计算，即

$$(L/V)_{\min} = (Y_1-Y_2)/(Y_1/m-X_2)$$

对于纯溶剂吸收过程，进塔液相组成为 $X_2 = 0$

$$(L/V)_{\min} = (0.0526-0.00263)/(0.0526/0.588-0) = 0.5586$$

取实际液气比为最小液气比的 1.8 倍，

则可以得到吸收剂用量为 $L/V = 1.8 (L/V)_{\min}$

$$L = 1.8 \times 508.6 \times 0.5586 = 511.39 \text{kmol/h}$$

由公式得： $\qquad V(Y_1-Y_2) = L(X_1-X_2)$

$$X_1 = 508.6 \times (0.0526-0.00263)/511.39 = 0.05$$

4.7.3.3 填料塔的工艺尺寸

（1）塔径的计算

采用 Eckert 通用关联图计算泛点气速。

气相质量流量为 $W_V = 10000 \times 1.52 = 15200 \text{kg/h}$

液相质量流量可近似按水的流量计算，即

$$W_L = 511.39 \times 18.02 = 9215.25 \text{kg/h}$$

Eckert 通用关联图的横坐标为

$$\frac{W_L}{W_V}\left(\frac{\rho_{Vm}}{\rho_L}\right)^{0.5} = \frac{9215.25}{15200} \times \left(\frac{1.52}{998.2}\right)^{0.5} = 0.024$$

查图得 $\qquad (\mu_F^2 \Phi_F \Psi/g) \cdot (\rho_V/\rho_L)\mu_L^{0.2} = 0.22$

查表得 $\Phi_F = 170 \text{m}^{-1}$

$$u_F = \left(\frac{0.22 g \rho_L}{\Phi_F \psi \rho_V u_L^{0.2}}\right)^{0.5}$$

$$= [(0.22 \times 9.81 \times 998.2)/(170 \times 1 \times 1.52 \times 1^{0.2})]^{0.5} = 2.89 \text{m/s}$$

操作气速 $\qquad u = 0.8u_F = 0.8 \times 2.89 = 2.31 \text{m/s}$

塔径 $\qquad D = (4V_S/\pi u)^{0.5} = \left(\frac{4 \times 10000}{3.14 \times 2.31 \times 3600}\right)^{0.5} = 1.24 \text{m}$

圆整塔径，取 $D = 1.4 \text{m}$

泛点率校核： $u = 10000/(3600 \times \frac{\pi}{4} \times 1.4^2) = 1.81 \text{m/s}$

$u/u_F = 1.81/2.89 = 62.5\%$ （允许的范围 0.5～0.85 内）

填料规格校核： $D/d = 1400/38 = 36.84 > 8$

经以上校核可知，填料塔径直径选用 $D=1400\text{mm}$ 合理。

（2）填料层高度计算

$$Y_1^*=mX_1=0.588\times0.05=0.0294$$
$$Y_2^*=0$$

脱吸因子为 $S=mV/L$
$$=0.588\times508.6/511.39=0.584$$

气相总传质单元数为
$$N_{OG}=1/(1-S)\ln\left[(1-S)(Y_1-Y_2^*)/(Y_2-Y_2^*)+S\right]$$
$$=1/(1-0.584)\ln\left[(1-0.584)\times0.0526/0.00263+0.584\right]=5.26$$

气相总传质单元高度采用修正的恩田关联式计算

$$a_W=a\left\{1-\exp\left[-1.45\left(\frac{\delta_c}{\delta}\right)^{0.75}\left(\frac{W_L}{a\mu_L}\right)^{0.1}\left(\frac{W_L^2a}{\rho_L^2g}\right)^{-0.05}\left(\frac{W_L^2}{\rho_L\delta a}\right)^{0.2}\right]\right\}$$

查表得 $\delta_c=33\text{dyn/cm}=427680\ \text{kg/h}^2$

液体质量通量为 $W_L=9215.25/0.785\times1.4^2=5989.4\text{kg/(m}^2\cdot\text{h)}$
$$a_W=132.5\times$$

$$\left\{1-\exp\left[-1.45\left(\frac{427680}{940896}\right)^{0.75}\left(\frac{5989.4}{132.5\times3.6}\right)^{0.1}\left(\frac{5989.4^2\times132.5}{998.2^2\times1.27\times10^8}\right)^{-0.05}\left(\frac{5989.4^2}{998.2\times940896\times132.5}\right)^{0.2}\right]\right\}$$

$$a_W=37.8\ \text{m}^2/\text{m}^3$$

气膜吸收系数计算：$k_G=0.237\left(\frac{W_V}{a\mu_V}\right)^{0.7}\left(\frac{\mu_V}{\rho_VD_V}\right)^{\frac{1}{3}}\left(\frac{aD_V}{RT}\right)\psi^{1.1}$

气体质量通量为
$$W_V=15200/0.785\times1.4^2=9879.1\ \text{kg/(m}^2\cdot\text{h)}$$

查表得：$\psi=1.45$

$$k_G=0.237\left(\frac{9879.1}{132.5\times0.065}\right)^{0.7}\left(\frac{0.065}{1.52\times0.0612}\right)^{\frac{1}{3}}\left(\frac{132.5\times0.0612}{8.314\times293}\right)1.45^{1.1}$$

$$k_G=0.146\text{kmol/(m}^2\cdot\text{h}\cdot\text{kPa)}$$

液膜吸收系数计算：

$$k_L=0.0095\left(\frac{W_L}{a_W\mu_L}\right)^{\frac{2}{3}}\left(\frac{\mu_L}{\rho_LD_L}\right)^{-0.5}\left(\frac{u_Lg}{\rho_L}\right)^{\frac{1}{3}}\psi^{0.4}$$

$$k_L=0.0095\left(\frac{5989.4}{37.8\times3.6}\right)^{\frac{2}{3}}\left(\frac{3.6}{998.2\times6.34\times10^{-6}}\right)^{-0.5}\left(\frac{3.6\times1.27\times10^8}{998.2}\right)^{\frac{1}{3}}1.45^{0.4}$$

$$k_L=0.445\text{m/s}$$

则 $\qquad k_Ga=k_Ga_w$

得 $\qquad k_Ga=0.146\times37.8=5.52\text{kmol/(m}^3\cdot\text{h}\cdot\text{kPa)}$

$$k_La=k_La_w$$

得 $\qquad k_La=0.445\times37.8=16.82l/h$

因为 $\qquad u/u_F=62.5\%>50\%$

由 $\qquad k_G'a=[1+9.5(u/u_f-0.5)^{1.4}]k_Ga$

$$k'_L a = [1 + 2.6(u/u_f - 0.5)^{2.2}]k_L a$$

得 $\qquad k'_G a = 8.37 \text{kmol}/(\text{m}^3 \cdot \text{h} \cdot \text{kPa})$

$\qquad k'_L a = 17.27 \text{kmol}/(\text{m}^3 \cdot \text{h} \cdot \text{kPa})$

则 $\qquad K_G a = 1/[1/(k'_G a) + 1/(Hk'_L a)]$

计算得 $\qquad K_G a = 5.02 \text{kmol}/(\text{m}^3 \cdot \text{h} \cdot \text{kPa})$

气相总传质单元高度为

$$H_{OG} = V/K_G a p \Omega$$

$$= 508.6/5.02 \times 130 \times 0.785 \times 1.4^2 = 0.51 \text{m}$$

计算填料层的高度为

$$Z = H_{OG} N_{OG} = 0.51 \times 5.26 = 2.68 \text{m}$$

设计填料层的高度为

$$Z' = 1.4 \times 2.68 = 3.75 \text{m}$$

圆整后，$Z' = 4\text{m}$

查表得散装填料分段高度推荐值

$$h/D = 8 \sim 15, h_{max} \leqslant 6\text{mm}$$

取 $h/D = 10$

$$h = 10 \times 1400 = 14000 \text{mm}$$

计算得填料层高度为 4000mm，小于 14000mm，故不需分段。

4.7.3.4 塔附属高度

塔上部空间高度，可取 1.3m，塔底液相停留时间按 5min 考虑，则塔釜液所占空间高度为

$$h_1 = \frac{5 \times 60 \times \dfrac{9215.25}{998.2 \times 3600}}{\pi/4 \times 1.4^2} = 0.5 \text{m}$$

考虑到气相接管所占空间高度，底部空间高度可取 0.7m，所以塔的附属空间高度可以取为 2.0m。

4.7.3.5 初始分布器和再分布器

(1) 液体初始分布器

① 布液孔数

根据该物系性质可选用盘式液体分布器，按 Eckert 建议值，应取喷淋点密度为 42 点/m^2，因该塔液相负荷较大，设计时取 100 点/m^2，则总布液孔数为

$$n = 100 \times \frac{\pi}{4} \times 1.4^2 = 1.54 \times 100 = 154 \text{ 个}$$

② 液体保持管高度

取布液孔直径为 5mm，则液位保持管中的液位高度可由式得出

$$h = \left(\frac{4V_S}{\pi d^2 nk}\right)^2 / (2g) = \left(\frac{4 \times \dfrac{9215.25}{998.2 \times 3600}}{3.14 \times 0.005^2 \times 154 \times 0.65}\right)^2 / (2 \times 9.81) = 0.087 \text{m}$$

则液位保持管高度为

$$h' = 1.15 \times 87 = 100mm$$

（2）液体再分布器

由于填料层高度不高，可不设液体再分布器。

本装置由于直径较小，可采用简单的进气分布装置，同时，对排放的净化气体中的液相夹带要求不严，故可不设除液沫装置。

4.7.3.6　填料塔接管尺寸

（1）为防止流速过大引起管道冲蚀、磨损、震动和噪音，液体流速一般不超过 3m/s，气体流速一般不超过 50m/s。

取气体流速为 20m/s，气体进出口管管径为：

$$d = \sqrt{\frac{4V_S}{\pi u}} = \sqrt{\frac{4 \times 10000/3600}{3.14 \times 20}} = 0.42m$$

故管子的公称直径为 400mm。

（2）取液体流速为 0.5m/s，液体进出口管管径为：

$$d = \sqrt{\frac{4V_S}{\pi u}} = \sqrt{\frac{4 \times \dfrac{9215.25}{998.2 \times 3600}}{3.14 \times 0.5}} = 0.08m$$

故管子的公称直径为 80mm。

4.7.3.7　填料层压力降

填料塔的压力降为

$$\Delta p_f = \Delta p_1 + \Delta p_2 + \Delta p_3 + \Sigma \Delta p$$

（1）气体进出口压力降

取气体进出口接管的内径为 426mm，则气体的进出口流速为 20m/s，则进口压力降为

$$\Delta p_1 = 0.5 \times \frac{1}{2} \times \rho \mu^2 = 0.5 \times \frac{1}{2} \times 1.52 \times 20^2 = 152Pa$$

出口压力降为

$$\Delta p_2 = 1 \times \frac{1}{2} \times \rho \mu^2 = 1 \times \frac{1}{2} \times 1.52 \times 20^2 = 304Pa$$

（2）填料层压力降

采用 Eckert 通用关联图计算填料层压降

横坐标为：　$\dfrac{W_L}{W_V} \left(\dfrac{\rho_{Vm}}{\rho_L} \right)^{0.5} = \dfrac{9215.25}{15200} \times \left(\dfrac{1.52}{998.2} \right)^{0.5} = 0.024$

查表得：$\Phi_p = 116 m^{-1}$

纵坐标为：$\dfrac{u^2 \Phi_p \psi}{g} \cdot \dfrac{\rho_V}{\rho_L} \cdot \mu_L^{0.2} = \dfrac{2.31^2 \times 116 \times 1}{9.81} \times \dfrac{1.52}{998.2} \times 3.6^{0.2} = 0.124$

查图得，$\dfrac{\Delta p}{Z} = 981Pa/m$

填料层压降为：$\Delta p_3 = 981 \times 4 = 3924\text{Pa}$

（3）其他塔内件的压力降　其他塔内件的压力降$\sum \Delta p$较小，在此可以忽略。

于是得吸收塔的总压力降为

$$\Delta p_f = 152 + 304 + 3924 = 4380\text{Pa}$$

填料塔设计一览表见表4-35。

表4-35　填料塔设计一览表

吸收塔类型：聚丙烯散装阶梯环吸收填料塔工艺参数		
名称	清水	氨气
操作压力/kPa	130	130
操作温度/℃	20	20
流速/(m/s)	0.5	20
液体密度/(kg/m³)	998.2	1.52
质量流量/(kg/h)	9215.25	15200
进料管管径	D80	D400
出口管径	D80	D400
扩散系数/(m²/h)	6.34×10^{-6}	0.0612
黏度/[kg/(m·h)]	3.6	0.065
表面张力/(kg/h²)	940896	
塔径/mm	1400	
填料层高度/mm	4000	
分布点数	154	
塔的附属空间高度/m	2.0	
填料层压降/Pa	4380	

4.8　填料塔设计任务

（1）水吸收丙酮过程的填料吸收塔设计

设计任务：入塔空气中丙酮含量为（50，70，90）g/m³ 干空气（标态），温度为25℃，常压操作，相对湿度为60%，处理量（600，800，1000）m³/h。

操作条件：吸收剂为清水，温度为25℃，出塔气体中丙酮流量分别为入塔丙酮流量的1/100，1/200，1/400。选用聚丙烯阶梯环填料。

设计内容：流程选择；物料衡算；传质单元数、传质单元高度、填料层高度及吸收塔高度的求取；塔径、填料层压降的求取；主要附属设备的选择与设计；绘制工艺设备图；编写设计说明书。

（2）CO_2 吸收过程的填料吸收塔设计

设计任务：用清水吸收变换气中的CO_2，气体处理量为（1000，1500，2000）m³/h，进塔气体组成（体积分数）：CO_2 为18.84%，CO 为5.51%，H_2 为58.78%，N_2 为9.17%，CH_4 为7.70%，出塔气体中CO_2 含量为1%。

操作条件：吸收剂为水，温度为30℃，含CO_2 量25mL/L，水洗饱和度70%。塔底压力1.8MPa。

设计内容：流程选择；物料衡算；传质单元数、传质单元高度、填料层高度及吸收塔高度的求取；塔径、填料层压降的求取；主要附属设备的选择与设计；绘制工艺设备图；编写设计说明书。

第**5**章

化工单元 ASPEN 辅助设计

5.1 管壳式换热器 ASPEN 设计

5.1.1 概述

换热器主要模块，如图 5-1 所示，主要模块功能如表 5-1 所示。

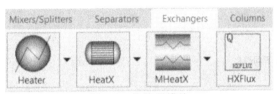

图 5-1 换热器模块

其中 HeatX 模块主要包括 GEN-HT、GEN-HS、AEROTRAN、HETRAN 和 HTRIX-IST，如下所示：

GEN-HT   GEN-HS   AEROTRAN   HETRAN   HTRIXIST

表 5-1　换热器主要模块功能

模块	功能	适用对象
Heater 加热器/冷却器	确定一股物流的热力学状态	加热器、冷却器、仅涉及压力的泵、阀门或压缩机
HeatX 两股物流换热器	模拟两股物流的换热过程	已知几何尺寸时核算管壳式换热器、空冷器、板式换热器
MHeatX 多股物流换热器	模拟多股物流的换热过程	多股热流和冷流换热器，两股物流换热 LNG 换热器
Hetran 管壳式换热器	与 BJAC 管壳式换热器的接口程序	管壳式换热器包括釜式再沸器
Aerotran 空冷换热器	与 BJAC 空气冷却器的接口程序	错流式换热器包括空气冷却器

HeatX 有简捷法和严格法两种计算模型。

简捷法（Shortcut）计算不需要换热器结构或尺寸数据，可以使用最少的输入量来模拟一个换热器。Shortcut 模型可进行设计模拟两种计算，其中设计计算依据工艺参数和总传热系数估算出传热面积。严格法（Detailed）可以用换热器几何尺寸去估算对流传热系数、总传热系数、压降、对数平均温差校正因子。严格法核算模型对 HeatX 提供了较多的规定选项，但也需要较多的输入。Detailed 模型不能进行设计计算。可以将 HeatX 的 Shortcut 和 Detailed 结合完成换热器设计计算。首先依据给定的设计条件用 Shortcut 估算传热面积，然后依据 Shortcut 的计算结果用 Detailed 进行核算。

在使用 HeatX 模型前，首先要弄清楚下面这些问题：

（1）HeatX 能够模拟的管壳式换热器类型

逆流和并流换热器；

弓形隔板 TEMA E、F、G、H、J 和 X 壳换热器；

圆形隔板 TEMA E 和 F 壳换热器；

裸管和翅片管换热器。

（2）HeatX 能够进行的计算

全区域分析；传热和压降计算；显热、气泡状气化、凝结膜系数计算；内置的或用户定义的关联式。

（3）HeatX 需要的输入规定

必须提供下述规定之一：换热器面积或几何尺寸；换热器热负荷；热流或冷流的出口温度；在换热器的两端之一处接近温度；热流或冷流的过热度/过冷度；热流或冷流的气相分数（气相分数为 0 表示饱和液相）；热流或冷流的温度变化。

5.1.2 设计任务

换热器设计条件如下所述。

烃物流：

入口温度 200℃，入口压力 0.4 MPa，允许压降 30kPa，流量 10000kg/h；

组成（质量分数）：苯 50％，苯乙烯 20％，乙苯 20％，水 10％。

冷却水：

入口温度 20℃，入口压力 0.1MPa，允许压降 20kPa，流量 60000kg/h；

其中：烃物流出口气化分数为 0（饱和液相），走壳程。

两侧流体污垢热阻均为 0.00025 m² · K/W。

换热器结构尺寸：

采用固定管板式换热管，管长 3m，管外径 25mm，壁厚 2mm 的光滑管，管子采用正三角形排列，管心距 32mm；所有接口管管嘴 150mm；弓形折流挡板 5 个，缺口率 15％。

5.1.3 流程模拟设计

5.1.3.1 ASPEN 简捷计算

（1）模拟设置

启动 Aspen Plus，选择模版 General with Metric Units，进入 Properties 设置界面，将文件保存为 HEATER.bkp。

点击 按钮，进入 Setup | Global 页面，在名称（Title）框中输入 HEATER SIMULATION。单位设置：选用修正的米制单位（METCBAR，温度单位为℃，压力单位

为 bar)。全局设置（Global setting）中烃物流的有效相是 Vapor-Liquid-Liquid（两液相位水-烃类），如图 5-2 所示。

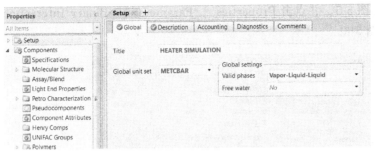

图 5-2　全局设置

（2）定义组分

点击 **N** (next) 按钮，进入 Components | Selection 页面，输入水（Water）、苯（Benzene）、乙苯（Styrene）及苯乙烯（Ethylbenzene），见图 5-3 和图 5-4。

图 5-3　组分列表

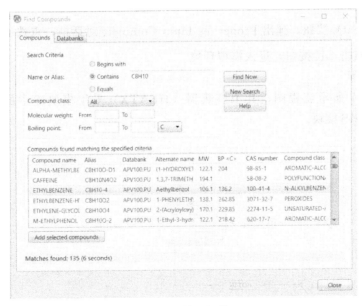

图 5-4　输入组分

（3）定义物性计算方法和模型

点击 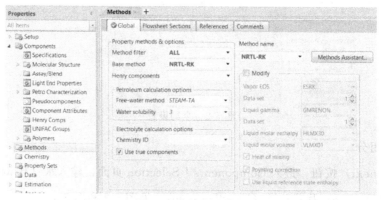（next）按钮，进入 Properties ｜ Methods ｜ Global 页面，物性方法选择 NRTL-RK，见图 5-5。并点击 Properties ｜ Parameters ｜ Binary Interaction 页面查看二元交互参数，见图 5-6。

图 5-5　物性方法选择

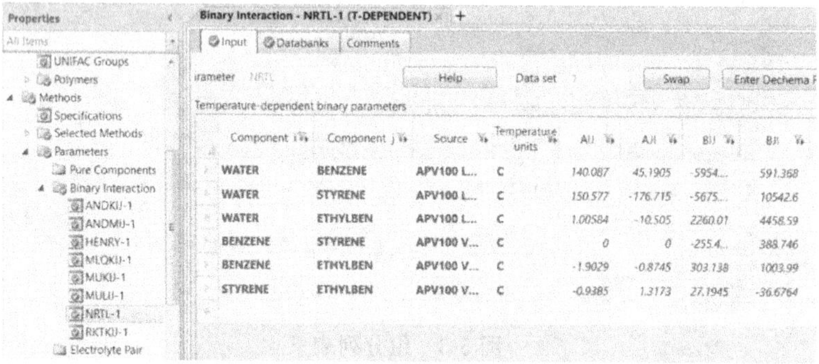

图 5-6　二元交互参数

点击 （next）按钮，弹出 Properties Input Complete 对话框，点选 Go to Simulation Environment，点击 OK 按钮，进入模拟环境。

（4）定义流程

建立如图 5-7 所示流程图，其中换热器（HEATX）采用模块库中的 Exchangers ｜ HeatX ｜ GEN-HS 模块。

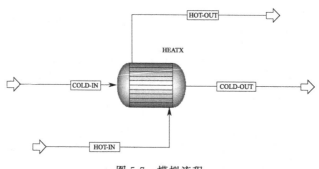

图 5-7　模拟流程

（5）定义物流

进入 Streams ｜ COLD-IN 页面，输入水的入口条件，见图 5-8。

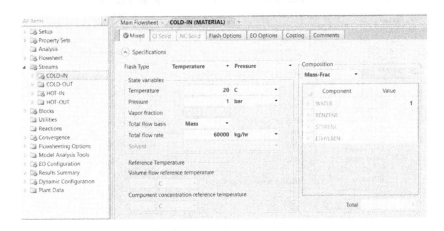

图 5-8　冷却水进料数据

进入 Streams ｜ HOT-IN ｜ 页面，输入烃的入口条件，见图 5-9。

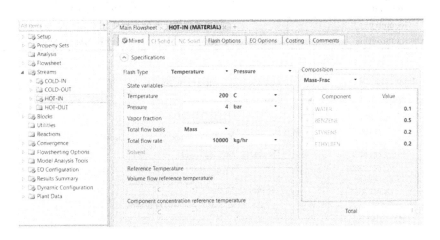

图 5-9　热蒸气进料数据

（6）HeatX 模块定义

点击 （next）按钮，进入 Blocks ｜ HEATX ｜ Setup ｜ Specifications 页面，开始换热器操作单元的定义。

① Blocks ｜ HEATX ｜ Specifications 页面

这里选择，Design 模型，规定 Hot stream outlet vapor fraction（热物流出口气相分率）为 0，即出口烃为饱和液相，如图 5-10 所示，则模拟程序将给出传热面积、热负荷及其他出口参数。

② Blocks｜HEATX｜LMTD 页面

计算对数平均温差校正因子。LMTD 计算方式如表 5-2 所示，LMTD 是平均温差，F 为校正因子，校正偏离逆流流动的程度。简捷算法中 F 是恒定的。LMTD 设置见图 5-11。

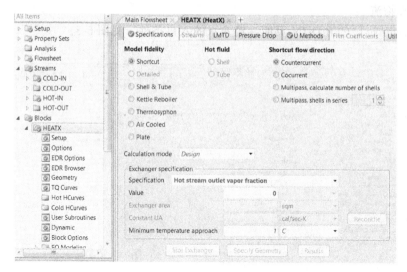

图 5-10　模块 HEATX 参数设置

表 5-2　LMTD 计算方式

Calculation option	LMTD 计算方法
Constant	LMTD 校正因子是常数
Geometry	用换热器规定和物流性质计算 LMTD 校正因子
User subroutine	提供一个用户子程序来计算 LMTD 校正因子

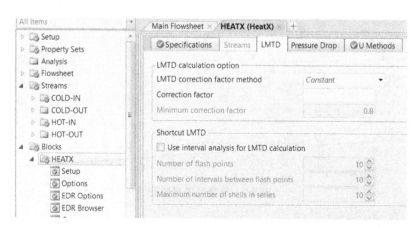

图 5-11　LMTD 设置

③ Pressure Drop 页面

定义压降计算方法。HeatX 用 Pipeline 管线模型来计算管侧压降，可以设定压降关联式和在 Setup｜Pressure Drop 页面上 Pipeline 模型使用的液体滞留量。热流体压力设置和冷流体压力设置见图 5-12 和图 5-13。

Outlet Pressure 为出口压力，必须输入物流的出口压力或压降；

Calculate from geometry 为依据几何尺寸计算、换热器几何尺寸和物流性质计算压降；

Flow-dependent correlation 为依据流体关联式计算压降。

④ U Methods 页面

定义总传热系数计算方法，如表 5-3 所示，这里选择 Phase-specific values，定义换热器

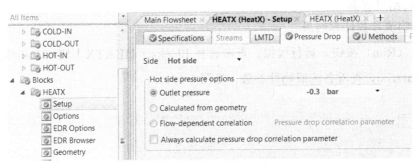

图 5-12　热流体压力设置

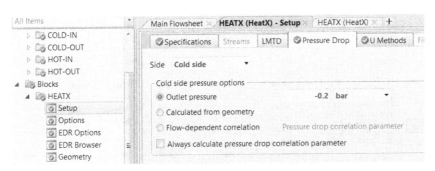

图 5-13　冷流体压力设置

每个传热区域传热系数，见图 5-14，取默认值。至此设置与输入参数完成，接下来可以进行模拟运算。

表 5-3　传热系数计算方法

Selected calculation method	选择计算方法	定义
Constant value	传热系数常数值	常数
Phase-specific values	指明热流和冷流的相态	每个区域一个常数值
Power law expression	传热系数看成物流流率的函数	幂率表达式
Exchanger Geometry	换热器几何结构	Shortcut 不可选
Film Coefficients	膜系数	
User subroutine	用户子程序	

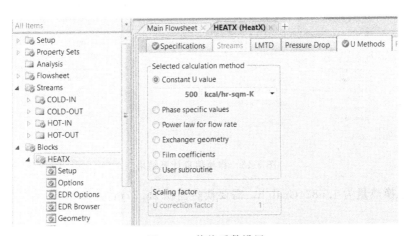

图 5-14　传热系数设置

（7）运行结果查询

① 出口物流参数计算结果

点击 ▶(Run) 按钮，运行模拟。点击选择 Blocks｜HEATX｜ED Modeling｜Stream Results｜Material，查看各流股物性参数，见图 5-15。

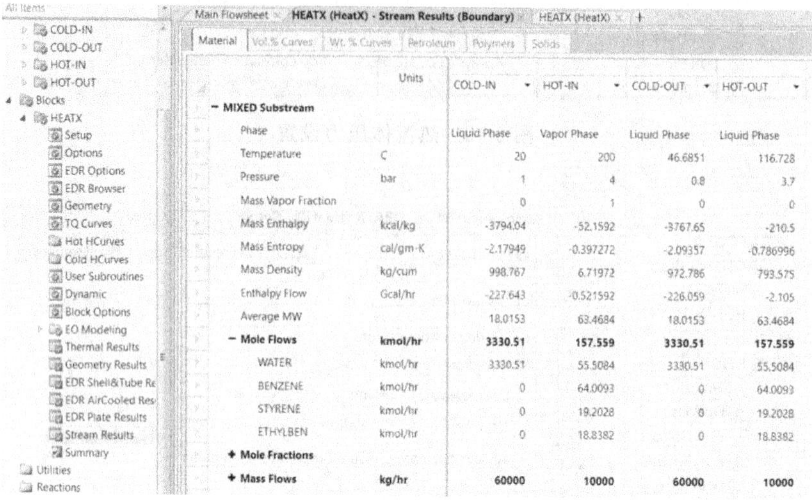

图 5-15　初步运行结果

可知：烃类出口温度 116.73℃，冷却水出口温度 46.69℃。

② 热计算结果

选择 Blocks｜HEATX｜Thermal Results｜Summary 与 Exchanger Details 页面，查看换热器详细结果，见图 5-16 和图 5-17。

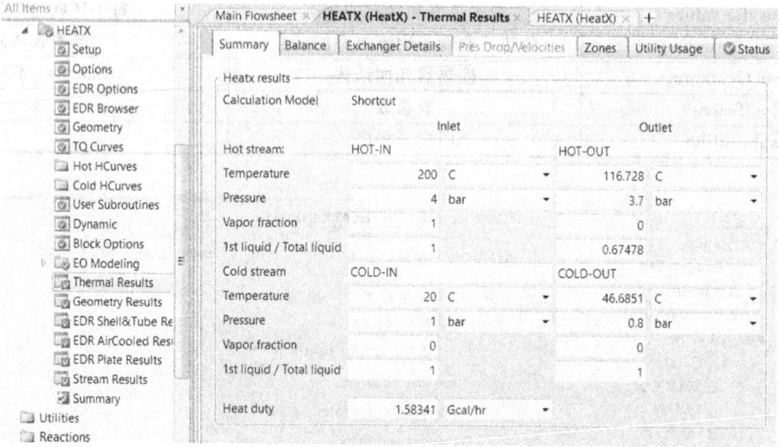

图 5-16　物流信息计算结果

可知：总换热量为 1.5834Gcal/h，需要换热面积 25.77m^2。

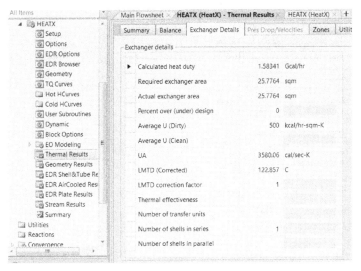

图 5-17　换热器计算结果

5.1.3.2　ASPEN EDR 详细设计与校核

（1）设计模式

点击进入 Blocks ｜ HEATX ｜ Setup ｜ Specifications 页面，选择 Shell&Tube，弹出 Convert to Rigorous Exchanger 对话框，如图 5-18 所示，点击 Convert 按钮。进入 EDR Sizing Console 对话框。填写设计基础数据。

图 5-18　EDR 设计选型界面

Geometry 页面设置如图 5-19 所示。计算模式（Calculation mode）为设计模式 Design（Sizing），TEMA Type：前封头类型为 B 型，壳体类型为 E 型，后封头类型为 M 型。管子外径和间距（Tube OD/Pitch）为 25/32，管子排列方式（Tube pattern）为 30°正三角形排列（30-Triangular），折流板切口方向（Baffle Cut Orientation）为垂直（Vertical）。

尺寸设置中，Specify some sizes for design 选择 Yes，管长（Tube length）设置为 3000mm，折流板间距（Baffle spacing center-center）为 500mm，管程数（Number of tube/passes）为 1，串联壳体数目（Shells in series）为 1，并联壳体数目（shells in parallel）为 1。

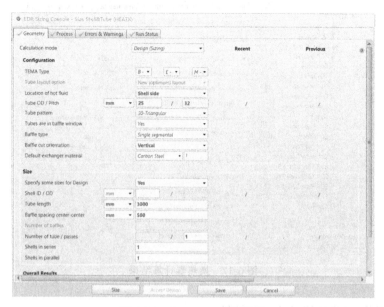

图 5-19　Geometry 页面设置

Process 页面设置中，出口气相分率（Outlet vapor mass fraction）均设置为 0，污垢热阻（Fouling resistance）均设置为 0.00025m² · K/W，见图 5-20。

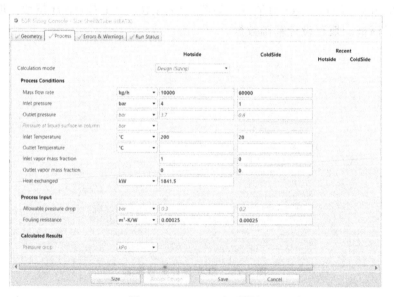

图 5-20　Process 页面设置

点击 Size 按钮，进行初步设计计算，再点击 Accept Design 按钮，初步计算结果显示无设计错误，有 3 处警告，见图 5-21。

点击进入 Blocks ｜ HEATX ｜ EDR Browser，进入 EDR Navigation 页面。如图 5-22 所示：计算壳径 558.8mm，单程管数 210 根，面积裕度 14%，折流板数为 4；如图 5-23 所示，烃类出口温度 116.72℃，冷却水出口温度 46.68℃；壳程、管程压力降分别为 2.857kPa、3.39kPa。

```
EDR Sizing Console - Size Shell&Tube (HEATX)

√ Geometry | √ Process | √ Errors & Warnings | √ Run Status

Runtime Status Report
    Running
-- processing user input data
  Output File Opened
-- generating properties data
-- heat balance and heat release curves
-- new design calculation begun
--
 Shell  Tube  -Baffle-  --Tube--  Shells  Area Ratio ---DP Act/Max---
 Size Length  Space No. Pass No. Ser Par  Act/Req  Sh-side  Tu-side    Cost
  mm    mm     mm                                                            
                        1-Pass, 1-Ser,1-Par
  438  3000   500.  4   1  134  1  1   0.839   0.130   0.175   19481.  0.913
  489  3000 · 500.  4   1  171  1  1   0.994   0.108   0.173   22083.  1.055 near
  540  3000   500.  4   1  210  1  1   1.139   0.095   0.170   24795.  1.110 (OK)
 best design, diam= 540, length= 3000 mm
  591  3000   500.  4   1  258  1  1   1.310   0.104   0.167   27758.  1.114 (OK)
  600  3000   500.  4   1  268  1  1   1.337   0.091   0.167   27400.  1.114 (OK)
  625  3000   500.  4   1  296  1  1   1.425   0.097   0.166   28942.  1.116 (OK)
****    9 Designs reviewed,  7 fully checked,   4 successful ****
-- [ Advanced calculation method ]
-- Output of results begun
-- completed:   0 errors   3 warnings
No More Input Datasets
```

图 5-21 详细设计初步运行信息

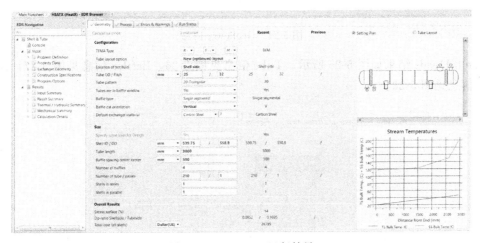

图 5-22 Geometry 运行结果

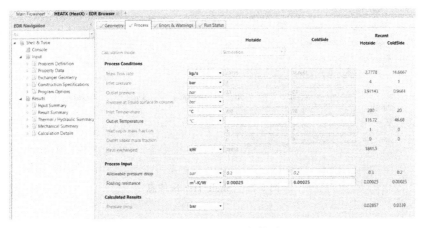

图 5-23 Process 运行结果

EDR Navigation 页面导航栏选择 Shell&Tube ｜ Input ｜ Exchanger Geometry，如图 5-24 所示，可依次查看 Geometry Summary，Shell/Heads/Flanges/Tubesheets，Tubes，Baffles/supports，Bundle layout，Nozzles 等信息。

图 5-24 Geometry 信息

Shell/Heads 结果如图 5-25 所示。Tube 信息见图 5-26，Baffles 信息见图 5-27，Bundle layout 信息见图 5-28。

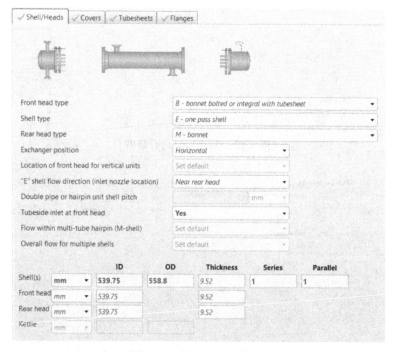

图 5-25 Shell/Heads 信息

| ✓ Tube | Lowfins | Fins | ✓ Inserts | KHT Twisted Tubes | Internal Enhancements |

Number of tubes (total)	210	
Number of tubes plugged	0	
Tube length	3000	mm ▾
Tube type	Plain	
Tube outside diameter	25	mm ▾
Tube wall thickness	2.11	mm ▾
Wall specification	Average	
Tube pitch	32	mm ▾
Tube pattern	30-Triangular	
Tube material	Carbon Steel	1
Tube surface	Smooth	
Tube wall roughness		mm
Tube cut angle (degrees)		

图 5-26　Tube 信息

| ✓ Baffles | ✓ Tube Supports | Longitudinal Baffles | ✓ Variable Baffle Pitches | ✓ Deresonating Baffles |

Baffle type	Single segmental			
Tubes are in baffle window	Yes			
Baffle cut % - inner/outer/intermediate	/ 40 /			
Align baffle cut with tubes	Yes			
Multi-segmental baffle starting baffle	Set default			
Baffle cut orientation	Vertical			
Baffle thickness	9.52	mm		
Baffle spacing center-center	500	mm		
Baffle spacing at inlet	705.47	mm	at outlet 705.48	mm
Number of baffles	4			
End length at front head (tube end to closest baffle)	750	mm		
End length at rear head (tube end to closest baffle)	750	mm		
Distance between baffles at central in/out for G,H,I,J shells		mm		
Distance between baffles at center of H shell		mm		
Baffle OD to shell ID diametric clearance	4.76	mm		
Baffle tube hole to tube OD diametric clearance	0.4	mm		

图 5-27　Baffles 信息

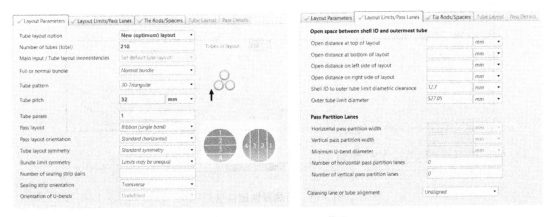

图 5-28　Bundle layout 信息

199

在 Result-Result Summary-Warning& Messages 里可以看到，流动过程中存在管子振动问题，如图 5-29 所示。

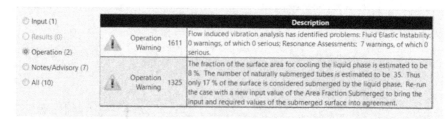

			Description
⚠	Operation Warning	1611	Flow induced vibration analysis has identified problems: Fluid Elastic Instability: 0 warnings, of which 0 serious; Resonance Assessments: 7 warnings, of which 0 serious.
⚠	Operation Warning	1325	The fraction of the surface area for cooling the liquid phase is estimated to be 8 %. The number of naturally submerged tubes is estimated to be 35. Thus only 17 % of the surface is considered submerged by the liquid phase. Re-run the case with a new input value of the Area Fraction Submerged to bring the input and required values of the submerged surface into agreement.

图 5-29　运行警告信息

Optimization Path 信息：程序选取第二个设计为最优，见图 5-30。

Optimization Path

Current selected case 2

Item	Shell Size	Tube Length Actual	Reqd.	Area ratio	Pressure Drop Shell	Dp Ratio	Tube	Dp Ratio	Baffle Pitch	No.	Tube Tube Pass	No.	Units in	s	Total Price	Operational Issues Vibration	Rho-V-Sq	Unsupported tube length	Design Status
	mm	mm	mm		bar		bar		mm						Dollar(US)				
1	1	488.95	3000	3018.4	0.99	0.03252	0.11	0.03454	0.17	500	4		171	1	1	22083	Possible	No	No	Near
2	2	539.75	3000	2634.7	1.14	0.02857	0.1	0.0339	0.17	500	4		210	1	1	24795	Possible	No	No	(OK)
3	3	590.55	3000	2289.4	1.31	0.03133	0.1	0.03348	0.17	500	4		258	1	1	27758	Possible	No	No	(OK)
4	4	600	3000	2244.2	1.34	0.02727	0.09	0.03341	0.17	500	4		268	1	1	27400	Possible	No	No	(OK)
5	5	625	3000	2104.8	1.43	0.0291	0.1	0.03327	0.17	500	4		296	1	1	28942	Possible	No	No	(OK)
6																				
7	2	539.75	3000	2634.7	1.14	0.02857	0.1	0.0339	0.17	500	4		210	1	1	24795	Possible	No	No	(OK)

图 5-30　Optimization Path 信息

进入 Thermal/Hydraulic Summary-Performance，可以查看各热阻在总阻力的比例关系，由图 5-31 可知本设计的管侧及壳侧的热阻基本均衡；折流板圆缺率 39.73%，比较大，振动问题为 Possible。

Overall Performance | Resistance Distribution | Shell by Shell Conditions | Hot Stream Composition | Cold Stream Composition

Design (Sizing)		Shell Side		Tube Side	
Total mass flow rate	kg/s	2.7778		16.6667	
Vapor mass flow rate (In/Out)	kg/s	2.7778	0	0	0
Liquid mass flow rate	kg/s	0	2.7778	16.6667	16.6667
Vapor mass fraction		1	0	0	0
Temperatures	℃	200	116.72	20	46.68
Bubble / Dew point	℃	119.48 / 150.67	119.23 / 150.37	/	/
Operating Pressures	bar	4	3.97143	1	0.9661
Film coefficient	W/(m²-K)	1115.9		1305.5	
Fouling resistance	m²-K/W	0.00025		0.0003	
Velocity (highest)	m/s	7.46		0.24	
Pressure drop (allow./calc.)	bar	0.3	/ 0.02857	0.2	/ 0.0339
Total heat exchanged	kW	1841.5	Unit	BEM	1 pass 1 ser 1 par
Overall clean coeff. (plain/finned)	W/(m²-K)	585.9 /	Shell size	540 - 3000 mm	Hor
Overall dirty coeff. (plain/finned)	W/(m²-K)	443 /	Tubes	Plain	
Effective area (plain/finned)	m²	48 /	Insert	None	
Effective MTD	℃	98.59	No.	210 OD 25 Tks 2.11 mm	
Actual/Required area ratio (dirty/clean)		1.14 / 1.51	Pattern	30 Pitch 32 mm	
Vibration problem (HTFS)		Possible	Baffles	Single segmental Cut(%d) 39.73	
RhoV2 problem		No	Total cost	24795 Dollar(US)	

Heat Transfer Resistance
Shell side / Fouling / Wall / Fouling / Tube side

Shell Side ▭ Tube Side

图 5-31　换热器性能信息

Flow Analysis 的流路分析见图 5-32，可以看到 Cossflow（B stream）值 0.57 偏小，

Shell ID-bundle OTL （C stream）值 0.33 偏大。

Flow Analysis	Thermosiphons and Kettles			
Shell Side Flow Fractions	Inlet	Middle	Outlet	Diameter Clearance mm
Crossflow (B stream)	0.57	0.49	0.5	
Window (B+C+F stream)	0.9	0.84	0.94	
Baffle hole - tube OD (A stream)	0.04	0.05	0.01	0.4
Baffle OD - shell ID (E stream)	0.06	0.1	0.05	4.76
Shell ID - bundle OTL (C stream)	0.33	0.35	0.44	12.7
Pass lanes (F stream)	0	0	0	

Rho*V2 Analysis	Flow Area mm²	Velocity m/s	Density kg/m³	Rho*V2 kg/(m-s²)	TEMA limit kg/(m-s²)
Shell inlet nozzle	32275	12.81	6.72	1102	2232
Shell entrance	43496	9.5	6.72	607	5953
Bundle entrance	112585	3.67	6.72	91	5953
Bundle exit	43085	0.08	802.31	5	5953
Shell exit	3307	1.05	802.31	879	5953
Shell outlet nozzle	2165	1.6	802.31	2052	
	mm²	m/s	kg/m³	kg/(m-s²)	kg/(m-s²)
Tube inlet nozzle	8213	2.03	998.77	4123	8928
Tube inlet	71244	0.23	998.77	55	
Tube outlet	71244	0.24	972.79	56	
Tube outlet nozzle	8213	2.09	972.79	4233	

图 5-32　流路分析信息

在 Vibration&Resonance Analysis 里显示管子存在振动问题的位置，见图 5-33 和图 5-34。

Fluid Elastic Instability (HTFS)	Resonance Analysis (HTFS)	Simple Fluid Elastic Instability (TEMA)	Simple Amplitude and Acoustic Analysis (TEMA)

Shell number: Shell 1 ▾

Fluid Elastic Instability Analysis

Vibration tube number		1	2	4	5	6	8
Vibration tube location		Inlet row, centre	Outer window, left	Baffle overlap	Bottom Row	Inlet row, end	Outer window, right
Vibration		No	No	No	No	No	No
W/Wc for heavy damping (LDec=0.1)		0.03	0.15	0.03	0.03	0.15	0.14
W/Wc for medium damping (LDec=0.03)		0.06	0.28	0.06	0.05	0.28	0.26
W/Wc for light damping (LDec=0.01)		0.1	0.49	0.1	0.09	0.49	0.46
W/Wc for estimated damping		0.05	0.31	0.05	0.05	0.31	0.29
Estimated log Decrement		0.04	0.03	0.04	0.04	0.03	0.03
Tube natural frequency	cycle/s	174.21	60.34	174.21	174.21	60.34	60.34
Natural frequency method		Exact Solution	Exact Solution	Exact Solution	Exact Solution	Exact Solution	Exact Solution
Dominant span							
Tube effective mass	kg/m	1.85	1.85	1.85	1.85	1.85	1.85

Note: W/Wc = ratio of actual shellside flowrate to critical flowrate for onset of fluid-elastic instability

Tube material density	kg/m³	7841.73
Tube axial stress	N/mm²	2.02
Tube material Young's Modulus	N/mm²	200626.4
U-bend longest unsupported length	mm	

图 5-33　弹性不稳定性分析

（2）核算模式

进入 Blocks-HEATX-Setup-Specification 界面，将计算模式修改为 Rating 模式，见图 5-35。

图 5-34　管程共振信息

图 5-35　Rating 模式设置

点击进入 Blocks ｜ HEATX ｜ EDR Browser，进入 EDR Navigation 页面，并选择 Shell&Tube ｜ Input ｜ Exchanger Geometry，进入 Geometry 界面。查询换热器标准可选换热器外径 600mm，内径 580mm，管子数 245 根，管壁厚 2mm；Baffles 设置如图 5-36 所示，Tubes in window 设置为 No tubes in window，即弓形不排管，圆缺率为 15%。

图 5-36　更改 Geometry 设置

管程、壳程进、出口管子接口均选 Φ159mm×4.5mm 的管子，如图 5-37 和图 5-38 所示。

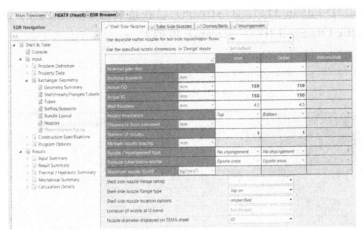

图 5-37　壳程进出口管子设置

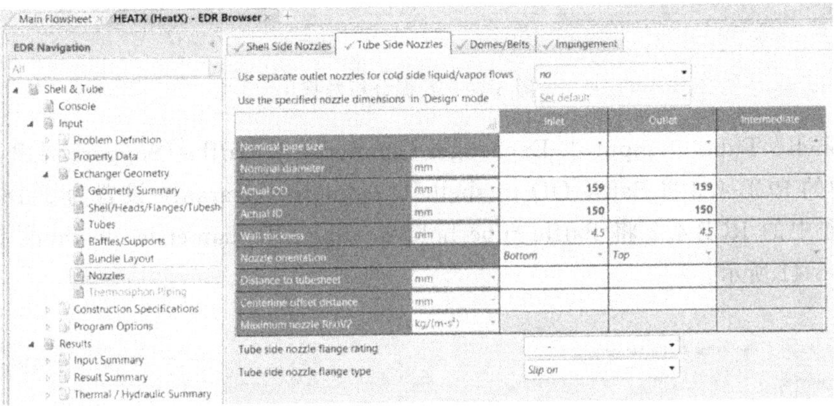

图 5-38　管程进出口管子设置

重新运行，显示运行结果如图 5-39 所示。

Flow Analysis | Thermosiphons and Kettles

Shell Side Flow Fractions	Inlet	Middle	Outlet	Diameter Clearance mm
Crossflow (B stream)	0.65	0.54	0.6	
Window (B+C+F stream)	0.78	0.69	0.8	
Baffle hole - tube OD (A stream)	0.13	0.17	0.11	0.79
Baffle OD - shell ID (E stream)	0.1	0.14	0.09	4.76
Shell ID - bundle OTL (C stream)	0.13	0.15	0.2	11.11
Pass lanes (F stream)	0	0	0	

Rho*V2 Analysis	Flow Area mm²	Velocity m/s	Density kg/m³	Rho*V2 kg/(m-s²)	TEMA limit kg/(m-s²)
Shell inlet nozzle	17671	23.39	6.72	3677	2232
Shell entrance	21664	19.08	6.72	2447	5953
Bundle entrance	45091	9.17	6.72	565	5953
Bundle exit	31614	0.11	793.61	10	5953
Shell exit	17957	0.19	793.61	30	5953
Shell outlet nozzle	17671	0.2	793.61	31	
	mm²	m/s	kg/m³	kg/(m-s²)	kg/(m-s²)
Tube inlet nozzle	17671	0.94	998.77	891	8928
Tube inlet	68579	0.24	998.77	59	
Tube outlet	68579	0.25	972.79	61	
Tube outlet nozzle	17671	0.97	972.79	914	

图 5-39　流路分析数据

如图 5-40 所示，结果显示振动分析中管子振动问题依然存在，流路分析中 Cossflow（B stream）、Shell ID-bundle OTL（C stream）已在适宜范围，但 Baffle hole-tube OD（A stream）值和 Baffle OD-Shell ID（E stream）值偏大。

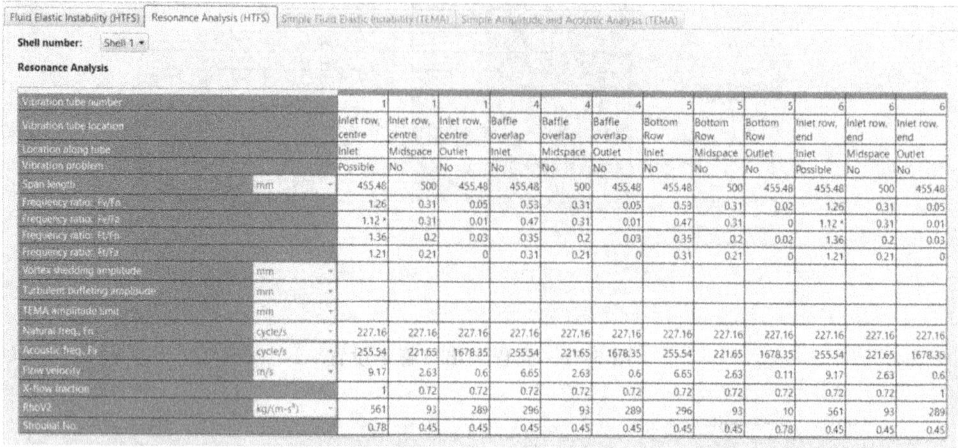

Fluid Elastic Instability (HTFS)	**Resonance Analysis (HTFS)**	Simple Fluid Elastic Instability (TEMA)	Simple Amplitude and Acoustic Analysis (TEMA)									

Shell number: Shell 1 ▾

Resonance Analysis

		1	2	3	4	4	4	5	5	5	6	6	6
Vibration tube number		1	1	1	4	4	4	5	5	5	6	6	6
Vibration tube location		Inlet row, centre	Inlet row, centre	Inlet row, centre	Baffle overlap	Baffle overlap	Baffle overlap	Bottom Row	Bottom Row	Bottom Row	Inlet row, end	Inlet row, end	Inlet row, end
Location along tube		Inlet	Midspace	Outlet	Inlet	Midspace	Outlet	Inlet	Midspace	Outlet	Inlet	Midspace	Outlet
Vibration problem		Possible	No	No	No	No	No	No	No	No	Possible	No	No
Span length	mm	455.48	500	455.48	455.48	500	455.48	455.48	500	455.48	455.48	500	455.48
Frequency ratio: Fv/fn		1.26	0.31	0.05	0.53	0.31	0.05	0.53	0.31	0.02	1.26	0.31	0.05
Frequency ratio: Fe/fa		1.12 *	0.31	0.01	0.47	0.31	0.01	0.47	0.31	0	1.12 *	0.31	0.01
Frequency ratio: Ft/fn		1.36	0.2	0.03	0.35	0.2	0.03	0.35	0.2	0.02	1.36	0.2	0.03
Frequency ratio: Ft/fa		1.21	0.21	0.21	0.21	0.21	0.21	0.21	0.21	0.21	1.21	0.21	0.21
Vortex shedding amplitude	mm												
Turbulent buffeting amplitude	mm												
TEMA amplitude limit	mm												
Natural freq, Fn	cycle/s	227.16	227.16	227.16	227.16	227.16	227.16	227.16	227.16	227.16	227.16	227.16	227.16
Acoustic freq, Fa	cycle/s	255.54	221.65	1678.35	255.54	221.65	1678.35	255.54	221.65	1678.35	255.54	221.65	1678.35
Flow velocity	m/s	9.17	2.63	0.6	6.65	2.63	0.6	6.65	2.63	0.11	9.17	2.63	0.65
X-flow fraction		1	0.72	0.72	0.72	0.72	0.72	0.72	0.72	0.72	1	0.72	1
RhoV2	kg/(m·s²)	561	93	289	296	93	289	296	93	10	561	93	289
Strouhal No.		0.78	0.45	0.45	0.45	0.45	0.45	0.45	0.45	0.78	0.45	0.45	0.45

图 5-40　共振分析数据

进入 Shell&Tube ｜ Input ｜ Exchanger Geometry ｜ Baffles/Suppors 界面，根据 TEMA 标准中的 RCB-4.3 将 Baffle OD to shell ID diametric clearance 设置为 3.18mm，根据 TEMA 标准中的 RCB-4.2 将 Baffle tube hole to tube OD diametric clearance 设置为 0.4 mm，如图 5-41 所示。

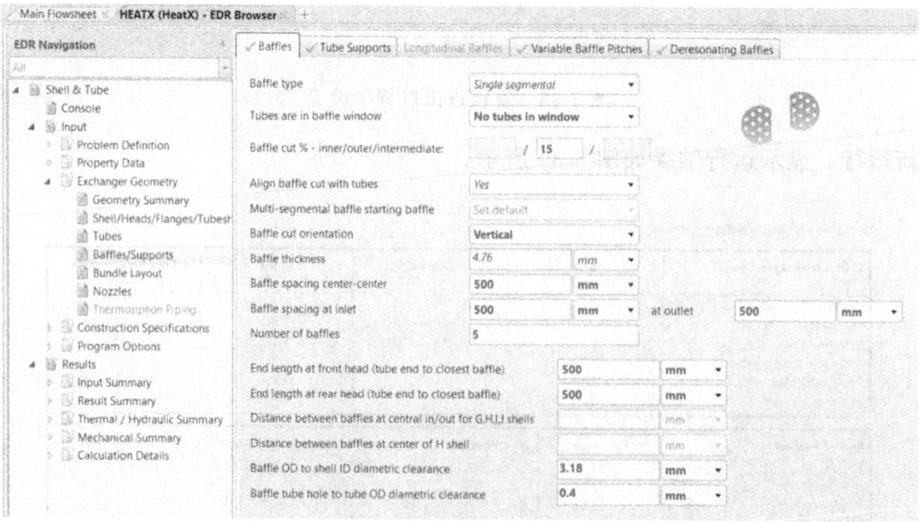

图 5-41　间隙参数设置

弓形不排管（No tubes in window）时，管子数应该是 190 根，进入 Shell&Tube ｜ Input ｜ Exchanger Geometry ｜ Baffle Layout 的 Layout Parameters 界面，Number of tubes（total）设置为 190，Number of sealing strip pairs 设置为 12，如图 5-42 所示。

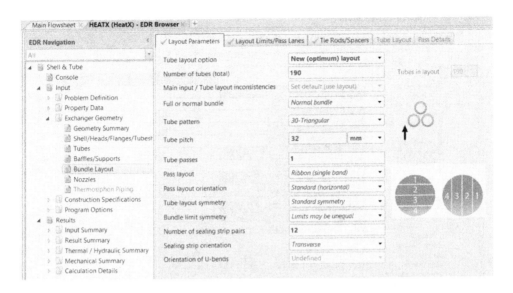

图 5-42　管程数据修改

在 Layout Limits/Pass Lanes 界面，将 Shell ID to outer tube limit diametric clearance 设置为 10mm，见图 5-43。

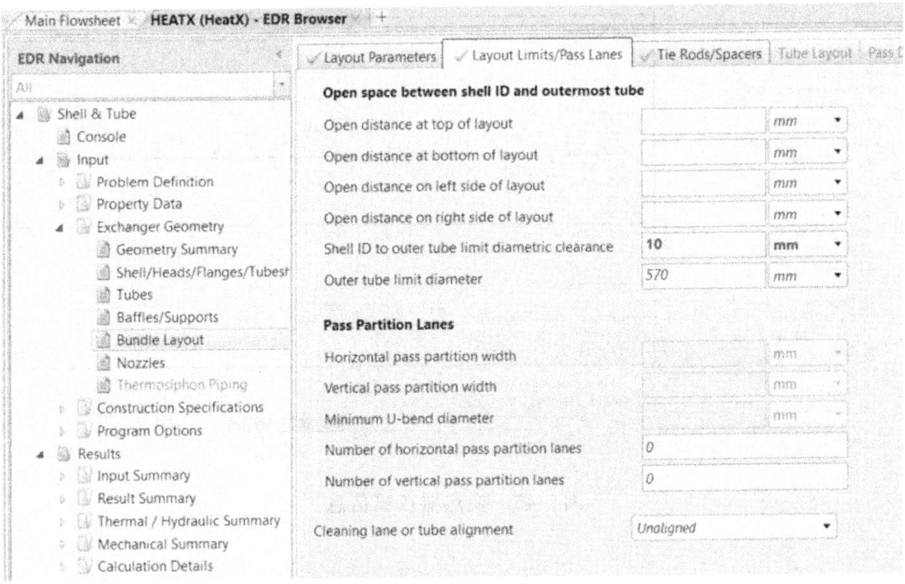

图 5-43　间隙设置信息

进入 Shell & Tube｜Input｜Exchanger Geometry｜Nozzles 的 Shell Side Nozzles 界面，进口处（Inlet）Nozzle/Impingement type 设置为 Yes impingement，见图 5-44。

重新运行，此时流路分析和振动分析均无警告，最终计算结果如图 5-45 与图 5-46 所示。

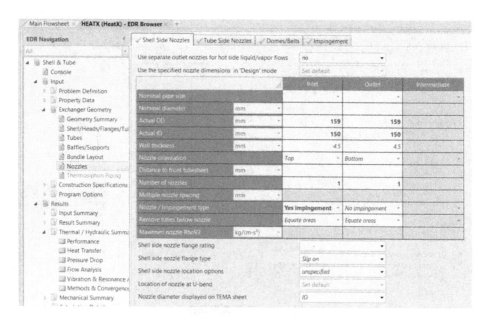

图 5-44　防冲板设置

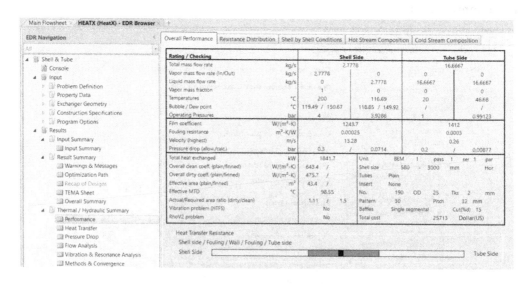

图 5-45　换热器校核信息

Shell Side Flow Fractions	Inlet	Middle	Outlet	Diameter Clearance mm
Crossflow (B stream)	0.74	0.66	0.71	
Window (B+C+F stream)	0.85	0.79	0.89	
Baffle hole - tube OD (A stream)	0.07	0.09	0.04	0.4
Baffle OD - shell ID (E stream)	0.08	0.12	0.07	3.18
Shell ID - bundle OTL (C stream)	0.11	0.14	0.18	10
Pass lanes (F stream)	0	0	0	

图 5-46　流路分析信息

具体信息可查看 Results，具体设计结果及结构图如图 5-47～图 5-50 所示。

Heat Exchanger Specification Sheet

1	Company:								
2	Location:								
3	Service of Unit:		Our Reference:						
4	Item No.:		Your Reference:						
5	Date:	Rev No.:	Job No.:						
6	Size: 580 - 3000 mm		Type: BEM Set default				Connected in: 1 parallel	1 series	
7	Surf/unit(eff.) 43.4 m²		Shells/unit 1				Surf/shell(eff.)	43.4	m²
8			**PERFORMANCE OF ONE UNIT**						
9	Fluid allocation			Shell Side			Tube Side		
10	Fluid name			HOT-IN			COLD-IN		
11	Fluid quantity, Total	kg/s		2.7778			16.6667		
12	Vapor (In/Out)	kg/s	2.7778		0	0		0	
13	Liquid	kg/s	0		2.7778	16.6667		16.6667	
14	Noncondensable	kg/s	0		0	0		0	
15									
16	Temperature (In/Out)	°C	200		116.69	20		46.68	
17	Bubble / Dew point	°C	119.49 / 150.67		118.85 / 149.92	/		/	
18	Density Vapor/Liquid	kg/m³	6.72 /		/ 793.61	/ 998.77		/ 972.79	
19	Viscosity	mPa·s	0.0131 /		/ 0.2799	/ 1.0214		/ 0.5932	
20	Molecular wt. Vap		63.47						
21	Molecular wt. NC								
22	Specific heat	kJ/(kg·K)	1.798 /		/ 2.395	/ 4.096		/ 4.191	
23	Thermal conductivity	W/(m·K)	0.0274 /		/ 0.1562	/ 0.5991		/ 0.6338	
24	Latent heat	kJ/kg	327		671.9				
25	Pressure (abs)	bar	4		3.9286	1		0.99123	
26	Velocity (Mean/Max)	m/s		2.83 / 13.28			0.26 / 0.26		
27	Pressure drop, allow./calc.	bar	0.3		0.0714	0.2		0.00877	
28	Fouling resistance (min)	m²·K/W		0.00025		0.00025	0.0003	Ao based	
29	Heat exchanged 1841.7	kW				MTD (corrected)	98.55		°C
30	Transfer rate, Service 430.2		Dirty	475.7		Clean	643.4		W/(m²·K)
31			**CONSTRUCTION OF ONE SHELL**					Sketch	
32			Shell Side		Tube Side				
33	Design/Vacuum/test pressure	bar	5 /	/	3 /	/			
34	Design temperature	°C	235		235				
35	Number passes per shell		1		1				
36	Corrosion allowance	mm	3.18		3.18				
37	Connections In	mm	1 150 /	-	1 150 /	-			
38	Size/Rating Out		1 150 /	-	1 150 /	-			
39	set default Intermediate		/	-	/	-			
40	Tube #: 190 OD: 25 Tks. Set defau2 mm		Length: 3000 mm		Pitch: 32 mm	Tube pattern:30			
41	Tube type: Set default		Insert:Set default		Fin#: #/m	Material:Carbon Steel			
42	Shell Carbon Steel ID 580		OD 600	mm	Shell cover -				
43	Channel or bonnet Carbon Steel				Channel cover -				
44	Tubesheet-stationary Carbon Steel				Tubesheet-floating -				
45	Floating head cover -				Impingement protection Set default				
46	Baffle-cross Carbon Steel Type Set default		Cut(%d) 15		Verti Spacing: c/c 500				mm
47	Baffle-long - Seal Type				Inlet 455.48				mm
48	Supports-tube U-bend 0				Type				
49	Bypass seal		Tube-tubesheet joint		Set default				
50	Expansion joint -		Type None						
51	RhoV2-Inlet nozzle 3677		Bundle entrance 778		Bundle exit 6				kg/(m·s²)
52	Gaskets - Shell side -		Tube side		Flat Metal Jacket Fibe				
53	Floating head -								
54	Code requirements Set default		TEMA class Set default						
55	Weight/Shell 1651.1 Filled with water 2501.9		Bundle 875.7			kg			
56	Remarks								
57									
58									

图 5-47 换热器性能表

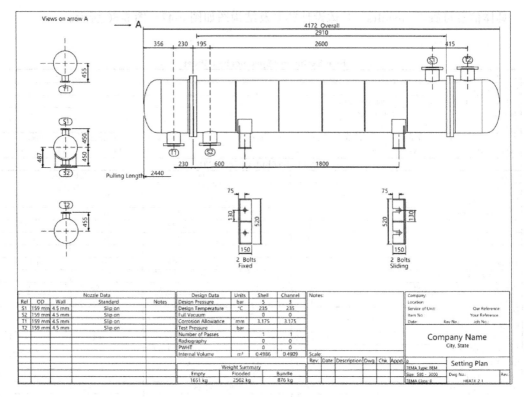

图 5-48　换热器装配图

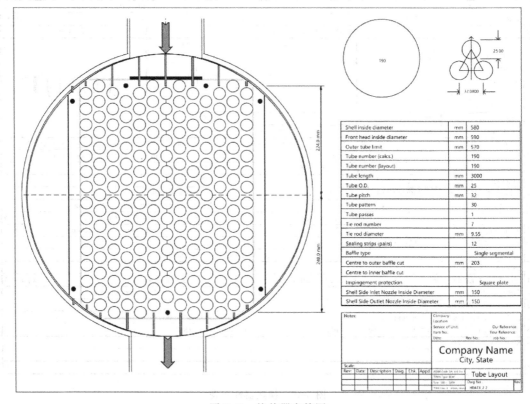

图 5-49　换热器布管图

Overall Summary

1	Size	580	X	3000	mm	Type	BEM	Hor	Connected in		1 parallel 1 series
2	Surf/Unit (gross/eff/finned)		44.8	/	43.4	/	m²	Shells/unit	1		
3	Surf/Shell (gross/eff/finned)		44.8	/	43.4	/	m²				
4	Rating / Checking					PERFORMANCE OF ONE UNIT					

			Shell Side		Tube Side		Heat Transfer Parameters			
5			In	Out	In	Out				
6	Process Data						Total heat load		kW	1841.7
7	Total flow	kg/s	2.7778		16.6667		Eff. MTD/ 1 pass MTD		°C 98.55 /	98.72
8	Vapor	kg/s	2.7778	0	0	0	Actual/Reqd area ratio - fouled/clean		1.11 /	1.5
9	Liquid	kg/s	0	2.7778	16.6667	16.6667	Coef./Resist.	W/(m²-K)	m²-K/W	%
10	Noncondensable	kg/s	0		0		Overall fouled	475.7	0.0021	
11	Cond./Evap.	kg/s	2.7778		0		Overall clean	643.4	0.00155	
12	Temperature	°C	200	116.69	20	46.68	Tube side film	1412	0.00071	33.69
13	Bubble Point	°C	119.49	118.85			Tube side fouling	3360	0.0003	14.16
14	Dew Point	°C	150.67	149.92			Tube wall	23765.5	4E-05	2
15	Vapor mass fraction		1	0	0	0	Outside fouling	4000	0.00025	11.89
16	Pressure (abs)	bar	4	3.9286	1	0.99123	Outside film	1243.7	0.0008	38.25
17	DeltaP allow/cal	bar	0.3	0.0714	0.2	0.00877				
18	Velocity	m/s	4.7	0.04	0.25	0.26				
19	Liquid Properties						Shell Side Pressure Drop		bar	%
20	Density	kg/m³		793.61	998.77	972.79	Inlet nozzle		0.03289	44.4
21	Viscosity	mPa-s		0.2799	1.0214	0.5932	InletspaceXflow		0.01304	17.61
22	Specific heat	kJ/(kg-K)		2.395	4.096	4.191	Baffle Xflow		0.01298	17.52
23	Therm. cond	W/(m-K)		0.1562	0.5991	0.6338	Baffle window		0.01385	18.69
24	Surface tension	N/m					OutletspaceXflow		0.00113	1.53
25	Molecular weight			63.47	18.02	18.02	Outlet nozzle		0.0002	0.26
26	Vapor Properties						Intermediate nozzles			
27	Density	kg/m³	6.72				Tube Side Pressure Drop		bar	%
28	Viscosity	mPa-s	0.0131				Inlet nozzle		0.00465	53.14
29	Specific heat	kJ/(kg-K)	1.798				Entering tubes		0.00016	1.79
30	Therm. cond	W/(m-K)	0.0274				Inside tubes		0.0015	17.12
31	Molecular weight		63.47				Exiting tubes		0.00024	2.71
32	Two-Phase Properties						Outlet nozzle		0.00221	25.24
33	Latent heat	kJ/kg	327	671.9			Intermediate nozzles			
34	Heat Transfer Parameters						Velocity / Rho*V2		m/s	kg/(m-s²)
35	Reynolds No. vapor		59844.63				Shell nozzle inlet		23.39	3677
36	Reynolds No. liquid			2796.3	5207.01	8965.89	Shell bundle Xflow	4.7	0.04	
37	Prandtl No. vapor		0.86				Shell baffle window	13.28	0.11	
38	Prandtl No. liquid			4.29	6.98	3.92	Shell nozzle outlet		0.2	31
39	Heat Load		kW		kW		Shell nozzle interm			
40	Vapor only		-237.2		0				m/s	kg/(m-s²)
41	2-Phase vapor		-92		0		Tube nozzle inlet		0.94	891
42	Latent heat		-1428		0		Tubes	0.25	0.26	
43	2-Phase liquid		-68.5		0		Tube nozzle outlet		0.97	914
44	Liquid only		-16		1841.7		Tube nozzle interm			

	Tubes				Baffles			Nozzles: (No./OD)					
45													
46	Type				Plain	Type	Single segmental				Shell Side		Tube Side
47	ID/OD	mm	21	/	25	Number		5	Inlet	mm	1 / 159	1 /	159
48	Length act/eff	mm	3000	/	2911	Cut(%d)	15		Outlet		1 / 159	1 /	159
49	Tube passes		1			Cut orientation	V		Intermediate		/	/	
50	Tube No.		190			Spacing: c/c	mm	500	Impingement protection		Square plate		
51	Tube pattern		30			Spacing at inlet	mm	455.48					
52	Tube pitch	mm	32			Spacing at outlet	mm	455.48					
53	Insert		None										
54	Vibration problem (HTFS / TEMA)		No	/					RhoV2 violation				No

图 5-50　换热器信息汇总

换热器温度分布曲线如图 5-51 所示。

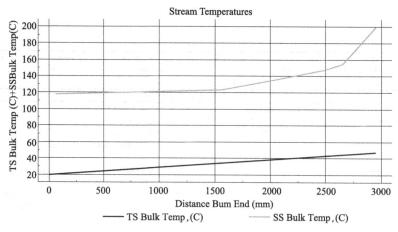

图 5-51　换热器温度分布曲线

5.2　板式精馏塔 Aspen Plus 辅助设计

5.2.1　概述

塔是化工工业生产过程中用到的最广泛、最重要的设备，Aspen Plus 中的塔模块包括 DSTWU（使用 Winn-Underwood-Gilliland 方法的简捷精馏设计）、Distl（使用 Edmister 方法的简捷精馏核算）、RadFrac（单一塔严格的两相或三相分馏）、Extract（液体与溶剂的严格逆流萃取）、MultiFrac（复杂塔的严格分馏）、SCFrac（复杂塔的简捷精馏）、PetroFrac（石油炼制的严格分馏）、ConSep（分离概念设计）共 8 个模块，如图 5-52 所示。

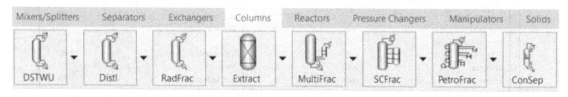

图 5-52　塔模块

5.2.2　设计任务

根据以下条件设计一座分离甲醇、水、正丙醇混合物的连续操作常压精馏塔：

① 生产能力：10 万吨精甲醇/年；一年按 8000h 计算，进料流量为 100000/(8000 * 0.7)＝17.86t/h。

② 原料组成（质量百分数）：甲醇 70%，水 28.5%，正丙醇 1.5%；产品组成：甲醇≥99.5%；废水组成：水≥99%；

③ 进料温度：323.15K；全塔压降：30kPa；所有塔板 Murphree 效率 0.35。

对精馏塔进行详细设计，并写出设计说明。

① 进料、塔顶产物、塔底产物、侧线出料流量；

② 全塔总塔板数 N；最佳加料板位置 N_F；最佳侧线出料位置 N_P；

③ 回流比 R；

④ 冷凝器和再沸器温度、热负荷；

⑤ 塔内构件塔板的设计。

5.2.3　流程模拟设计

5.2.3.1　简捷模块设计

目的：对精馏塔进行简捷计算（DSTWU），根据给定的加料条件和分离要求计算最小回流比、最小理论板数、理论板数和加料板位置。

（1）输入化学组分

启动 Aspen Plus，选择模版 General with Metric Units，将文件保存为 DSTWU. bkp。

进入 Components|Components|Selection 页面，输入甲醇（methanol）、水（water）及正丙醇（1-propanol），如图 5-53 所示。

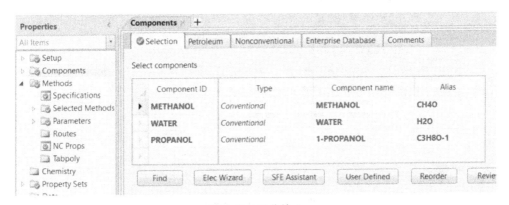

图 5-53　组分输入

（2）选择计算方法和模型

点击 Next（next）按钮，进入 Properties|Methods|Specifications|Global 页面，物性方法选择 NRTL，见图 5-54。并点击 Properties|Parameters|Binary Interaction 页面查看二元交互参数，见图 5-55。

点击 Next（next）按钮，弹出 Properties Input Complete 对话框，点选 Go to Simulation environment，点击 OK 按钮，进入模拟环境。

（3）输入外部流股信息

建立如图 5-56 所示流程图，其中精馏塔采用模块库中的 Columns|DSTWU|ICON1 模块。

点击 Next（next）按钮，进入 Streams|FEEDIN|Mixed 页面，输入进料条件，如图 5-57 所示。进料温度：323.15K，压力 1atm，质量流量 17.86t/h，质量分数为：甲醇 70%，水

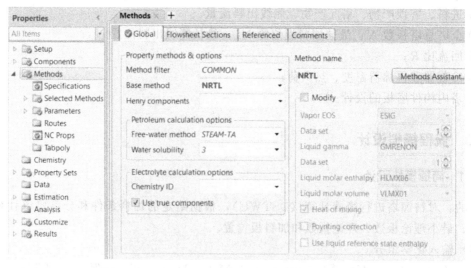

图 5-54　热力学模型

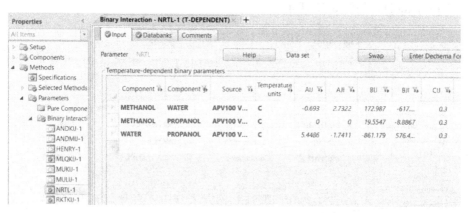

图 5-55　二元交互参数

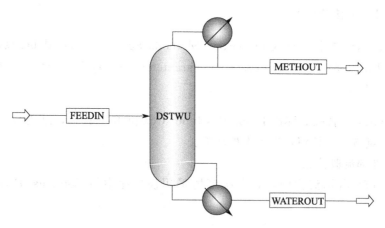

图 5-56　流程图

28.5%，正丙醇 1.5%。

图 5-57　进料组成数据

（4）输入单元模块参数

点击 Next（next）按钮，进入 Blocks|DSTWU|Specifications 页面，开始精馏塔参数的定义。如图 5-58 所示，甲醇为轻关键组分，塔顶回收率为 99.9%，水为重关键组分，塔底回收率为 99.5%，塔顶为 0.5%。回流比设定为最小回流比的 1.5 倍，输入"−1.5"，冷凝器压力为 0.8atm，再沸器为 1.1atm。

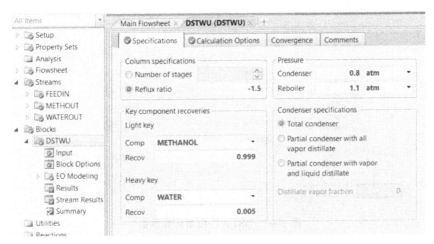

图 5-58　DSTWU 模型设置

（5）运行程序结果

点击 Run（Run）按钮，运行模拟。选择 Blocks|DSTWU|Stream Results|Material，查看各流股物性参数。塔顶产品甲醇的质量分数为 98%，塔底水的质量分数为 99%，如图 5-59 所示。

选择 Blocks|DSTWU|Results|Summary，如图 5-60 所示，查看计算结果：最小回流比：0.47；实际回流比：0.7054；最小理论板数：10；理论板数：18；加料板位置：11。

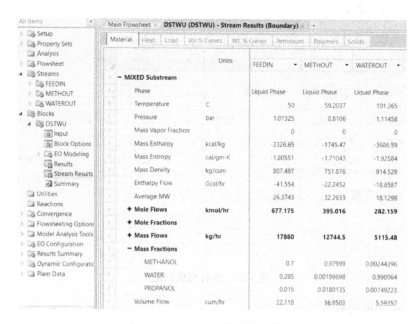

图 5-59 DSTWU 模型物流数据

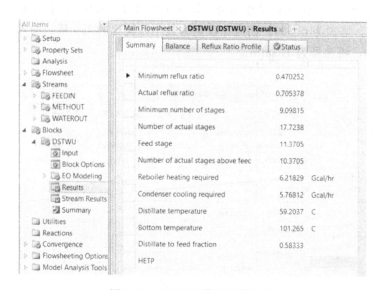

图 5-60 DSTWU 模型计算数据

5.2.3.2 灵敏度分析

目的：研究回流比与塔径的关系（N_T-R），确定合适的回流比与塔板数；研究加料板位置对产品的影响，确定合适的加料板位置。

方法：作回流比与塔径的关系曲线（N_T-R），从曲线上找到期望的回流比及塔板数。

从浏览菜单中选择 Input，在左侧浏览窗口中选择 Blocks|DSTWU，在 Calculation Options 页面选中 Generate table of reflux vs number of theoretical stages，输入塔板数初始值13，终止值23，变化量1，如图 5-61 所示。

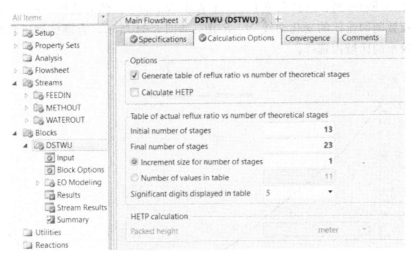

图 5-61 灵敏度分析设置

点击 （Run）按钮，运行模拟。选择 Blocks｜DSTWU｜Results，在 Reflux Ratio Profile 页面可以看到理论塔板数随回流比的变化表，见图 5-62。以理论塔板数作为 X 坐标，以回流比作为 Y 坐标。选中 Theoretical stages 列，选择菜单 Plot｜X-Axis Variable，见图 5-63。

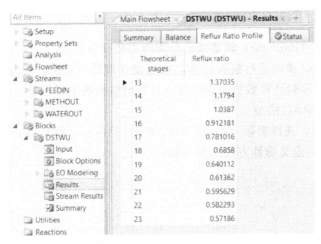

图 5-62 灵敏度计算结果

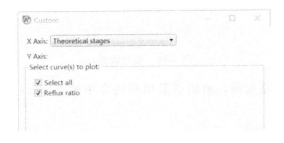

图 5-63 Custom 绘图变量选择

选中 Reflux Ratio 列，选择菜单 Plot｜Y-Axis Variable；然后选择 Plot｜Display Plot，显示理论塔板数随回流比的变化曲线 N_T-R 图，如图 5-64 所示，合理的理论板数应在曲线斜率绝对值较小的区域内选择。

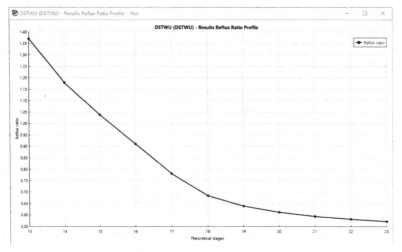

图 5-64　N_T-R 关联曲线图

5.2.3.3　详细模块计算

目的：精确计算（RadFrac）精馏塔的分离能力和设备参数。

方法：用 RadFrac 模块进行精确计算，通过设计规定（Design Specs）和变化（Vary）两组对象进行设定，检验计算数据是否收敛，计算出塔径的主要尺寸。

（1）定义 RADFRAC 模型

启动 Aspen Plus，选择模版 General with Metric Units，将文件存为 RADFRAC.bkp。添加组分（图 5-65）、定义物性方法（图 5-66）。

图 5-65　组分数据

建立如图 5-67 所示流程图，精馏塔采用模块库中的 Columns｜RADFRAC｜FRACT1 模块。

输入进料物流参数，如图 5-68 所示。

（2）设定 RADFRAC 参数

进入 Blocks｜RADFRAC｜Configuration 页面，开始精馏塔参数的定义。Radfrac 模块计

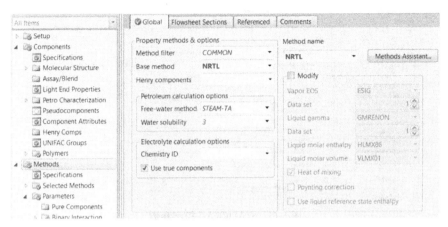

图 5-66　物性数据

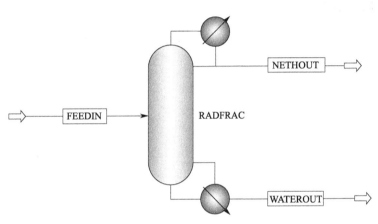

图 5-67　RADFRAC 模型

图 5-68　进料物流数据

算类型为平衡级模型（Equilibrium），理论塔板数是 18 块，冷凝器为全凝器，再沸器为釜式再沸器，回流比 0.7051，塔顶采出率 D/F 为 0.5833，如图 5-69 所示。

图 5-69　RADFRAC 模型参数

如图 5-70 所示，进料板为第 11 块板，甲醇从塔顶液相采出（Aspen 以冷凝器为第一块塔板），水从塔底液相采出。

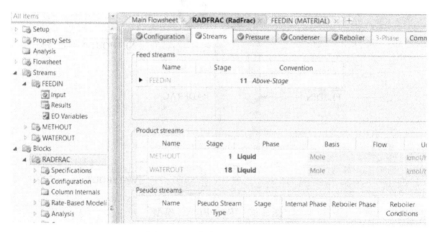

图 5-70　进出物料塔板设置

如图 5-71 所示，冷凝器压力 0.8atm，全塔压降为 30kPa。

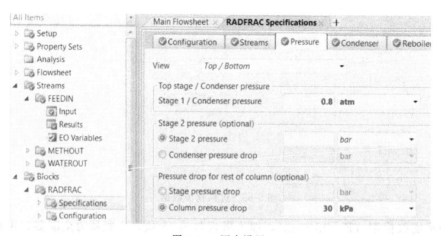

图 5-71　压力设置

（3）RADFRAC 模拟结果

点击 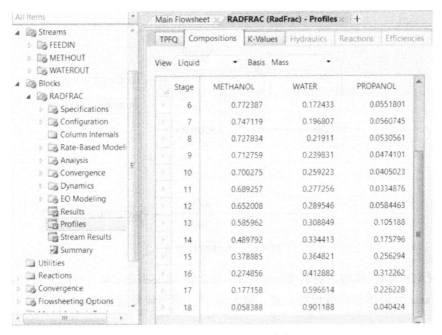（Run）按钮，运行模拟。选择 Blocks|RADFRAC|Profiles|Compositions，查看各塔板组成计算结果，见图 5-72。

图 5-72　塔高液相组成分布

选择 Blocks|RADFRAC|Stream Results|Material，查看各流股物性参数，如图 5-73 所示。

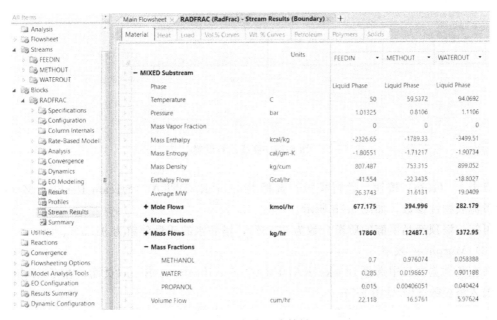

图 5-73　物流组成结果

可知：塔顶产品甲醇的质量分数为97.6％，塔底水的质量分数为90.1％。

（4）侧线出料设定

进入 Main Flowsheet 窗口，在 RADFRAC 模型上添加侧线出料（Side Product）物流，如图5-74所示。

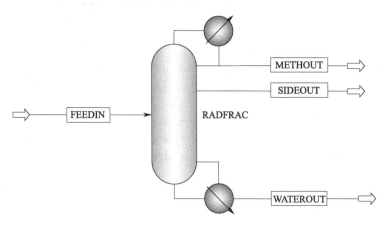

图5-74　侧线出料物流

双击 RADFRAC 模型，进入 Blocks|RADFRAC|Specifications|Streams，如图5-75所示，在 Steams 页面添加侧线出料位置，暂定为16，摩尔流量定为5kmol/h。

图5-75　侧线出料设置

点击 ▶ (Run) 按钮，运行模拟。选择 Blocks|RADFRAC|Stream Results|Material，查看各流股物性参数，如图5-76所示。

可知：塔顶产品甲醇的质量分数为97.6％，塔底水的质量分数为91.3％。

（5）Murphree 效率

在左侧浏览窗口中选择 Blocks|RADFRAC|Specifications|Setup 页面，在 Configuration 页面输入塔板数52，见图5-77。

在 Streams 页面，进料板输入32，SIDEOUT 物流：stage 46，liquid，流率为5kmol/h，见图5-78。

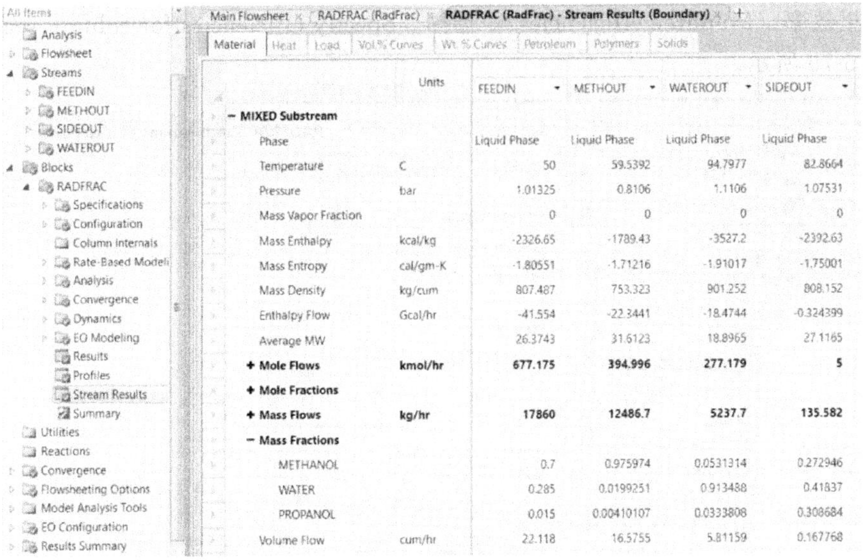

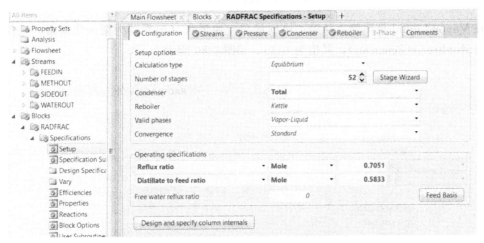

图 5-76 初步计算结果

图 5-77 实际塔设置

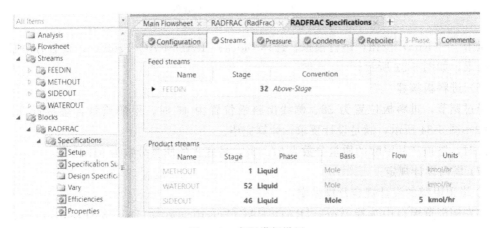

图 5-78 实际塔板设置

在左侧浏览窗口中选择 Blocks|RADFRAC|Specifications|Efficiencies，在 Options 页面选择默弗里效率（Muphree efficiencies），选择 "Specify efficiencies for column sections" 方法，如图 5-79 所示。

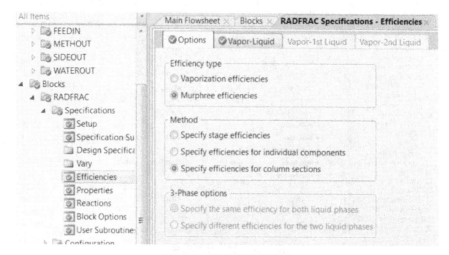

图 5-79　默弗里效率设置

在 Vapor-Liquid 页面输入从第二块到最后一块塔板（冷凝器为第一块塔板）采用弗里效率（Muphree efficiencies），其值为 0.35，如图 5-80 所示。

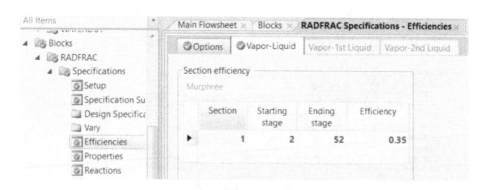

图 5-80　默弗里效率实施塔板

点击 （Run）按钮，运行模拟。选择 Blocks| RADFRAC|Profiles，查看各塔板组成计算结果，如图 5-81 所示。

（6）进料板核算

经过调节，进料板位置为 28、侧线出料板位置为 46 时，甲醇质量含量接近 0.7，如图 5-82～图 5-84 所示，满足设计要求，计算完毕。

此时，塔顶产品甲醇的质量分数为 97.8%，塔底水的质量分数为 91.6%。

（7）塔内设计规定

① 塔顶甲醇的设计规定及操纵变量

在左侧浏览窗口中选择 Blocks|RADFRAC|Specifications |Design Specifications，进入 Design Specifications 页面，如图 5-85 所示。

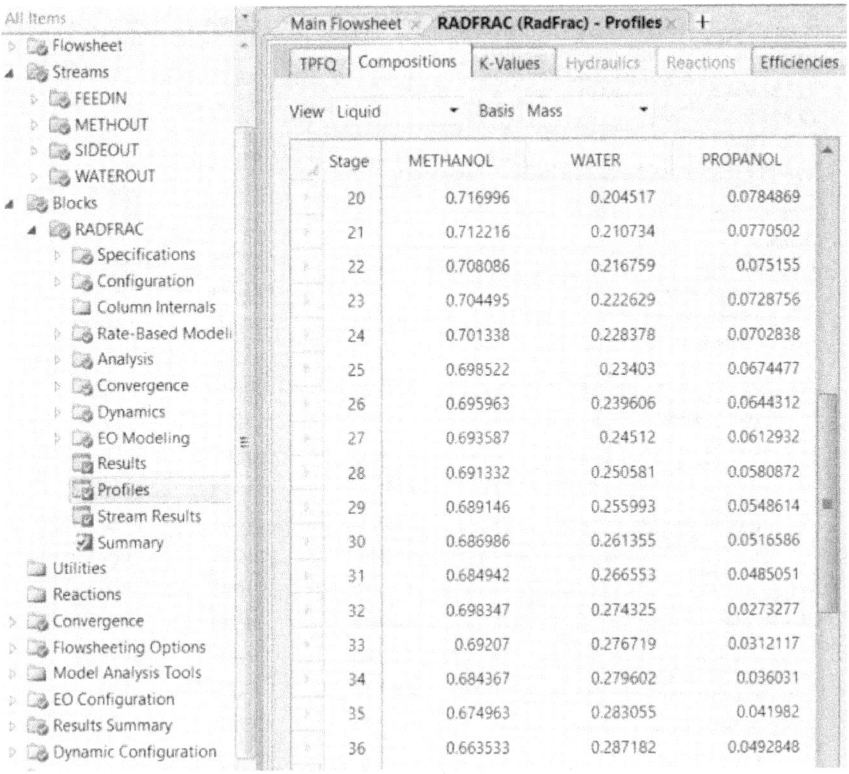

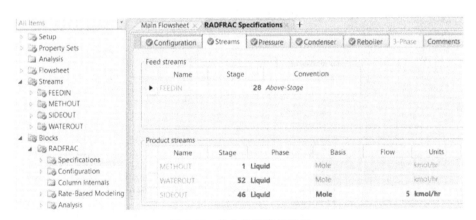

图 5-81 运行结果

图 5-82 优化物流塔板设置

点击 NEW，建立默认的 1，进入 Specifications 页面，点击 Type 右侧下拉菜单，选择 Mass purity，在 Target 中输入 0.999，如图 5-86 所示。

在 Components 页面，将 Methanol 移动至 Selected components 栏。在 Feed/Product Streams 页面，将塔顶出口物流 METHOUT 移动至 Selected stream 栏，如图 5-87 所示。

选择 Blocks|RADFRAC|Specifications|Vary，进入 Adjusted Variables 页面，如图 5-88 所示；规定回流比为操纵变量。

点击 NEW，建立默认的 1，进入 Specifications 页面，点击 Type 右侧下拉菜单，选择 回流比（Reflux ratio），下限 0.5，上限 10，如图 5-89 所示。

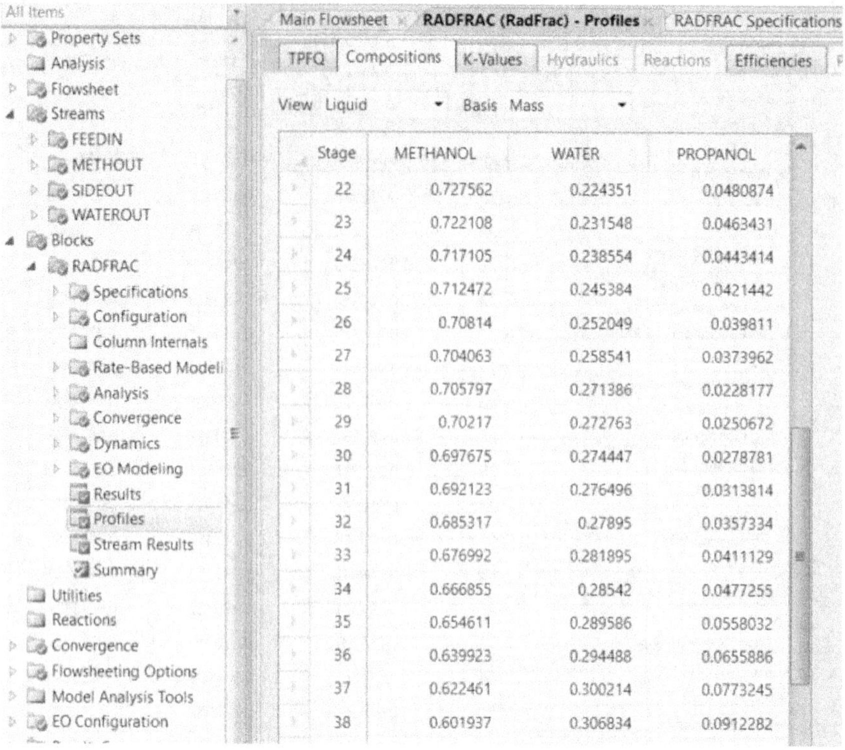

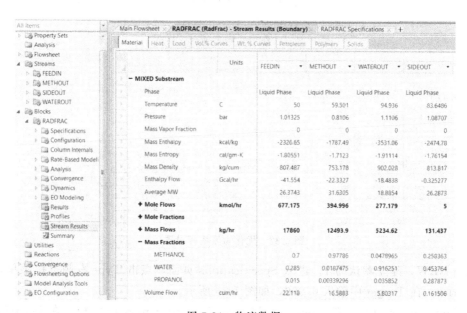

Stage	METHANOL	WATER	PROPANOL
22	0.727562	0.224351	0.0480874
23	0.722108	0.231548	0.0463431
24	0.717105	0.238554	0.0443414
25	0.712472	0.245384	0.0421442
26	0.70814	0.252049	0.039811
27	0.704063	0.258541	0.0373962
28	0.705797	0.271386	0.0228177
29	0.70217	0.272763	0.0250672
30	0.697675	0.274447	0.0278781
31	0.692123	0.276496	0.0313814
32	0.685317	0.27895	0.0357334
33	0.676992	0.281895	0.0411129
34	0.666855	0.28542	0.0477255
35	0.654611	0.289586	0.0558032
36	0.639923	0.294488	0.0655886
37	0.622461	0.300214	0.0773245
38	0.601937	0.306834	0.0912282

图 5-83 塔高液相组成分布数据

	Units	FEEDIN	METHOUT	WATEROUT	SIDEOUT
- MIXED Substream					
Phase		Liquid Phase	Liquid Phase	Liquid Phase	Liquid Phase
Temperature	C	50	59.501	94.936	83.6486
Pressure	bar	1.01325	0.8106	1.1106	1.08707
Mass Vapor Fraction		0	0	0	0
Mass Enthalpy	kcal/kg	-2326.65	-1787.49	-3531.06	-2474.78
Mass Entropy	cal/gm-K	-1.80551	-1.7123	-1.91114	-1.76154
Mass Density	kg/cum	807.487	753.178	902.028	813.817
Enthalpy Flow	Gcal/hr	-41.554	-22.3327	-18.4838	-0.325277
Average MW		26.3743	31.6305	18.8854	26.2873
+ Mole Flows	kmol/hr	677.175	394.996	277.179	5
+ Mole Fractions					
+ Mass Flows	kg/hr	17860	12493.9	5234.62	131.437
- Mass Fractions					
METHANOL		0.7	0.97786	0.0478965	0.258363
WATER		0.285	0.0187475	0.916251	0.453764
PROPANOL		0.015	0.00339296	0.035852	0.287873
Volume Flow	cum/hr	22.118	16.5883	5.80317	0.161506

图 5-84 物流数据

② 塔底水的设计规定及操纵变量

继续选择 Blocks|RADFRAC|Specifications |Design Specifications，进入 Design Specifications 页面；建立第 2 个设计目标：塔底流股水质量含量 99.5%，如图 5-90 所示。WATER 物流参数设定见图 5-91。

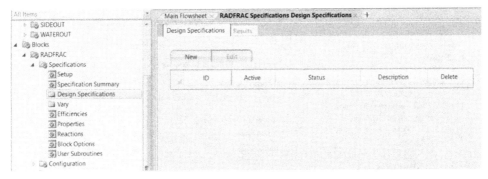

图 5-85　优化设计界面

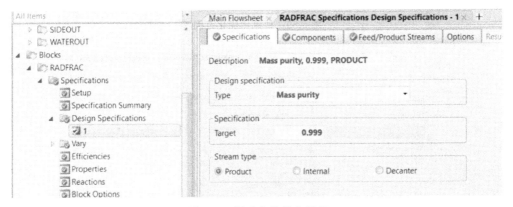

图 5-86　甲醇物流优化目标

图 5-87　甲醇物流参数设定

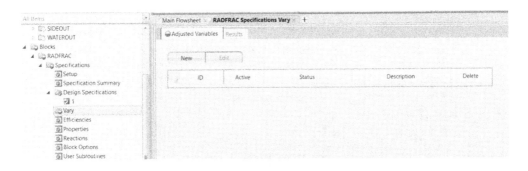

图 5-88　操纵变量设定界面

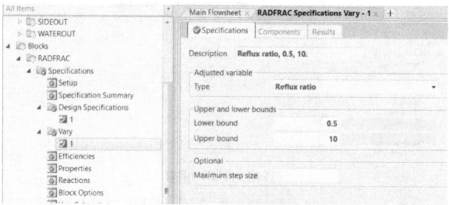

图 5-89　回流比优化范围

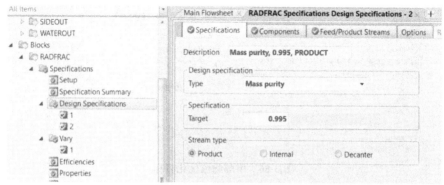

图 5-90　WATER 物流优化目标

图 5-91　WATER 物流参数设定

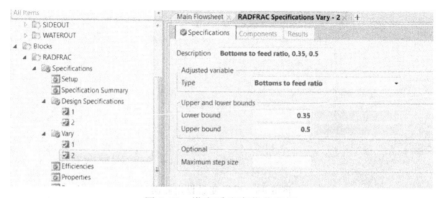

图 5-92　塔底采出率优化范围

在 Blocks|RADFRAC|Specifications|Vary 页面设置第 2 个变量，见图 5-92，规定塔底采出率为操纵变量。

同时，在 Blocks|RADFRAC |Specifications|Configuration 页面，见图 5-93，Distillate to feed tatio 改为 Bottom to feed ratio，值为 0.4167。

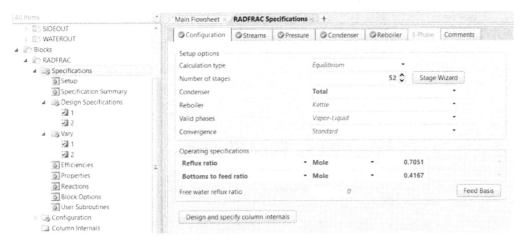

图 5-93　塔底采出率设定

点击 Run（Run）按钮，运行模拟。如图 5-94 所示，出现计算错误，达不到分离要求。

图 5-94　运行信息

通过分析发现，侧线采出流量直接影响塔顶甲醇含量、塔底水的含量。

通过逐步增大侧线采出流量的方法，模拟计算收敛，并得到侧线采出流量与回流比的对应关系结果（表 5-4）。

表 5-4　侧线采出流量与回流比的对应关系

侧线采出流量/(kmol/h)	12	12.5	13	13.5	14	14.5	15	15.5	16
回流比(11kPa)	6.531	5.123	4.279	3.729	3.354	3.078	2.880	2.716	2.606
回流比(30kPa)	8.201	5.990	4.784	4.050	3.564	3.225	2.981	2.797	2.665

最终侧线采出流量选择为 15kmol/h。并由各塔板组成计算结果优化设置进料板位置为第 28 块塔板，侧线出料位置为第 44 块塔板，如图 5-95 所示，此时回流比为 2.978，塔釜采出率为 0.4026，见图 5-96。

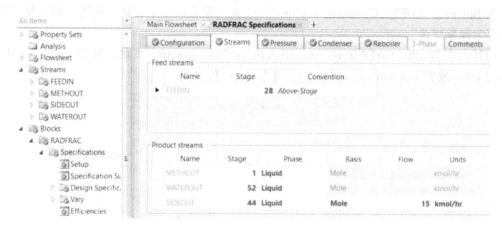

图 5-95　重新设定侧线出料量

图 5-96　操作变量优化结果

选择 Blocks｜RADFRAC｜Profiles｜Compositions，查看各塔板组成计算结果，见图 5-97。

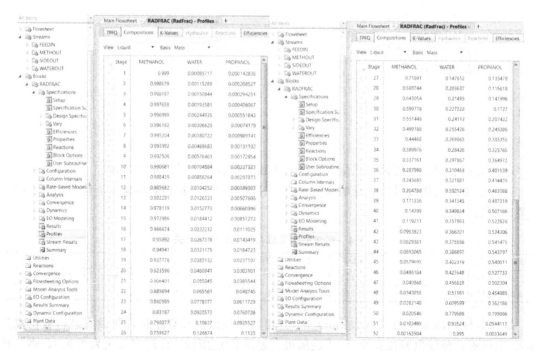

图 5-97　塔板组成数据

查看进料、塔顶产物、塔底产物、侧线出料流量，如图 5-98 所示。

	Units	FEEDIN	METHOUT	WATEROUT	SIDEOUT
− MIXED Substream					
Phase		Liquid Phase	Liquid Phase	Liquid Phase	Liquid Phase
Temperature	C	50	58.9947	101.879	87.4083
Pressure	bar	1.01325	0.8106	1.1106	1.06354
Mass Vapor Fraction		0	0	0	0
Mass Enthalpy	kcal/kg	-2326.65	-1753.58	-3698.07	-2187.67
Mass Entropy	cal/gm-K	-1.80551	-1.71455	-1.92628	-1.73611
Mass Density	kg/cum	807.487	751.24	915.051	806.949
Enthalpy Flow	Gcal/hr	-41.554	-21.8752	-18.2185	-1.00389
Average MW		26.3743	32.0229	18.0708	30.5924
+ Mole Flows	kmol/hr	677.175	389.553	272.622	15
+ Mole Fractions					
+ Mass Flows	kg/hr	17860	12474.6	4926.5	458.887
− Mass Fractions					
METHANOL		0.7	0.999	0.00163504	0.0693065
WATER		0.285	0.00085717	0.995	0.386897
PROPANOL		0.015	0.000142836	0.0033649	0.543797
Volume Flow	cum/hr	22.118	16.6054	5.38385	0.568669

图 5-98　优化后物流结果

查看冷凝器、再沸器参数，如图 5-99 所示。

Condenser / Top stage performance

Name	Value	Units
Temperature	58.9947	C
Subcooled temperature		
Heat duty	-13.1926	Gcal/hr
Subcooled duty		
Distillate rate	389.553	kmol/hr
Reflux rate	1160.01	kmol/hr
Reflux ratio	2.97779	
Free water distillate rate		
Free water reflux ratio		
Distillate to feed ratio	0.575262	

Reboiler / Bottom stage performance

Name	Value	Units
Temperature	101.879	C
Heat duty	13.649	Gcal/hr
Bottoms rate	272.622	kmol/hr
Boilup rate	1385.51	kmol/hr
Boilup ratio	5.08216	
Bottoms to feed ratio	0.402588	

图 5-99　热负荷数据

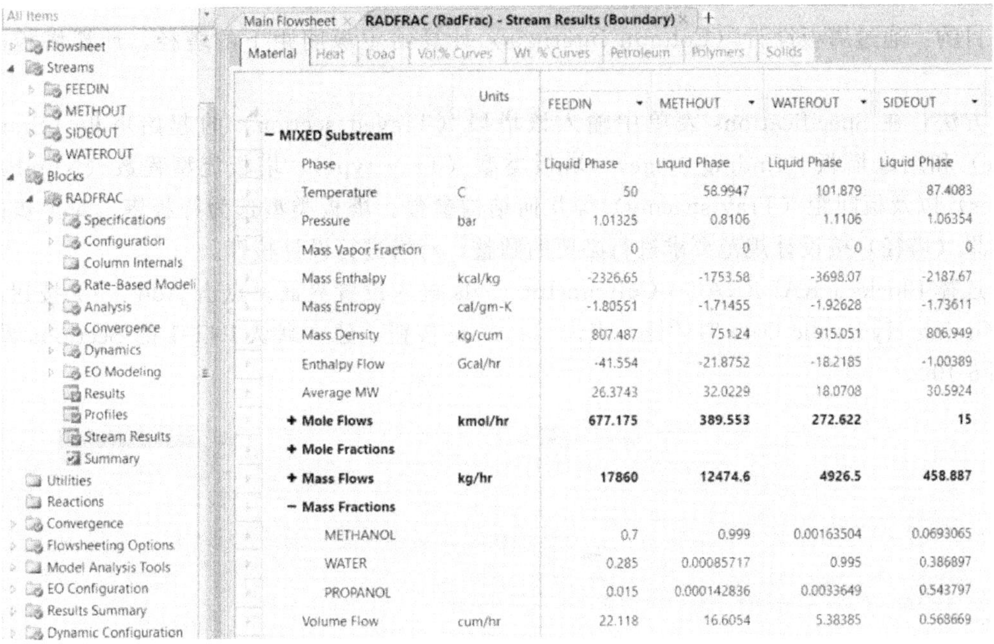

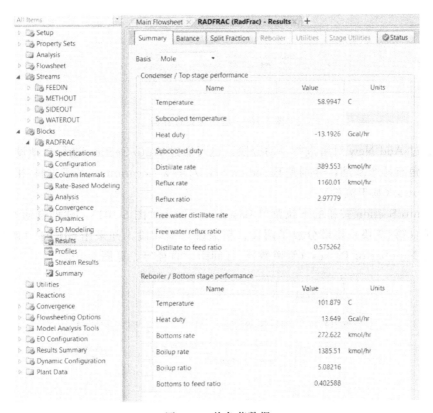

5.2.3.4 塔板设计与核算

目的：通过塔板设计（Column Internals）计算给定板间距下的塔径，计算塔板的热负荷。

方法：在 Specifications 表单中输入该塔段（Trayed section）的起始塔板（Starting stage）和结束塔板（Ending stage）、塔板类型（Tray type）、塔板流型程数（Number of passes）以及板间距（Tray spacing）等几何结构参数。塔板类型选为筛板塔。对上步的计算结果（塔径）按设计规范要求进行必要的圆整，对塔进行设计核算。

选择 Blocks | RADFRAC | Column Internals 进入设置界面。点击 Add New 按钮，弹出 Missing Hydraulic Data 对话框，点击 Generate 按钮，建立默认 INT-1 的 Sections 界面，见图 5-100。

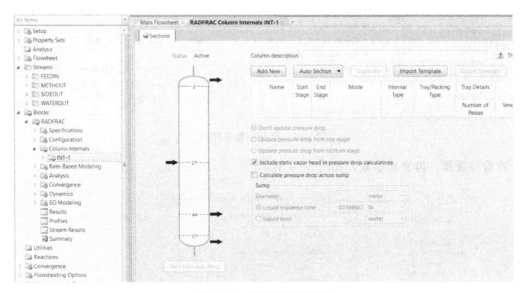

图 5-100　塔内件设置界面

可以通过 Add New 对塔进行手动分段，也可通过 Auto Section 进行自动设计，在自动设计下拉三角有两个基准，分别是 Based on Feed/Draw Locations（基于进料/采出位置）和 Based on Flows（基于流量）。

点击 Auto Section 按钮的下拉菜单 Based on Flows（图 5-101），软件自动设计塔结构，基于进料版（第 27 块）将塔分成了两段，精馏段与提馏段，并采用 SIEVE（筛板）塔板，另外，还有 Number of Passes（溢流数）、板间距、直径等，见图 5-102。

图 5-101　塔段设计选项

图 5-102　塔段初步设计

点击 （Run）按钮，运行精馏塔水力学模拟计算。点击 View Hydraulic Plots 按钮或选择 Blocks | RADFRAC | Column Internals | INT-1 | Hydraulic Plots，进入 Hydraulic Plot 显示界面，查看塔的水力学计算结果以及负荷性能图，见图 5-103。

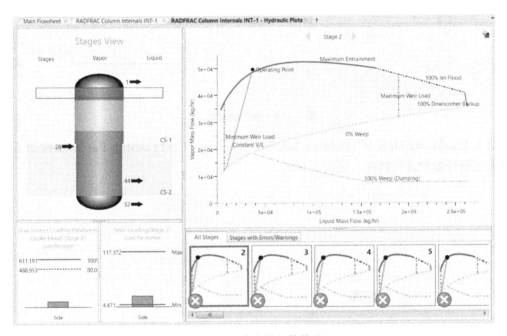

图 5-103　水力学初算结果

图 5-103 中显示了精馏塔体的简图，红色的部分代表性能图不合格，黄色的部分代表操作点靠近性能图边界，蓝色的部分代表性能合格。可以通过点击不合格塔板性能图中红色的×，来查看错误信息（图 5-104）。

由此可以得出精馏段有严重液沫夹带现象发生，可以通过增大塔直径、板间距等调节。

选择 Blocks | RADFRAC | Column Internals | INT-1，进入初始设计页面，将精馏段、提馏段板间距均设为 0.6m，塔直径均设为 3.0m（图 5-105）。

231

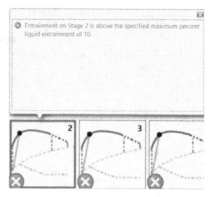

图 5-104　运行信息显示

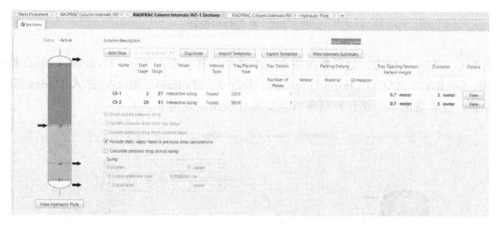

图 5-105　塔径信息修改

进入 Blocks|RADFRAC|Column Interals |Sections|CS-1|Design Parameters 页面，对部分塔板设计参数进行修改，见图 5-106。

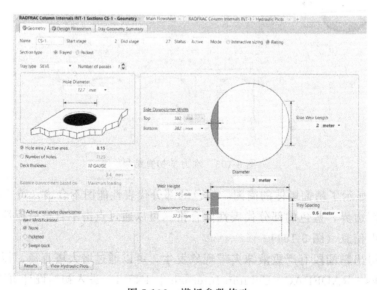

图 5-106　塔板参数修改

将塔段 CS-1 的侧堰长修改为 2m，开孔率修改为 0.15，其他采用默认值，同样对塔段 CS-2 也进行同样修改，见图 5-107。

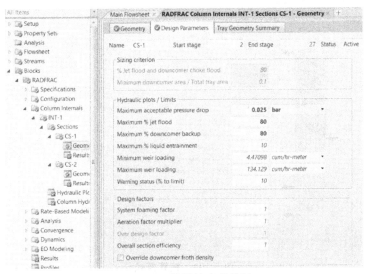

图 5-107　塔设计参数设置

将塔段 CS-1 的 Maximum ％ jetflood（最大喷射液泛百分数）以及 Maximum％ down-comer backup（最大降液管持液量百分数）修改为 80，其他采用默认值，同样对塔段 CS-2 也进行同样修改。

点击 （Run）按钮，继续进行精馏塔水力学模拟。进入 Hydraulic Plot 界面，显示塔的水力学计算结果（图 5-108）以及负荷性能图操作正常。

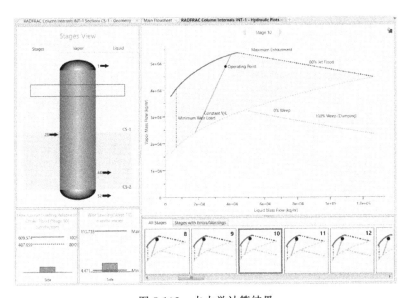

图 5-108　水力学计算结果

打开 Blocks|RADFRAC|Column Internals|INT-1 页面（初始设计页面），将所有塔段的模式从 Interactive Sizing（交互设计模式）改为 Rating（核算模式）。

在核算模式（图 5-109）下，可以选择计算全塔压降，包括从塔顶计算，或从塔底开始

计算，如果选择不计算，将以 Specifications|Setup|Pressure 页面指定的压力。

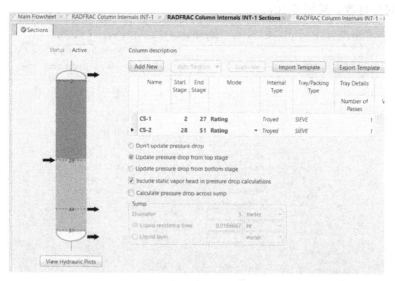

图 5-109　核算模式

点击 ▶ Run（Run）按钮，进行精馏塔水力学核算。进入 Column Hydraulic Results 界面，显示塔的水力学计算结果以及负荷性能图操作正常。结果如图 5-110 和图 5-111 所示。

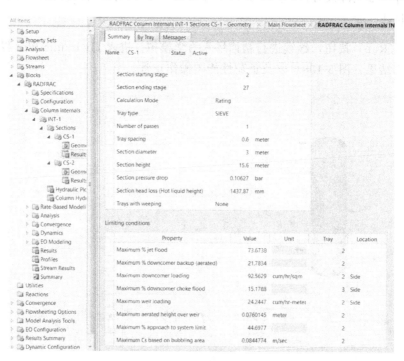

图 5-110　精馏塔基本信息

塔内径 3.0m，板间距 0.6m，精馏塔高 30m。

降液管截面积 $0.52m^2$；降液管流速 0.084m/s，侧堰长 2000mm。

最大液泛因子 0.737，小于 0.8。

图 5-111　塔内件数据

最大降液管液位/板间距 0.25，在 0.20～0.5 之间，塔径核算成功。

5.2.3.5　设计结果汇总

计算结果汇总于表 5-5。

表 5-5　计算结果汇总

	进料	塔顶	塔底	侧线
流量/(kg/h)	17860	12474.2	4926.7	459.1
温度/℃	50	59	103.6	89
操作压力/atm	1			
回流比	3.04			
塔板形式	筛板式	塔径/m		塔板间距/m
		3.0		0.6
塔板数	总塔板数 N	最佳加料板位置 N_F		最佳侧线出料位置 N_P
	51	28		44

5.3　吸收填料塔 Aspen Plus 辅助设计

5.3.1　概述

吸收塔模块（图 5-112）存在于 COLUMN 模块下的 RADFRAC 模块里，主要有 ABSBR1、ABSBR2、ABSBR3，模块模拟设置与板式精馏塔一致。

5.3.2　设计任务

在 20℃和 101.32kPa（1atm）下用水吸收空气中的丙酮。已知进料空气温度为 20℃，压力为 1atm，含有 0.026（摩尔分数，下同）丙酮，总的气体进料流速为 14.0kmol/h。吸收塔常温常压操作，理论板数为 10。要求出塔空气中丙酮含量达到 0.005，求水的用量（图 5-113）。填料选择金属环矩鞍填料（IMTP），填料尺寸 16mm，进行塔的设计。

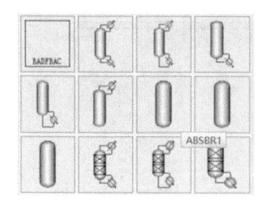

图 5-112 吸收塔模块

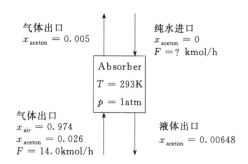

图 5-113 吸收物流数据

5.3.3 流程模拟设计

5.3.3.1 详细模块设计

（1）输入化学组分

启动 Aspen Plus，选择模版 General with Metric Units，将文件存为 ABSORBER. bkp。

进入 Components|Specifications|Selection 页面，输入丙酮（acetone）、水（water）及空气（由 79%氮气和 21%的氧气模拟），见图 5-114。

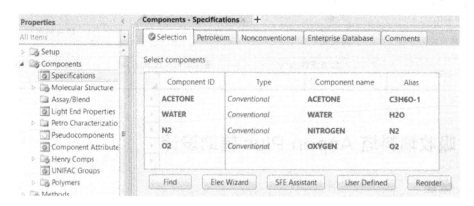

图 5-114 组成数据

对于不凝性气体，如 H_2、CO_2、CO、N_2、O_2、CO_2 等，需将其添加为亨利组分。进入 Components|Henry Comps 页面，点击"NEW"，建立 HC-1 亨利组分集，见图 5-115 与图 5-116。

（2）选择计算方法和模型

点击 (next) 按钮，进入 Properties|Methods|Specifications|Global 页面，物性方法选择 NRTL，见图 5-117。并点击 Properties|Parameters|Binary Interaction 页面查看二元交互参数。

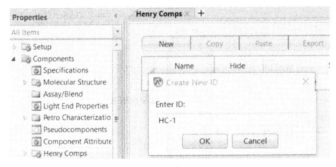

图 5-115　新建亨利组分

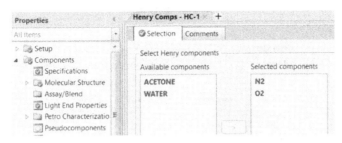

图 5-116　亨利组分设定

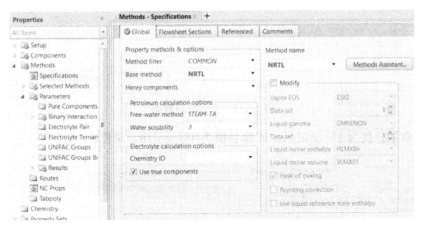

图 5-117　物性方法设置

点击 N→（next）按钮，弹出 Properties Input Complete 对话框，点选 Go to Simulation environment，点击 OK 按钮，进入模拟环境。

（3）输入外部流股信息

建立流程图，其中吸收塔（ABSORBER）采用模块库中的 Columns | RadFrac | ABSBR1 模块，见图 5-118。

点击 Run ▶（next）按钮，进入 Streams | GASIN | Mixed 页面，输入空气进料条件。进料温度：20℃，压力 1atm，质量流量 14kmol/h，摩尔分数为：丙酮 0.026，氮气 0.769，氧气 0.205，如图 5-119 所示。

进入 Streams | WATER | Mixed 页面，输入水的进料条件。进料温度：20℃，压力

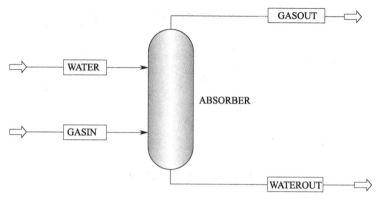

图 5-118　吸收流程

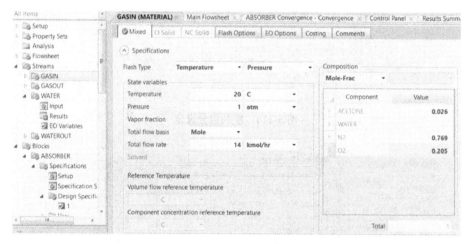

图 5-119　空气进塔数据

1atm，水的摩尔分数为 1，设定用水流量初值为 45kmol/h，见图 5-120。

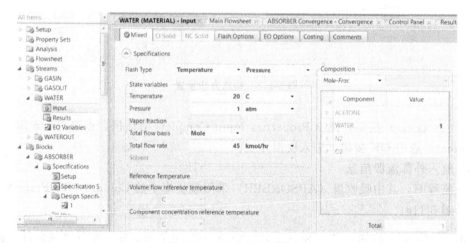

图 5-120　吸收剂进塔数据

（4）输入单元模块参数

点击 （next）按钮，进入 Blocks|ABSORBER|Specifications|Setup|Configuration 页面。Radfrac 模块计算类型为平衡级模型（Equilibrium），理论塔板数是 10 块，冷凝器为 None，再沸器为 None，见图 5-121。

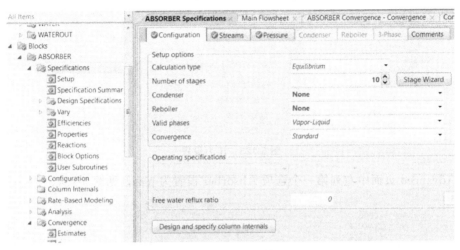

图 5-121 吸收塔参数设置

进入 Blocks|ABSORBER|Specifications|Setup|Streams 页面，输入进料位置。如图 5-122 所示，WATER 物流的进料位置为 1，空气物流进料位置为第 11 块理论板。因为空气物流是由第 10 块理论板下方进料，相当于从第 11 块理论板上方进料。

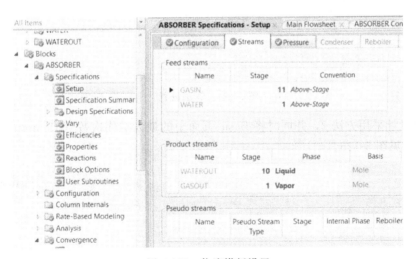

图 5-122 物流塔板设置

进入 Blocks|ABSORBER|Specifications|Setup|Pressure 页面，输入第一块塔板压力为 1atm，见图 5-123。

对于宽沸程物系，在使用 RadFrac 模块模拟时，需指定以下两种情况中的一种：

① 算法（Algorithm）：在 Blocks | ABSORBER | Convrgence | Basic 页面中选择算法为 Sum-Rate，但前提是先选用收敛方法 Custom 才可进行该选择。

② 收敛（Convrgence）：在 Blocks | ABSORBER | Specifications | Setup | Configuration 页面中选择 Convrgence 为 Standard，并将 Blocks | ABSORBER | Convrgence | Convr-

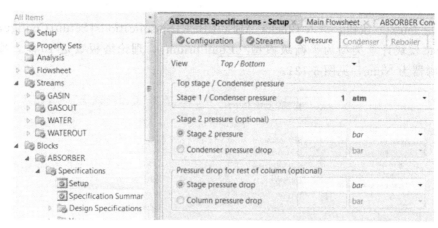

图 5-123　压力设置

gence｜Advanced 页面中左列第一个选项 Absorber 设置为 Yes，见图 5-124。

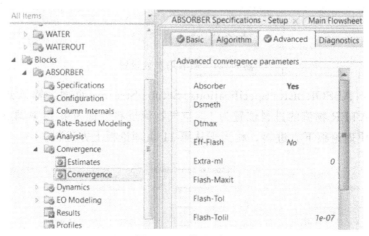

图 5-124　算法设置

本吸收设计采用方法 2，并同时将 Basic 页面中的最大迭代次数（Maximum iterations）设置为 200，见图 5-125。

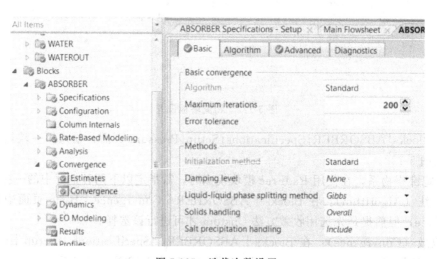

图 5-125　迭代次数设置

（5）初步模拟结果

点击 ▶ (Run) 按钮，运行模拟，程序收敛。进入 Blocks｜ABSORBER｜Stream results
｜Material 页面，见图 5-126，查看塔顶气相（GASOUT）中丙酮的摩尔浓度不到 3ppm，比
设计要求的要低。可通过添加塔内设计规定，求取水的合理用量。

ABSORBER (RadFrac) - Stream Results (Boundary) | Main Flowsheet × | ABSORBER Convergence - Convergence ×

| Material | Heat | Load | Vol.% Curves | Wt.% Curves | Petroleum | Polymers | Solids |

	Units	GASIN ▾	WATER ▾	GASOUT ▾	WATEROUT ▾
Phase		Vapor Phase	Liquid Phase	Vapor Phase	Liquid Phase
Temperature	C	20	20	20.0237	20.2079
Pressure	bar	1.01325	1.01325	1.01325	1.01325
Molar Vapor Fraction		1	0	1	0
+ Mole Flows	kmol/hr	14	45	13.9071	45.0929
- Mole Fractions					
ACETONE		0.026	0	2.8876e-06	0.00807133
WATER		0	1	0.0230954	0.990816
N2		0.769	0	0.77144	0.000832368
O2		0.205	0	0.205462	0.000279934
+ Mass Flows	kg/hr	414.571	810.688	397.763	827.495

图 5-126　模型计算结果

5.3.3.2　塔内设计规定

选择 Blocks｜ABSORBER｜Specifications｜Design Specifications，进入 Design Specifi-
cations 页面；点击 NEW，建立默认的 1，进入 Specifications 页面，点击 Type 右侧下拉菜
单，选择 Mole purity，在 Target 中输入 0.005，如图 5-127 所示。

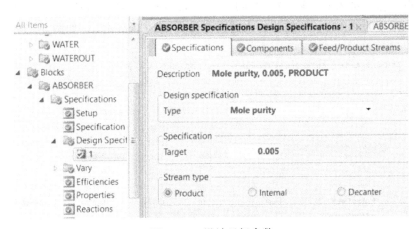

图 5-127　设计目标参数

在 Components 页面，将 ACETONE 移动至 Selected components 栏。在 Feed/Product
Streams 页面，将塔顶出口物流 GASOUT 移动至 Selected streams 栏，见图 5-128。

选择 Blocks｜ABSORBER｜Specifications｜Vary，进入 Adjusted Variables 页面；规定
WATER 进料流量为操纵变量。点击 NEW，建立默认的 1，进入 Specifications 页面，点击
Type 右侧下拉菜单，选择进料流量（Feed rate），下限 10kmol/h，上限 50kmol/h，如图

图 5-128　操作变量设置

5-129 所示。

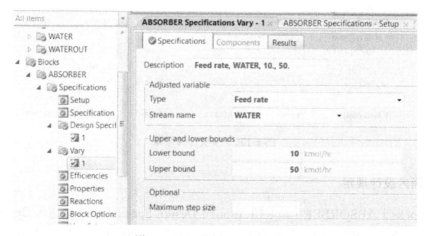

图 5-129　吸收剂流量范围设置

再次运行模拟，进入 Blocks｜ABSORBER｜Stream results｜Material 页面，查看塔顶气相中丙酮的摩尔浓度为 0.005，所需要的水进料流量为 12.73kmol/h，如图 5-130 所示。

	Units	GASIN ▼	WATER ▼	GASOUT ▼	WATEROUT ▼
Phase		Vapor Phase	Liquid Phase	Vapor Phase	Liquid Phase
Temperature	C	20	20	22.7703	13.8989
Pressure	bar	1.01325	1.01325	1.01325	1.01325
Molar Vapor Fraction		1	0	1	0
Average MW		29.6122	18.0153	28.703	18.9583
+ Mole Flows	kmol...	14	12.7297	14.0744	12.6553
− Mole Fractions					
ACETONE		0.026	0	0.005	0.0232019
WATER		0	1	0.0272442	0.975579
N2		0.769	0	0.764117	0.000909879
O2		0.205	0	0.203638	0.000309382
+ Mass Flows	kg/hr	414.571	229.329	403.977	239.923

图 5-130　最终物流结果

5.3.3.3 塔板设计与核算

选择 Blocks|ABSORBER|Column Internals 进入设置界面。点击 Add New 按钮，弹出 Missing Hydraulic Data 对话框，点击 Generate 按钮，建立默认 INT-1 的 Sections 界面，见图 5-131。

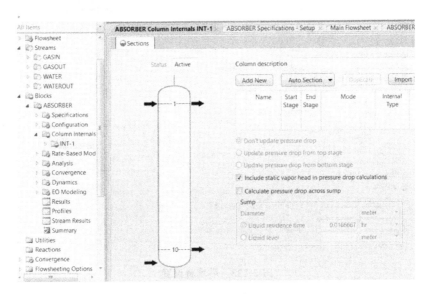

图 5-131 塔设计界面

点击 AutoSection 按钮，软件自动设计塔结构，并采用塔板为 Packed（填料），见图 5-132。

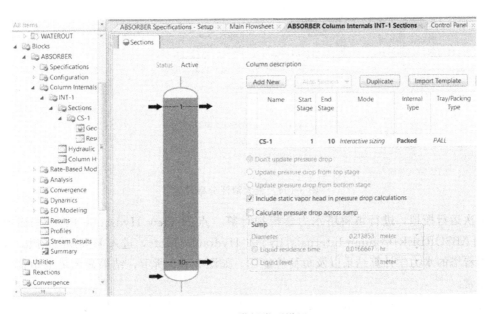

图 5-132 塔板类型设置

选择 Blocks|ABSORBER|Column Internals| INT-1|Sections|CS-1，进入 Geometry 设置界面。填料选择 IMTP（英特洛克斯金属环矩鞍填料，Intalox Metal Tower Packing），填料尺寸 16mm。塔径圆整为 0.25m，理论板当量高度（Packed height per stage，HETP）取 0.4m，见图 5-133。

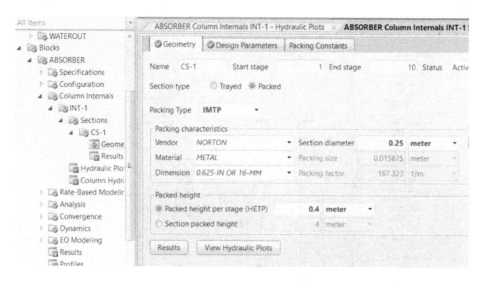

图 5-133 塔填料设置

选择 Design Parameters 页面，将 %Approach to maximum capacity（L/V）（液泛分率）设置为 80，见图 5-134。

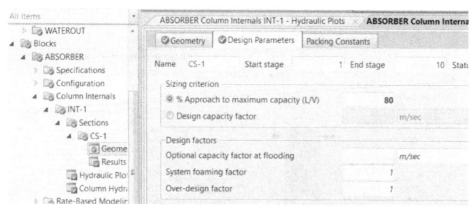

图 5-134 最大液泛分率设置

再次运行模拟，进行填料塔水力学模拟计算。点击 View Hydraulic Plots 按钮或选择 Blocks|ABSORBER|Column Internals|INT-1|Hydraulic Plots，进入 Hydraulic Plot 显示界面，查看塔的水力学计算结果以及负荷性能图，如图 5-135 所示，结果显示塔的负荷性能图操作正常。

打开 Blocks|ABSORBER|Column Internals|INT-1 页面（初始设计页面），将填料塔的设计模式（Interactive Sizing）改为核算模式（Rating）。并选择 Update pressure drop from top stage（从塔顶计算全塔压降），如图 5-136 所示。

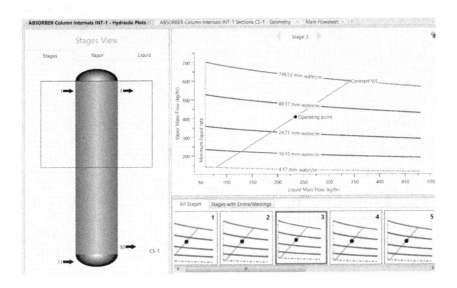

图 5-135 水力学计算结果

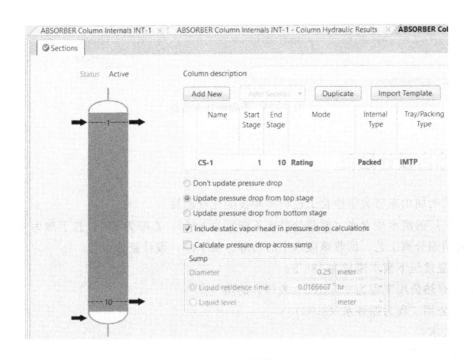

图 5-136 核算模式

再次运行模拟，进行填料塔水力学核算，结果显示塔的负荷性能图操作正常。进入 Blocks|ABSORBER|Column Internals|INT-1|Sections|CS-1|Results 的 Summary 页面，查看填料塔设计结果，如图 5-137 所示。

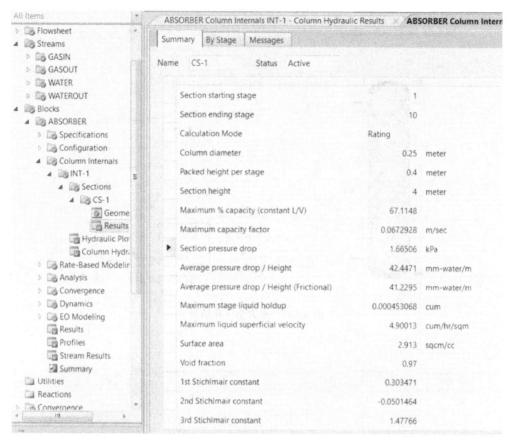

图 5-137　吸收塔基本信息

5.4　综合设计题目

（1）第七届山东省大学生化工过程实验技能竞赛题目

现有某厂的废水中含水（质量分数，下同）为 88％，乙醇为 8％，叔丁醇为 4％。试设计合理的精馏分离工艺，回收该废水中的乙醇、叔丁醇。设计条件：

① 常温常压下废水流量为 18t/h；

② 现有热公用工程为 0.5MPa（表压）的蒸气；

③ 冷公用工程为循环水（30℃）。

设计要求：

① 连续操作；

② 处理后的水中乙醇含量小于 50ppm，叔丁醇的含量小于 50ppm；

③ 要求回收的乙醇浓度≥98％，回收的叔丁醇浓度≥97％；

④ 操作成本要尽可能小；

⑤ 阐述工艺选择的依据，给出详细的模拟计算结果，绘制带控制点的工艺流程图，绘制主要设备的设计条件图，编写设计说明书。

（2）第八届山东省大学生化工过程实验技能竞赛题目

现有某制药企业的废水中含水（质量分数，下同）为 90%，异丙醇为 8%，乙酸乙酯为 2%。试设计合理的精馏分离工艺，回收该废水中的异丙醇、乙酸乙酯。设计条件：

① 常温常压下废水流量为 20t/h；

② 现有热公用工程为 0.2MPa（表压）的蒸气；

③ 冷公用工程为循环水（30℃）。

设计要求：

① 连续操作；操作成本要尽可能小；

② 处理后的水中异丙醇含量小于 50ppm，乙酸乙酯的含量小于 50ppm；

③ 要求回收的异丙醇浓度≥99%，回收的乙酸乙酯浓度≥98%；

④阐述工艺选择的依据，给出详细的模拟计算结果、工艺流程图（PFD 图）及带控制点的工艺流程图（PID 图），绘制主要设备的设计条件图，编写设计说明书。

（3）第九届山东省大学生化工过程实验技能竞赛题目

现有某燃料乙醇生产企业的醪液中含水（质量分数，下同）为 85%，乙醇为 10%，环己醇为 5%。试设计合理的精馏分离工艺，回收该醪液中的乙醇、环己醇。设计条件：

① 常温常压下醪液流量为 10t/h；

② 现有热公用工程为 0.4MPa（表压）的蒸气；

③ 冷公用工程为循环水（30℃）。

设计要求：

① 连续操作；操作成本尽可能要小；

② 处理后的水中乙醇含量小于 10ppm，环己醇的含量小于 30ppm；

③ 要求回收的乙醇浓度≥99.6%，回收的环己醇浓度≥95%；

④ 阐述工艺选择的依据，给出详细的模拟计算结果、工艺流程图（PFD 图）及带控制点的工艺流程图（PID 图），绘制主要设备的设计条件图，编写设计说明书。

附录1 列管式固定管板换热器系列基本参数

表1 Φ19mm 管径换热器基本参数（GB/T 28712—2012）

公称直径 DN/mm	公称压力 p /MPa	管程数 N	管子根数	中心排管数	管程流通面积 /m²	换热面积/m² 换热管长度/mm						
						1500	2000	3000	4500	6000	9000	12000
159	1.60 2.50	1	15	5	0.0027	1.3	1.7	2.6				
219	4.00 6.40		33	7	0.0058	2.8	3.7	5.7				
273	1.60	1	65	9	0.0115	5.4	7.4	11.3	17.1	22.9		
		2	56	8	0.0049	4.7	6.4	9.7	14.7	19.7		
325		1	99	11	0.0175	8.3	11.2	17.1	26.0	34.9		
		2	88	10	0.0078	7.4	10.0	15.2	23.1	31.0		
		4	68	11	0.0030	5.7	7.7	11.8	17.9	23.9		
400		1	174	14	0.0307	14.5	19.7	30.1	45.7	61.3		
		2	164	15	0.0145	13.7	18.6	28.4	43.1	57.8		
		4	146	14	0.0065	12.2	16.6	25.3	38.3	51.4		
450		1	237	17	0.0419	19.8	26.9	41.0	62.2	83.5		
		2	220	16	0.0194	18.4	25.0	38.1	57.8	77.5		
		4	200	16	0.0088	16.7	22.7	34.6	52.5	70.4		
500	0.60 1.00	1	275	19	0.0486		31.2	47.6	72.7	96.8		
	1.60	2	256	18	0.0226		29.0	44.3	67.2	90.2		
		4	222	18	0.0098		25.2	38.4	58.3	78.2		
600	2.50 4.00	1	430	22	0.0760		48.8	74.4	112.9	151.4		
		2	416	23	0.0368		47.2	72.0	109.3	146.5		
		4	370	22	0.0163		42.0	64.0	97.2	130.3		
		6	360	20	0.0106		40.8	62.3	94.5	126.8		
700		1	607	27	0.1073			105.1	159.4	213.8		
		2	574	27	0.0507			99.4	150.8	202.1		
		4	542	27	0.0239			93.8	142.3	190.9		
		6	518	24	0.0153			89.7	136.0	182.4		
800	0.60 1.00 1.60 2.50 4.00	1	797	31	0.1408			138.0	209.3	280.7		
		2	776	31	0.0686			134.3	203.8	273.3		
		4	722	31	0.0319			125.0	189.8	254.3		
		6	710	30	0.0209			122.9	186.5	250.0		

公称直径 DN/mm	公称压力 p /MPa	管程数 N	管子根数	中心排管数	管程流通面积 /m²	换热面积/m² 换热管长度/mm 1500	2000	3000	4500	6000	9000	12000
900		1	1009	35	0.1783			174.7	265.0	355.3	536.0	
		2	988	35	0.0873			171.0	259.5	347.9	524.9	
		4	938	35	0.0414			162.4	246.4	330.3	498.3	
		6	914	34	0.0269			158.2	240.0	321.9	485.6	
1000	0.60 1.00 1.60 2.50 4.00	1	1267	39	0.2239			219.3	332.8	446.2	673.1	
		2	1234	39	0.1090			213.6	324.1	434.6	655.6	
		4	1186	39	0.0524			205.3	311.5	417.7	630.1	
		6	1148	38	0.0338			198.7	301.5	404.3	609.9	
1100		1	1501	43	0.2652				394.2	528.6	797.4	
		2	1470	43	0.1299				386.1	517.7	780.9	
		4	1450	43	0.0641				380.8	510.6	770.3	
		6	1380	42	0.0406				362.4	486.0	733.1	
1200		1	1837	47	0.3246				482.5	646.9	975.9	
		2	1816	47	0.1605				476.9	639.5	964.7	
		4	1732	47	0.0765				454.9	610.0	920.1	
		6	1716	46	0.0505				450.7	604.3	911.6	
1300		1	2123	51	0.3752				557.6	747.7	1127.8	
		2	2080	51	0.1838				546.3	732.5	1105.0	
		4	2074	50	0.0916				544.7	730.4	1101.8	
		6	2028	48	0.0597				532.6	714.2	1077.4	
1400		1	2557	55	0.4519					900.5	1358.4	
		2	2502	54	0.2211					881.1	1329.2	
		4	2404	55	0.1062					846.6	1277.1	
		6	2378	54	0.0700					837.5	1263.3	
1500		1	2929	59	0.5176					1031.5	1555.0	
		2	2874	58	0.2539					1012.1	1526.8	
		4	2768	58	0.1223					974.8	1470.5	
		6	2692	56	0.0793					948.0	1430.1	
1600	0.25 0.60 1.00 1.60 2.50	1	3339	61	0.5901					1175.9	1773.8	
		2	3282	62	0.3382					1155.8	1743.5	
		4	3176	62	0.1403					1118.5	1687.2	
		6	3140	61	0.0925					1105.8	1668.1	
1700		1	3721	65	0.6576					1310.4	1976.1	
		2	3646	66	0.3131					1284.0	1936.9	
		4	3544	66	0.1566					1248.1	1882.7	
		6	3512	63	0.1034					1236.8	1869.7	
1800		1	4247	71	0.7505					1495.7	2256.2	
		2	4186	70	0.3699					1474.2	2223.8	
		4	4070	69	0.1798					1433.3	2162.2	
		6	4048	67	0.1192					1425.6	2150.5	
1900		1	4673	75	0.8258					1644.0	2480.8	3317.6
		2	4618	75	0.4080					1624.7	2451.6	3278.6
		4	4566	75	0.2017					1606.4	2424.0	3241.7
		6	4528	74	0.1334					1593.0	2403.8	3214.7
2000		1	5281	79	0.9332					1857.9	2803.6	3749.3
		2	5200	79	0.4595					1829.4	2760.6	3691.8
		4	5084	79	0.2246					1788.6	2699.0	3609.4
		6	5042	78	0.1485					1773.8	2676.7	3579.6

公称直径 DN/mm	公称压力 p /MPa	管程数 N	管子根数	中心排管数	管程流通面积 /m²	换热面积/m² 换热管长度/mm						
						1500	2000	3000	4500	6000	9000	12000
2100		1	5739	83	1.0142					2019.1	3046.8	4074.4
		2	5680	83	0.5019					1998.3	3015.4	4032.5
		4	5628	83	0.2486					1980.0	2987.8	3995.6
		6	5580	82	0.1643					1963.1	2962.3	3961.6
2200		1	6401	87	1.1312					2252.0	3398.2	4544.4
		2	6336	87	0.5598					2229.1	2263.7	4498.3
		4	6186	87	0.2733					2176.3	3284.1	4391.8
		6	6144	86	0.1810					2161.5	3261.8	4362.0
2300	0.60	1	6927	91	1.2241					2437.0	2677.4	4917.9
		2	6828	91	0.6033					2402.2	3624.9	4847.6
		4	6762	91	0.2987					2379.0	3589.8	4800.7
		6	6746	90	0.1987					2373.3	3581.4	4789.4
2400		1	7649	95	1.3517					2691.0	4060.7	5430.5
		2	7564	95	0.6683					2661.1	4015.6	5370.1
		4	7414	95	0.3275					2608.4	3936.0	5263.6
		6	7362	94	0.2168					2590.1	3908.4	5226.7

表 2 Φ25mm 管径换热器基本参数（GB/T 28712—2012）

公称直径 DN/mm	公称压力 p /MPa	管程数	管子根数	中心排管数	管程流通面积 /m²	换热面积/m² 换热管长度/mm						
						1500	2000	3000	4500	6000	9000	12000
159		1	11	3	0.0035	1.2	1.6	2.5				
219		1	25	5	0.0079	2.7	3.7	5.7				
273	1.60 2.50 4.00	1	38	6	0.0119	4.2	5.7	8.7	13.1	17.6		
		2	32	7	0.0050	3.5	4.8	7.3	11.1	14.8		
325	6.40	1	57	9	0.0179	6.3	8.5	13.0	19.7	26.4		
		2	56	9	0.0088	6.2	8.4	12.7	19.3	25.9		
		4	40	9	0.0031	4.4	6.0	9.1	13.8	18.5		
400		1	98	12	0.0308	10.8	14.6	22.3	33.8	45.4		
		2	94	11	0.0148	10.3	14.0	21.4	32.5	43.5		
		4	76	11	0.0060	8.4	11.3	17.3	26.3	35.2		
450	0.60 1.00	1	135	13	0.0424	14.8	20.1	30.7	46.6	62.5		
		2	126	12	0.0198	13.9	18.8	28.7	43.5	58.4		
		4	106	13	0.0083	11.7	15.8	24.1	36.6	49.1		
500	1.60 2.50 4.00	1	174	14	0.0546		26.0	39.6	60.1	80.6		
		2	164	15	0.0257		24.5	37.3	56.6	76.0		
		4	144	15	0.0113		21.4	32.8	49.7	66.7		
600		1	245	17	0.0769		36.5	55.8	84.6	113.5		
		2	232	16	0.0364		34.6	52.8	80.1	107.5		
		4	222	17	0.0174		33.1	50.5	76.7	102.8		
		6	216	16	0.0113		32.2	49.2	74.6	100.0		

续表

公称直径 DN/mm	公称压力 p /MPa	管程数	管子根数	中心排管数	管程流通面积 /m²	换热面积/m²						
						换热管长度/mm						
						1500	2000	3000	4500	6000	9000	12000
700		1	355	21	0.1115			80.0	122.6	164.4		
		2	342	21	0.0537			77.9	118.1	158.4		
		4	322	21	0.0253			73.3	111.2	149.1		
		6	304	20	0.0159			69.2	105.0	140.8		
800		1	467	23	0.1466			106.3	161.3	216.3		
		2	450	23	0.0707			102.4	155.4	208.5		
		4	442	23	0.0347			100.6	152.7	204.7		
		6	430	24	0.0225			97.9	148.5	119.2		
900	0.60 1.60 2.50 4.00	1	605	27	0.1900			137.8	209.0	280.2	422.7	
		2	588	27	0.0923			133.9	203.1	272.3	410.8	
		4	554	27	0.0435			126.1	191.4	256.6	387.1	
		6	538	26	0.0282			122.5	185.8	249.2	375.9	
1000		1	749	30	0.2352			170.8	258.7	346.9	523.3	
		2	742	29	0.1165			168.9	256.3	343.7	518.4	
		4	710	29	0.0557			161.6	245.2	328.8	496.0	
		6	698	30	0.0365			158.9	241.1	323.3	487.7	
1100		1	931	33	0.2923				321.6	431.2	650.4	
		2	894	33	0.1404				308.8	414.1	624.6	
		4	848	33	0.0666				292.9	392.8	592.5	
		6	830	32	0.0434				286.7	384.4	579.9	
1200		1	1115	37	0.3501				385.1	516.4	779.0	
		2	1102	37	0.1730				380.6	510.4	769.9	
		4	1052	37	0.0826				363.4	487.2	735.0	
		6	1026	36	0.0537				354.4	475.2	716.8	
1300		1	1301	39	0.4085				449.4	602.6	908.9	
		2	1274	40	0.2000				440.0	590.1	890.1	
		4	1214	39	0.0953				419.3	562.3	848.2	
		6	1192	40	0.0624				411.7	552.1	832.8	
1400	0.25 0.60 1.00 1.60 2.50	1	1547	43	0.4858					716.5	1080.8	
		2	1510	43	0.2371					699.4	1055.0	
		4	1454	43	0.1141					673.4	1015.8	
		6	1424	42	0.0745					659.5	994.9	
1500		1	1753	45	0.5504					811.9	1224.7	
		2	1700	45	0.2669					787.4	1187.7	
		4	1688	45	0.1325					781.8	1179.3	
		6	1590	44	0.0832					736.4	1110.9	
1600		1	2023	47	0.6352					937.0	1413.4	
		2	1982	48	0.3112					918.0	1384.7	
		4	1900	48	0.1492					880.0	1327.4	
		6	1884	47	0.0986					872.6	1316.3	

续表

公称直径 DN/mm	公称压力 p /MPa	管程数	管子根数	中心排管数	管程流通面积 /m²	换热面积/m² 换热管长度/mm						
						1500	2000	3000	4500	6000	9000	12000
1700		1	2245	51	0.7049					1039.8	1568.5	
		2	2216	52	0.3479					1026.3	1548.2	
		4	2180	50	0.1711					1009.3	1523.1	
		6	2156	53	0.1128					998.0	1506.3	
1800		1	2559	55	0.8035					1185.3	1787.7	
		2	2512	55	0.3944					1163.4	1755.1	
	0.25	4	2424	54	0.1903					1122.7	1693.2	
	0.60	6	2404	53	0.1258					1113.4	1679.6	
1900	1.00 1.60 2.50	1	2899	59	0.9107					1342.0	2025.0	2708.1
		2	2854	59	0.4483					1321.2	1993.6	2666.1
		4	2772	59	0.2177					1283.2	1936.3	2589.5
		6	2742	58	0.1436					1269.3	1915.4	2561.4
2000		1	3189	61	1.0019					1476.2	2227.6	2979.0
		2	3120	61	0.4901					1444.3	2179.4	2914.6
		4	3110	61	0.2443					1439.7	2172.4	2905.2
		6	3078	60	0.1612					1424.8	2150.1	2875.3
2100		1	3547	65	1.1143					1642.0	2077.7	3313.4
		2	3494	65	0.5488					1617.4	2440.7	3263.9
		4	3388	65	0.2661					1568.4	2356.6	3164.9
		6	3378	64	0.1769					1563.7	2359.6	3155.6
2200		1	3853	67	1.2104					1783.6	2691.4	3599.3
		2	3815	67	0.5994					1766.4	2665.6	3564.7
		4	3770	67	0.2961					1745.2	2633.5	3521.8
		6	3740	68	0.1958					1731.3	2612.5	3493.7
2300	0.60	1	4249	71	1.3349					1966.9	2968.1	3969.2
		2	4212	71	0.6616					1949.8	2942.2	3934.7
		4	4096	71	0.3217					1896.1	2861.2	3826.3
		6	4076	70	0.2134					1886.8	2847.2	3807.6
2400		1	4601	73	1.4454					2129.9	3214.0	4298.0
		2	4548	73	0.7144					2105.3	3176.9	4248.6
		4	4516	73	0.3547					2090.5	3154.6	4218.6
		6	4474	74	0.2342					2071.1	3125.2	4179.4

附录2　输送流体用无缝钢管规格

(GB/T 17395—2008)

公称直径 DN/mm	外径 /mm	壁厚/mm 钢管理论质量/(kg/m)														
		1.0	2.0	2.5	3.0	3.5	4.0	4.5	5.0	6.0	8.0	10	12	15	18	20
10	10	0.222	0.395	0.462	0.518	0.561										
	14	0.321	0.592	0.709	0.814	0.906	0.986									
15	18	0.419	0.789	0.956	1.11	1.25	1.38	1.50	1.60							
	19	0.444	0.838	1.02	1.18	1.34	1.48	1.61	1.73	1.92						
	20	0.469	0.888	1.08	1.26	1.42	1.58	1.72	1.97	2.07						
20	25	0.592	1.13	1.39	1.63	1.86	2.07	2.28	2.47	2.81						
25	32	0.715	1.48	1.82	2.15	2.46	2.76	3.05	3.33	3.85	4.74					
32	38	0.912	1.78	2.19	2.59	2.98	3.35	3.72	4.07	4.74	5.92					
	42	1.01	1.97	2.44	2.89	3.32	3.75	4.16	4.56	5.33	6.71					
40	45	1.09	2.12	2.62	3.11	3.58	4.04	4.49	4.93	5.77	7.30	8.63				
	50			2.93	3.48	4.01	4.54	5.05	5.55	6.51	8.29	9.86				
50	57			3.36	4.00	4.62	5.23	5.82	6.41	7.55	9.67	11.59	13.32			
	70				4.96	5.74	6.51	7.27	8.01	9.47	12.23	14.82	17.16	20.35		
65	76				5.40	6.26	7.10	7.93	8.75	10.36	13.42	16.28	18.94	22.57	25.75	
80	89				6.36	7.38	8.38	9.38	10.36	12.28	15.98	19.48	22.79	27.37	31.52	34.03
100	108				7.77	9.02	10.26	11.49	12.70	15.09	19.73	24.17	28.41	34.40	39.95	43.40
	127						12.13	13.59	15.04	17.09	23.48	28.85	34.03	41.43	48.39	52.78
125	133				9.62	11.18	12.73	14.26	15.78	18.79	24.66	30.33	35.81	43.65	51.05	55.73
150	159					13.51	15.39	17.15	18.99	22.64	29.79	36.75	43.50	53.27	62.59	68.56
175	194								23.31	27.82	36.71	45.38	53.86	66.22	78.13	85.28
200	219									31.52	41.63	51.54	61.26	75.46	89.23	98.15
225	245										46.76	57.95	68.95	83.08	100.8	111.0
250	273										52.28	64.86	77.24	95.44	113.2	124.8
300	325										62.54	77.68	92.63	114.7	136.3	150.4
350	377											90.51	108.0	133.9	159.4	176.1
400	426											102.6	112.5	152.1	181.1	200.3
	450											108.5	130.6	160.9	191.8	212.1
450	480											115.9	139.5	172.0	205.1	226.9
	500											120.8	145.4	179.4	214.0	236.7
500	530											128.2	154.3	109.5	227.3	251.5

参 考 文 献

[1] J. A 迪安. 兰氏化学手册. 北京：科学出版社，1991.

[2] 柴诚敬，刘国维，李阿娜. 化工原理课程设计. 天津：天津科学技术出版社，2002.

[3] 化工原理教研室. 化工原理课程设计-填料塔吸收装置设计. 辽宁：大连理工大学出版社，1991.

[4] 王瑶，张晓冬. 化工单元过程及设备课程设计. 2 版. 北京：化学工业出版社，2007.

[5] 付家新，王为国，肖稳发. 化工原理课程设计（典型化工单元操作设备设计）. 北京：化学工业出版社，2014.

[6] 贾绍义，柴诚敬. 化工原理课程设计（化工传递与单元操作设计）. 天津：天津大学出版社，2002.

[7] 许文林. 化工单元操作及设备课程设计——板式精馏塔的设计. 北京：科学出版社，2018.

[8] 李芳. 化工原理及设备课程设计. 北京：化学工业出版社，2011.

[9] 陈英南，刘玉兰. 常用化工单元设备的设计. 2 版. 上海：华东理工大学出版社，2017.

[10] 王学生，惠虎. 化工设备设计. 2 版. 上海：华东理工大学出版社，2017.

[11] 《化工设备设计全书》编辑委员会. 塔设备. 北京：化学工业出版社，2004.

[12] 王松汉. 石油化工设计手册. 北京：化学工业出版社，2002.

[13] 王树楹，等. 现代填料塔技术指南. 北京：中国石化出版社，1998.

[14] 董其伍. 石油化工设备设计选用手册：换热器. 北京：化学工业出版社，2008.

[15] 喻键良，王立业，刁玉玮. 化工设备机械基础. 7 版. 辽宁：大连理工大学出版社，2006.

[16] 李勤，李福宝. 过程装备机械基础. 北京：化学工业出版社，2014.

[17] 蔡纪宁，张莉彦. 化工设备机械基础课程设计指导书. 3 版. 北京：化学工业出版社，2019.

[18] 潘红良. 过程设备机械设计. 上海：华东理工大学出版社，2006.

[19] 陈国桓. 化工机械基础. 2 版. 北京：化学工业出版社，2005.

[20] 潘永亮. 化工设备机械基础. 2 版. 北京：科学出版社，2007.

[21] 陈敏恒，丛德滋，齐鸣斋，等. 化工原理. 5 版. 北京：化学工业出版社，2020.

[22] 谭天恩，窦梅. 化工原理. 4 版. 北京：化学工业出版社，2018.

[23] 柴诚敬，张国亮. 化工原理（上册）-化工流体流动与传热. 3 版. 北京：化学工业出版社，2020.

[24] 贾绍义，柴诚敬. 化工原理（下册）-化工传质与分离过程. 3 版. 北京：化学工业出版社，2020.

[25] 中国石化集团上海工程有限公司. 化工工艺设计手册. 4 版. 北京：化学工业出版社，2005.

[26] 孙兰义. 化工流程模拟实训-Aspen Plus 教程. 2 版. 北京：化学工业出版社，2017.

[27] 孙兰义，刘立新，马占华，等. 换热器工艺设计. 2 版. 北京：中国石化出版社，2020.

[28] 包宗宏，武文良. 化工计算与软件应用. 2 版. 北京：化学工业出版社，2018.

[29] Bruce E. Poling, John M. Prausnitz, John P. O'Connell. 气液物性估算手册. 5 版. 北京：化学工业出版社，2006.